黄河水利科学研究院基本科研业务费专项
(HKY-JBYW-2020-02)资助出版

黄河水闸工程建设项目安全评价及风险管控

李　娜　张　凯　娄　萱　著

黄河水利出版社
·郑州·

内 容 提 要

本书针对黄河水闸安全运行及安全管理难题,系统总结了建设与运行期安全风险评价及风险管控的有关理论分析成果,全面总结了水闸工程建设项目安全预评价、安全现状评价及安全验收评价评价单元的划分及各单元评价方法。本书共分上、中、下三篇:上篇侧重工程建设阶段,为"建设期安全风险识别与管控";中篇和下篇侧重工程运行阶段,其中中篇为"三、四类病险水闸判别及典型案例",下篇为"病险水闸运行风险管控及其案例"。

本书主要为从事水闸工程安全风险评价及风险管控技术研究、培训提供参考,也可作为水闸工程设计、施工、管理及风险评价单位专业技术人员的参考用书。

图书在版编目(CIP)数据

黄河水闸工程建设项目安全评价及风险管控/李娜,张凯,娄萱著. —郑州:黄河水利出版社,2021.12
ISBN 978-7-5509-3211-1

Ⅰ.①黄… Ⅱ.①李… ②张… ③娄… Ⅲ.①黄河-水闸-工程项目管理-安全管理-风险管理 Ⅳ.①TV882.1

中国版本图书馆 CIP 数据核字(2021)第 276130 号

出 版 社:黄河水利出版社
地址:河南省郑州市顺河路黄委会综合楼 14 层　　邮政编码:450003
发行单位:黄河水利出版社
发行部电话:0371-66026940、66020550、66028024、66022620(传真)
E-mail:hhslcbs@ 126. com
承印单位:河南新华印刷集团有限公司
开本:787 mm×1 092 mm　1/16
印张:27.25
字数:360 千字　　印数:1—1 000
版次:2021 年 12 月第 1 版　　印次:2021 年 12 月第 1 次印刷

定价:78.00 元

编委会名单

主　编　李　娜　张　凯

副主编　常芳芳　娄　萱

前　言

安全生产是我国的一项基本国策，党和国家始终十分重视安全工作。但当前水利工程安全生产中造成重特大人员伤亡的事故时有发生，水利工程安全生产面临的形势依然十分严峻，安全生产和安全管理亟待加强。

水闸作为重要的水利工程设施之一，承担着防洪安全、供水安全、粮食安全、生态安全等重要功能，在保障沿岸安全和支撑生态保护、区域经济发展等战略中具有不可替代的基础性作用。但由于水闸工程的建设和运行综合了环境、人、设备、管理等多方面因素，建设期具有施工技术复杂、多工种人员交叉作业、高处作业和起重吊装作业等危险性施工活动频繁等特点，易发生触电、坍塌、机械伤害等安全生产事故；运行期工程病险及潜在隐患等也直接影响水闸工程的安全运行及效益发挥，且大部分水闸建于20世纪50~70年代，面对工程长时间持续运行、设计标准偏低、极端天气现象频发、近年来水沙条件变化以及流域规划改变等，大部分水闸存在结构老化、土石接合部脱空、抗震不满足要求、安全监测设施不完善、丧失了引水调控功能等安全隐患，其长期安全运行面临重大挑战，应对突发事件保障能力较为薄弱；已鉴定为三、四类的病险水闸不能及时进行加固、改建或拆除处理，亦成为防洪体系中的薄弱环节。

黄河水闸工程不仅为沿黄地区农业灌溉提供了可靠的水源，还为沿黄大中城市的城市供水及工业用水提供了保障。同时，作为堤防工程的一部分，黄河水闸承担着与堤防同等重要的防汛任务，为黄河防洪发挥了巨大作用。习近平总书记在黄河流域生态保护和高质量发展座谈会上的讲话、“十四五”规划及《黄河流域生态保护和高质量发展规划纲要》等均对防洪工程防洪能力的提升提出了更高要求。但目前黄河流域防洪保安依然存在突出短板，尚有207座水库（水闸）工程安全隐患未全面消除。因此，黄河水闸工程的安全生产和安全运行管理与保障尤为重要，但仍面临突出短板和问题。尽快开展黄河水闸安全风险评价工作，对水闸建设、运行及管理等各环节存在的风险因素进行辨识，有效控制风险，解决和消除各种不安全因素，防止事故的发生，对保证黄河水闸的安全运用及安全管理、保证水闸的防洪及供水能力具有十分重要的现实意义，符合“保障黄河长治久安”国家战略要求。

风险评价，是以国家相关法律法规对工程的要求为基础，应用安全系统工程理论，对工程项目的安全状况进行分析，寻找影响工程项目的不安全因素及存在的问题。通过选取能全面反映工程项目安全状况的指标体系、评价标准、评价方法，运用定性与定量分析相结合的方法，进而评估工程项目建设系统总体安全水平，为制定安全事故管控措施及建议、加强项目安全管理决策提供科学依据。

2002 年 6 月 29 日，《中华人民共和国安全生产法》颁布实施，风险评价被写入国家法律。2003 年 5 月 21 日，中国水电工程顾问集团公司发布了《关于印发〈水电水利建设项目(工程)安全卫生评价工作管理规定〉的通知》，要求新建、改建、扩建水电水利建设工程在可行性研究阶段必须进行安全风险评价工作，编制的安全风险评价报告作为其可行性研究设计报告中“劳动安全与工业卫生设计专篇”的编制依据。水利部对水利工程建设项目的安全风险评价工作也非常重视，先后制定了《水利水电建设项目安全评价管理办法(试行)》(水规计〔2012〕112 号)、《关于进一步做好大型水利枢纽建设项目安全评价工作的通知》(办安监〔2014〕53 号)、《水利部关于开展水利安全风险分级管控的指导意见》(水监督〔2018〕323 号)和《水利部办公厅关于印发水利水电工程(水库、水闸)运行危险源辨识与风险评价导则(试行)的通知》(办监督函〔2019〕1486 号)等。相关办法的实施对加强水利水电建设项目的安全生产工作、规范水利水电建设项目的安全评价管理、科学辨识与评价水利水电工程运行危险源及其风险等级、防范运行生产安全事故的发生等具有重要的指导意义。

但目前整个水利工程建设项目安全风险评价处于起步阶段，水规计〔2012〕112号文和办安监〔2014〕53号文虽对水利水电建设项目安全预评价及安全验收评价内容、评价单元划分原则、风险因素辨识分析类别及评价报告编写等内容做出了相应规定，但也仅是指导性文件，所述内容较为宽泛，并不适用于单一类别水利工程，可操作性不强。每个工程的结构形式、运行条件、环境、管理条件等的差异，致使各类工程评价内容也不尽相同。黄河水闸工程结构特殊、所处环境复杂，其安全风险评价如何根据自身特性和管理情况确定主要危险有害因素、单元如何划分、评价报告如何编写、如何组织实施等具体内容还需进一步细化研究。且安全风险评价不同阶段安全预评价、安全验收评价的内容也有所差异。办监督函〔2019〕1486号文对运行期的风险辨识和风险等级进行了规定，但如何针对黄河水闸工程特点进行应用尚需进一步探讨。

此外，水闸运行阶段安全管理尚存在三、四类水闸判定人为性较大造成除险加固后“病险未除、风险仍在”等问题，如将本该拆除重建的四类闸人为定为三类闸，导致病险无法根除、工程维护成本高，运行安全风险大，甚至需要二次加固，导致严重浪费并直接影响效益发挥。而将本可通过局部修复加固即可除险的三类闸判定为四类闸，除大幅增大投资造成浪费外，还可能导致因新旧接合部位处理不当造成新的安全隐患，影响周围环境。因此，如何科学判定三、四类闸并采取经济有效的除险加固措施消除安全风险是亟待解决的重大课题。

已鉴定为三、四类的病险水闸在除险加固前的运行和管理过程中存在很大的安全风险，故在对三、四类病险水闸采取相应处理措施之前，如何解决其正常功能发挥与安全之间的矛盾，如何确保工程安全运用，如何对其进行安全管理，如何有效控制风险等一系列问题值得高度关注。对此，《水闸安全鉴定管理办法》（水建管〔2008〕214号）和《水闸安全评价导则》（SL 214—2015）均要求：水闸主管部门及管理单位对鉴定为三、四类的水闸，应采取除险加固、降低标准运用或报废等相应处理措施，在此之前必须制定保闸安全应急措施，并限制运用，确保工程安全。鉴于此，本书将风险管理应用到病险水闸的安全分析中，综合分析三、四类病险水闸安全现状，在病险水闸工程引水安全、防洪安全的前提下，对正常运行期和汛期工程破坏或工程事故的原因进行分析，综合分析影响工程安全运行及安全管理的风险因素，进而从日常检查、运行观测等工程日常安全管理、防洪措施、险情抢护及保障措施等方面提出了风险管控的工程及非工程措施，明确涵闸控制运用原则、运用依据，形成病险水闸应急管控技术。该技术的实施对保障病险水闸在除险加固前的安全运用及工程综合效益的充分发挥、科学消除“短板”、提高水闸管理技术水平具有积极的推动作用，符合水利事业改革发展方向，有利于进一步完善并规范病险水闸工程的应急控制，对今后三、四类病险水闸的安全运行管理具有实质性意义。该技术已在黄河下游赵口引黄闸、白马泉引黄闸、张菜园引黄闸、韩董庄引黄闸、杨小寨引黄闸等多座不同病险类型的四类险闸广泛应用，受到了黄河水利委员会、河南黄河河务局等有关专家的一致好评，产生了明显的经济效益和社会效益。

本书主要根据研究报告、论文等整理而成，包含了水闸建设期、运行期安全生产和安全管理风险因素辨识及管控措施，其中不乏原创性成果。在此谨向汪自力、赵寿刚、何鲜峰、宋力等为此书撰写提供指导的各位专家表示崇高的敬意。本书由李娜策划，李娜、张凯统稿，各章撰写人员及撰写分工如下：第 1 章、第 5 章由常芳芳撰写，第 2 章和第 11 章由娄萱撰写，第 3 章、第 6 章~第 9 章、第 10 章由李娜撰写，第 4 章和第 12 章由张凯撰写。

鉴于风险评价的复杂性及风险因素的多样性，书中理论、技术还有较大的改进空间，加之作者水平有限，书中不当或错误之处在所难免，敬请读者批评指正。

作　者

2021 年 10 月

目 录

上篇 建设期安全风险识别与管控

下篇　病险水闸运行风险管控及其案例

上篇
建设期安全风险识别与管控

第 1 章　水利工程建设项目安全风险评价

众所周知，水利工程（防洪、除涝、灌溉、水力发电、供水、围垦等各类水利工程，包括配套与附属工程）在水量的调节和分配、除害兴利、防止洪涝灾害、满足人民生活和生产对水资源的需要等方面发挥了巨大作用。然而，由于水利工程具有工程规模大、形式多样、施工技术复杂、多工种人员交叉作业、施工环境恶劣等特点，与一般建筑工程相比，客观上存在较大的安全风险且风险的差异性较大。本章根据水利工程建设项目安全风险评价的具体内容，简要介绍了目前水利工程建设项目安全风险评价现状及存在的问题，探讨了水利工程存在的主要风险因素，进而从工程施工、运行管理等方面初步探讨了风险应对措施。在以上工作的基础上，总结了水利工程风险因素及风险评价的主要特点，为项目研究内容的进一步开展奠定一定的基础，对黄河水闸工程建设项目安全风险评价的研究具有一定的参考价值。

1.1　安全风险评价基本理论

1.1.1　安全风险评价的基本内容

根据《水利水电建设项目安全风险评价管理办法（试行）》（水规计〔2012〕112 号），水利水电建设项目安全风险评价分为安全预评价、安全验收评价和安全现状评价，安全风险评价对象为生产设备、作业环境、监控设备、安全设施等有关工程安全、劳动安全和工业卫生的项目。

1.1.1.1　安全预评价

水利水电建设项目安全预评价，是根据建设项目可行性研究报告,运用科学的评价方法,对拟建工程推荐的设计方案进行分析,预测该项目存在的危险、有害因素的种类和程度,提出合理可行的安全技术设计和安全管理的建议,作为该建设项目初步设计中安全设施设计和建设项目安全管理、监督的主要依据。

承担安全预评价工作的机构应针对可行性研究报告提出的工程设计方案,分析和预测该建设项目建设期和运行期可能存在的危险、有害因素,选择合适的评价方法,根据危险发生频率、危害程度、已提出的防范措施,以及有关规程、规范和工程实践,确定危险等级和排序,提出安全管控措施和建议,为编制初步设计报告安全篇和建设项目安全管理及安全监督方案提供科学依据。

1.1.1.2 安全验收评价

水利水电建设项目安全验收评价,是在工程完工后,通过对该项目设备、装置实际运行状况及管理状况进行检测、考察,查找该建设项目投产后可能存在的危险、有害因素,提出合理可靠的安全技术调整方案和安全管理对策。

承担安全验收评价工作的机构应在分析建设管理、设计、施工、监理、质量监督等单位提交的安全自检报告和监测资料分析报告的基础上,现场检查安全预评价报告及安全设施“三同时”的落实情况;检查安全生产法律法规及技术标准的执行情况;检查生产安全管理机构和安全制度运作状况;深入调查建设项目设施、设备、装置的实际运行状况、管理状况、监控状况,查找尚存的危险、有害因素,选择合适的评价方法确定其危险程度,并提出安全管控和建议;对项目运行状况及安全管理做出总体评判,为生产管理单位制定防范措施和修编管理制度提供科学依据。

建设项目安全验收评价与“三同时”的关系如图 1-1 所示。

1.1.1.3 安全现状评价

水利水电建设项目安全现状评价,是在系统生命周期内的生产运行期,通过对生产经营单位的生产设施、设备、装置实际运行状况及管

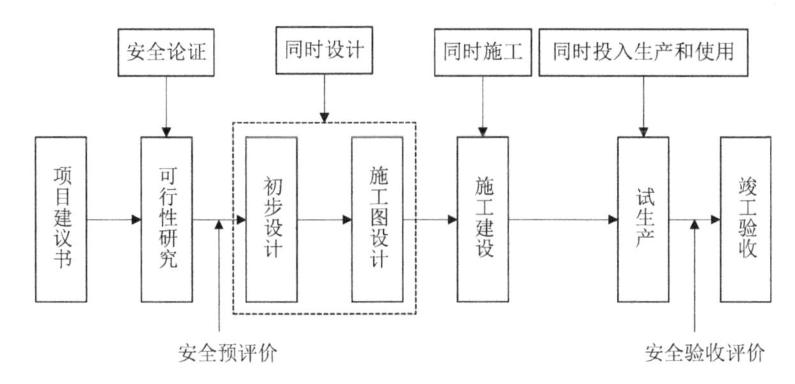

图1-1　建设项目安全验收评价与“三同时”的关系

理状况的调查、分析，运用安全系统工程的方法，进行危险、有害因素的识别及其危险度的评价，查找该系统生产运行中存在的事故隐患并判定其危险程度，提出合理可行的安全管控措施及建议，使系统在生产运行期内的安全风险控制在安全、合理的程度内。

1.1.1.4　各阶段安全风险评价的联系与区别

各阶段安全风险评价既有形似点又有各自独立的特点，具体见表1-1。

表1-1　各阶段安全风险评价的联系与区别

项目	预评价	验收评价	现状评价
依据设计文件	可行性研究报告	详细设计	详细和修改设计
依据资料	类比工程	现场资料	现场资料
进行时间	系统设计之前	正式运行之前	正式运行之后
评价重点	(1)可行性； (2)可能危险、有害因素； (3)设计时的措施	(1)法规符合性； (2)存在危险、有害因素； (3)措施的有效性	(1)适应性； (2)存在危险、有害因素； (3)整改措施
目的	指导系统设计，使系统达到安全要求	达标	持续改进

1.1.2　安全风险评价方法解析

安全风险评价方法是进行定性、定量安全风险评价的工具，每种评价方法都有其适用范围和应用条件。在进行安全风险评价时，应该根据安全风险评价对象和要实现的安全风险评价目标，选择适用的安全风险评价方法。常用的安全风险评价方法有安全检查表法、专家评议法、预先危险分析法、事故树分析法、事件树分析法、类比法等。

(1)安全检查表法(Safety Check List,SCL)。

安全检查表是进行安全检查和事故诊断的项目明细表。依据经验和相关标准将整个系统划分为若干子系统，并设置所要查明的问题。根据表上列出的项目和具体要求对预定项目进行检查。安全检查表的内容一般包括项目分类、检查的内容及要求、检查后处理的意见等，检查时根据具体情况进行填写，并做好标记。

(2) 专家评议法。

专家评议法是一种吸收专家参加，依据有关法规、标准、规范、检查表或依靠有经验的专业分析人员的观察分析能力，直观地评价对象危险性的方法。

(3) 预先危险分析法(Preliminary Hazard Analysis,PHA)。

预先危险分析是在项目活动开始之前，特别是在设计的开始阶段，对系统存在的危险类别、出现条件、事故后果等进行宏观、概略的分析，尽可能评价出影响系统安全的潜在危险性，确定系统的危险性等级，提出相应的防范措施。

(4) 事故树分析法(Fault Tree Analysis,FTA)。

事故树分析是一种把系统不希望发生但有可能发生或已经发生的事件作为最后状态，利用系统分析的方法去寻找与该事故的发生有关系的原因、现象、条件。通过事故树分析，可辨识出系统中导致事故的有关危险源。

(5) 事件树分析法(Event Tree Analysis,ETA)。

事件树分析是一种从初始原因事件开始分析，一直到结果的全部分析过程。通过研究“成功”或“失败”事件的发展变化状况，并预测各种可能结果的方法。事件树分析法可在分析系统故障类型对子系统以及系统产生影响的基础上，结合故障发生的概率，对主要故障进行定量评价。

(6)类比法。

类比法是一种定性评价方法，利用已有的相同或相似工程系统或作业条件的经验，以及劳动安全卫生的统计资料，通过类推分析评价对象的危险、有害因素。

但上述安全风险评价方法都有各自特点及适用范围和局限性，如表 1-2 所示。

1.2　水利工程建设项目安全风险评价的特点

1.2.1　水利工程建设项目的主要特点

水利工程既具有工程项目的一般属性，又具有区别于其他工程的特点。其工程建设与工业、企业等建设项目不同，其设计范围更广，对生态环境的影响更显著，对施工管理要求也更为严格。

(1) 系统性和综合性强。单项水利工程是同一流域、同一地区内各项水利工程的有机组成部分，这些工程既相辅相成，又相互制约；单项水利工程自身往往是综合性的，各服务目标之间既紧密联系，又相互矛盾。水利工程和国民经济的其他部门也是紧密相关的。规划设计水利工程必须从全局出发，系统地、综合地进行分析研究，才能得到最为经济合理的优化方案。

(2) 区域性强。水利工程作用的区域性与我国水资源区域性分布的特点、当地气候、地质情况的差异等自然因素密不可分。例如，长江、黄河上中游的水利水电工程多集中在水力发电方面，而下游的水利水电工程多兼顾航运功能。由于我国北方降水少，南方降水多，常常出现“北旱南涝”的情况，因此北方的水利水电工程往往突出蓄水、防沙等功能，而南方多集中在防洪、排涝、防淤等方面。

表 1-2 常用安全风险评价方法简介

评价方法	目标	性质	特点	应用范围	条件	优缺点
安全检查表法	分析危险有害因素、确定安全等级	定性 定量	根据安全检查表内容逐项检查，按规定标准赋分	项目的设计、验收、运行、管理、事故调查等	有可供参考的各类检查表、有赋分及评级标准	简便、易于掌握，结果清晰明了，但编制检查表难度及工程量大
专家评议法	存在的问题及限制因素	定性	根据专家的意见运用逻辑推理的方法进行综合、归纳	工程项目、系统和装置等	有可供参考的相似工程，且专家造诣较深、实践经验丰富	简单易行，比较客观，但对评审专家专业水平要求较高
预先危险分析法	分析危险有害因素、确定危险等级	定性	分析系统存在的危险因素及其触发条件，发生事故的类型，并评价安全等级	系统前期危险性分析	分析与评价人员需熟悉系统各个环节	简便易行，易受主观因素影响

续表 1-2

评价方法	目标	性质	特点	应用范围	条件	优缺点
事故树分析法	分析事故原因、触发条件、事故概率	定性 定量	由事故演绎推断事故的原因，根据基本事件的概率计算事故概率	部分工艺、设备等复杂系统事故分析	熟悉系统与元素间、方法和事故间的联系，基本事件概率明确	结果较明确，但工作量大
事件树分析法	分析事故原因、隐患触发条件、事故发生概率	定性 定量	由初始事件归纳事故发生原因及条件，由各事件概率计算事故概率	局部工艺过程、生产设备、装置的事故分析	熟练掌握系统与元素间、方法和事故间的联系，基本事件概率明确	简便易行，受主观因素影响较大
类比法	危险程度分级、危险性等级	定性	利用类比作业场所检测、统计数据分级和事故分析资料类推	劳动卫生作业条件、岗位危险性评价	类比作业场所具有可比性	简便易行、专业检测量大、费用高

(3) 永久性。大中型水利水电工程具有永久性的特点,一个大中型水利水电工程的使用寿命一般可达几十年,甚至上百年,且需不定期地进行维护、改造、扩建等,使其更好、更久地发挥效益。

(4) 复杂性。水利水电工程通常通过复杂的工程设施和配套基础设施的建设,对较大区域内的地表水和地下水进行整体利用和调控,使之合理、有效地为国民经济建设做出贡献。通常情况下,水利水电工程建设涵盖的范围广、投资大、周期长,往往兼顾发电、灌溉、防洪、养殖、旅游等多项功能,整体设计、施工建设和运行维护过程非常复杂。

另外,水利工程中各种水工建筑物都是在气象、水文、地质等复杂多变的自然条件下进行施工和运行的,同时又承受水的推力、浮力、渗透力、冲刷力等多种荷载作用,工作条件及环境较其他建筑物更为复杂。

(5) 对环境影响大。水利水电工程不仅受气候的季节性与随机性的影响,同时通过其建设任务对所在地区的经济和社会产生影响,而且对江河、湖泊以及附近地区的自然面貌、生态环境、自然景观,甚至对区域气候,都将产生不同程度的影响。

(6) 效益随机性。水利工程的效益具有随机性,根据每年水文状况不同而效益不同,农田水利工程还与气象条件的变化有密切联系。

1.2.2 水利工程建设项目安全风险评价的特点

1.2.2.1 安全风险评价风险因素的特点

1. 安全风险评价因素多且不确定性大

因水利工程建设项目一般工程规模较大且工程施工环节、单元较多,建设程序具有不可逆转性和一次性等,影响其安全的各因素涵盖初步设计、施工及运行过程中的各个环节,不安全因素较多且复杂多变。且每个工程的功能及结构形式又不尽相同,对不同工程,不安全因素或安全指标也并非一概而论,具有较大的差异及不确定性。

2. 安全风险评价各风险因素客观存在且具有长期性

从安全风险评价各阶段的要求及工程特点来讲，各风险因素并不以人的意志为转移并超越人的主观意识而客观存在，且某些风险因素一直贯穿工程施工及运行过程中，例如自然因素、人为因素、设备运行过程中的不安全因素等。

3. 安全风险评价各风险因素的多样性和层次性

由于水利工程项目的建设周期长、规模大、工程单元多、涉及面广、施工工序多、施工环境差等，引起安全风险评价各因素较多且较为复杂、存在的时间较长，从环境因素、工程结构自身安全因素、施工操作层人员因素到管理层人员因素，均存在安全风险。同时，因多种安全风险因素的存在，相互交叉影响，使得安全风险评价各风险因素呈现多样性和层次性的特点。

4. 安全风险评价各风险因素的可变性

随着工程项目施工的不断进展，各风险因素并不是一成不变的，有些风险因素会逐渐明朗并得到控制，进而将损失减少、消失甚至变为有利的因素。同时，随着项目的运行，也会出现新的安全风险因素。

5. 安全风险评价各风险因素的连带性

各阶段安全风险评价风险具有连带性，即一种安全风险的发生，可使项目发生其他风险事件。例如，起吊设备发生事故时，不仅会造成人员伤亡，而且因无法起吊混凝土试件，将导致工地进度滞后而给工程造成一定的损失。

6. 安全风险评价各风险可预测性较差

因各阶段风险因素不确定性大、各因素条件错综复杂，同时因项目的不可重复性，安全风险评价各阶段风险因素的可预测性较差。

1.2.2.2　安全风险评价的特点

1. 安全预评价

(1)预测性。预评价是在建设项目可行性研究阶段、规划阶段或生产经营活动组织实施之前，根据相关的基础资料，辨识和分析建设项目潜在的危险、有害因素。因此,预评价的主要依据是预测,根据其发展规律对今后工程安全状况进行的一种预测,并根据预测做出评价。

(2)前瞻性。安全预评价报告作为项目报批的文件之一,向安全管理部门提供的同时,也提供给建设单位、设计单位和业主,作为项目最终设计的重要依据文件之一。安全预评价有利于发现项目在设计阶段和施工阶段存在的缺陷及不安全因素,保证建设项目的安全实施。另外,预评价报告中所建议的风险应对措施,可有效减少工程事故及职业危害,起到防患于未然的作用。

(3)特殊性。水利工程建设项目与其他建设项目相比,有其固有的特点,且水利工程类型较多,每个工程又有其自身的特点。因此,每个工程评价单元的划分应根据工程项目的具体特点进行。

(4)全面性。预评价不仅要对其工程设计进行评价,而且还对后期施工过程、运行管理等情况进行评价,较验收评价和现状评价更为全面。

2. 安全验收评价

(1)符合性。与预评价不同,验收评价在评价内容上增加了依据法律、法规、标准,评价系统整体在安全上的符合性,包括“三同时”的符合性评价和项目单元的符合性评价,评价内容更可靠、全面。

(2)有效性。通过试运行中工程的一些检测、监测数据的分析,评价系统安全设施的有效性,对其安全设备及设施是否有效进行评价。

(3)补偿性。验收评价是在项目试运行后、正式投产前所进行的一项检查性安全风险评价,对预验收中尚未发现且潜在存在的风险提出补救或补偿的安全管控措施,促进项目实现系统安全。

3. 安全现状评价

(1)现实性。现状评价主要是针对项目运行过程中所产生的危险、有害因素的识别及其危险度评价,此阶段,工程及其设备运行情况相对较为稳定,根据其实际情况进行评价,各风险因素的辨识也较为明朗。因此,现状评价结论也将更加具体和切合实际。

(2)反馈性。现状评价便于对项目的运行管理和今后类似项目的建设提供指导性的意见,为今后类似工程项目安全管理及各安全政策制定积累一定经验,并可检验前期项目决策的正确性。

1.3　水利工程建设项目安全风险评价现状调查

1.3.1　安全风险评价现状

2003 年 5 月 21 日,中国水电工程顾问集团公司发布了《关于印发〈水电水利建设项目(工程)安全卫生评价工作管理规定〉的通知》,要求新建、改建、扩建水电水利建设工程在可行性研究阶段必须进行安全风险评价工作,编制的安全风险评价报告作为其可行性研究设计报告中“劳动安全与工业卫生设计专篇”的编制依据。至此,安全风险评价在水电水利建设项目中才正式开始实施。

2006 年 3 月,国务院南水北调工程建设委员会办公室制定并发布的《南水北调工程验收管理规定》明确提出“水库工程蓄水以及重要工程项目完工验收前,项目法人应组织进行安全评估”,使得安全风险评价工作在南水北调工程中开展起来。

2007 年 2 月,交通部制定并发布了《公路水运工程安全生产监督管理规定办法》,明确提出“公路水运工程安全生产监督管理部门可委托具备国家规定资质条件的机构对容易发生重特大生产安全事故的工程项目和危险性较大的工程施工进行安全风险评价和监测”,使得安全风险评价工作在公路和水运行业开展起来。

2012 年 3 月,水利部制定了《水利水电建设项目安全风险评价管理办法(试行)》(水规计〔2012〕112 号),明确要求大型水利水电枢纽建设项目进行安全预评价、安全验收评价和安全现状评价工作。

为进一步做好大型水利枢纽建设项目安全风险评价工作,2014 年 3 月,水利部制定了《关于进一步做好大型水利枢纽建设项目安全风险评价工作的通知》(办安监〔2014〕53 号),决定不再对安全风险评价工作机构的资格进行认定,但进一步对安全风险评价编制要求和审查程序进行了明确,并相继出台了《水利水电建设项目安全预评价指导意见》和《水利水电建设项目安全验收评价指导意见》,明确了水利水电建设项目安全预评价及验收评价的程序、内容、方法,报告编制要求等。

2014年8月,引汉济渭工程安全预评价工作的开展预示着水利系统安全风险评价工作进入实质阶段,但相关工作并未全面开展。

1.3.2 安全风险评价存在的问题

(1)安全风险评价未全面开展。如前所述,《水利水电建设项目安全风险评价管理办法(试行)》于2012年3月颁布实施,水利工程建设期较长,很多水利工程在文件实施前已完成初步设计,或目前仍处于在建状态,加之此项工作需由有一定资质的机构承担,因此并未全面开展相关工作。

(2)安全风险评价方法尚未成熟。此处所讲的安全风险评价方法包括安全风险评价范围、内容及标准等,《水利水电建设项目安全风险评价管理办法(试行)》虽对各阶段评价内容做了规定,但较为宽泛。每类水利工程又有特殊性,安全风险评价工作如何在各类水利工程中应用,目前尚未明确。

(3)安全风险评价工作尚不规范。就特定类别水利工程而言,尚无专门的安全风险评价管理法规及相应的评价规范,评价依据如何选取,评价报告如何编写,也没有统一的规定,这也是制约水利工程安全风险评价工作发展的主要因素之一。

(4)安全风险评价费用不统一。目前《水利水电建设项目安全风险评价管理办法(试行)》尚未明确安全风险评价工作的收费标准,参照收费标准主要有《国家计委关于印发〈中介服务收费管理办法〉的通知》(计价格〔1999〕2255号)、《国家计委关于印发〈建设项目前期工作咨询收费暂行规定〉的通知》(计价格〔1999〕1283号)、《国家计委、国家环境保护总局关于规范环境影响咨询收费有关问题的通知》

(计价格〔2002〕125 号),以及地方安全风险评价收费标准。安全风险评价工作呈现缺乏全行业统一的收费依据、各地区收费额度差别较大的明显特点。

1.4　水利工程建设项目风险因素分析

水利工程设计、建设及运行过程中,风险的存在是各式各样的,在具体的研究中,表现出风险成因、性质以及危害后果等各方面的不同。针对各类风险因素表现出的特点差异,一般把其归为三类:外部环境风险因素、施工风险因素(包括施工技术和施工管理)和运行管理安全风险因素。

1.4.1　外部环境风险因素

影响水利工程建设项目安全的外部环境风险因素,主要指自然环境风险。自然环境风险是指因自然环境的变化使生产活动和生活遭到威胁的风险。水利工程建设一般情况下都是采取露天的作业方式,也就必然决定了其受自然因素破坏的概率较高。水利工程建设过程中可能遭受的自然风险因素主要包括气象风险因素、水文风险因素和地质风险因素。由于这些风险的源头激发是大自然的作用力,一般被认为是不可抗力的风险。

1.4.1.1　气象风险因素

气象风险因素一般是指在水利工程建设过程中遭受的来自于不利气象条件的损害,包括温度、降水、台风、雷电等。如异常的高温和低温就会使得浇筑的混凝土出现大体积的开裂,危害工程质量安全。

1.4.1.2　水文风险因素

自然界的水在时间和空间层面的不平衡分布对水利工程建设的影响也是十分巨大的,且水文资料不足或资料代表性不强更加剧了这种风险。

1.4.1.3　地质风险因素

不利的地质环境对于水利工程的影响几乎是毁灭性的,常见的地质灾害有地震、泥石流、滑坡等。一般认为,特定的地质条件是水利工程建设的基础,一旦地质环境产生变化,水利工程将存在极大的安全问题。

1.4.2 施工安全风险因素

水利工程施工工序较多、参与人员较多、机械利用较多,工程占地范围及涉及方面也较大,稍有不慎,便会发生事故。水利工程在施工过程中具有危险性较大的工程主要包括:①基坑支护与降水工程;②土方和石方开挖工程;③模板工程;④起重吊装工程;⑤脚手架工程;⑥拆除、爆破工程;⑦围堰工程等。

1.4.2.1 水利工程施工危险源

水利工程施工是一个由人员、设备、环境、管理等多方面组成的复杂系统,它们之间既相互联系又相互制约,事故的原因往往取决于人、物、环境因素,而这三者又都受到管理因素的制约。

1. 人的因素

人的因素即指管理人员、操作人员等,其不安全行为是重要致因。主要包括忽视安全、忽视警告、危险作业、使用不安全设备或违章操作等。

2. 物的因素

物的因素指设备、工具、原料、成品、半成品等。物的不安全状态是安全事故发生的物质基础,是安全生产中的隐患和危险源,主要有以下几种情况:

(1) 设备、装置的缺陷。机械设备和装置的技术性能降低,安全防护装置失灵;材料强度不够,结构不良、磨损、老化、失灵、腐蚀,物理和化学性能达不到规定等。

(2) 作业场所的缺陷。是指施工场地狭窄,组织不当,道路不畅,机械拥挤等。

(3) 物质的危险源。如化学方面的氧化、自燃、易燃、腐蚀等,机械方面的振动、冲击、倾覆、抛飞、断裂等,电气方面的漏电、短路、超负荷、过热、绝缘不良等。

3. 环境的因素

不安全的环境是引发安全事故的直接原因。主要指:生产环境的异常,如温度、湿度、通风、采光、噪声、振动、采光等方面;自然环境的波动,如土壤、气象、水文等的恶劣变异。

4. 管理的因素

管理的问题是事故产生的间接原因,包括:对现场工作缺乏检查指导,或检查指导错误;劳动组织不合理;技术缺陷:工艺流程、操作方法存在问题;未建立安全操作规章制度或制度不健全,未认真实施事故防范措施,对安全隐患整改不力等。

物的不安全状态、人的不安全行为以及环境的恶劣状态都是导致事故发生的直接原因,管理上的问题是导致事故发生的间接原因。

1.4.2.2 水利工程施工安全隐患分析

与一般建筑工程施工比较,水利工程施工存在更多、更大的安全隐患,主要表现在以下方面:

(1) 水利工程多涉及水库、大坝、渠道衬砌、堤防、涵闸等,施工项目多,受汛期和季节影响较大,须保证雨水和冻害等因素侵袭情况下的施工安全,而以上因素均与气象有关,很难预测并准确把握,属于不可抗力范围,给施工的安全生产及安全管理带来较大隐患。

(2) 水利工程规模较大,施工单位多,施工战线较长,现场工地分散,施工班组类型较多,交通联系不便,整个施工项目的安全管理难度较大。

(3) 施工现场均为"敞开式"施工,无法进行有效的封闭隔离,给施工对象、工地设备、材料、人员的安全管理增加了难度。

(4) 施工对象纷繁复杂,单项管理形式多变,如涉及土石方爆破工程,需考虑爆破安全问题;基坑开挖处理时需考虑基坑边坡的安全支撑;隧洞施工时涉及洞室开挖、衬砌及封堵的安全问题。

(5) 水利工程施工中,防护设施不够齐全,如模板受材料影响可靠性较低,搅拌机、振捣器、挖掘机等施工机械安全保险装置落后,容易造成机械伤害，这也对工程施工人员的安全问题提出了挑战。

(6) 作业人员普遍文化层次较低，其知识水平、安全意识等还无法较快适应水利行业的工作条件和环境，不了解水利工程的建设规程，普遍未经过上岗培训和安全教育，缺乏基本的安全知识和安全防范意识；加之分配工种多变，使其安全适应和应变能力相对较差，增加了安全隐患。

1.4.3 运行管理安全风险因素

水利工程建设过程中的运行管理风险因素对于工程项目的安全运行具有很大的影响，主要包括以下几方面：

(1) 工程质量不高。水利工程建设过程中，由于工程的设计不合理、施工材料达不到设计要求等，导致工程质量存在先天不足，随着时间的推移，工程的质量问题日益显现，加大了工程的安全风险。

(2) 安全意识不强。现阶段水利工程运行管理存在的最基础的问题是工程管理人员整体安全意识较淡薄，对安全管理工作重视不够。工作中的“三违”（违章指挥、违章操作和违反劳动纪律）现象突出，例如工程检修高空作业时不佩戴安全帽，电工操作时不使用规定的劳动工具等，存在较大安全隐患。

(3) 责任制度不健全。缺乏或未落实安全管理责任制及责任追究制度等，导致对存在的危害工程安全的因素认识不清，责任不明确，较易出现对安全事故责任互相推诿的现象。

(4) 应急机制未建立或不够完善。在实际工作中，由于认识不到位，很多水利工程项目未建立应急救援制度，或存在机制不完善、落实不到位等问题，有的也多是应付检查而已，一旦工程出险，无法应用，造成不必要的损失。

(5) 安全管理人员结构不合理。现行水利工程安全管理人员结构不合理，人员素质普遍不高，有的工程只有一个或无专职安全管理人员，且有的安全管理人员工程经验不足，对工程中存在的安全隐患估计不足，较难胜任。

1.5　水利工程建设项目风险管控措施

针对水利工程存在的一些不安全因素,初步探讨风险应对措施。

1.5.1　外部环境风险管控措施

在工程初设阶段,要充分查明场址处的水文、气候及地质条件,并充分考虑在施工及后期运行中可能出现的危险因素,提前采取预防措施及合理设计。

1.5.2　施工安全风险管控措施

施工安全措施是在施工项目生产活动中,根据工程特点、规模、结构复杂程度、工期、施工现场环境、劳动组织、施工方法、施工机械设备以及各项安全防护措施等,针对施工中存在的不安全因素进行预测和分析,找出危险点,从技术和管理上采取措施加以防范,消除不安全因素,防止事故发生,确保工程安全施工。可以从以下几个方面进行控制措施的实施:

(1) 建立安全生产责任制。安全生产责任制是施工安全技术措施计划实施的重要保证。从企业法人到安全生产责任人,从施工队伍中的班组长到施工操作人员,运用层层落实的安全生产制度,结合安全法律及行业规定进一步对相关依据进行制定,所制定的内容应具有通用性、针对性及可操作性。

(2) 严格控制工程质量。在水利工程施工中施工设备和材料是施工质量水平高低的关键,应对施工中的设备、材料、施工工艺等进行严格把关。

(3) 一般工程安全技术措施。施工过程中需建立各项施工安全技术措施计划,包括场内运输道路及人行通道的布置;基础边坡、护坡和桩基安全施工;主体结构施工方案;主体装修工程施工方案;临时用电技术方案;临边、洞口及交叉作业,施工防护安全技术措施;施工机械与设备安全防护装置;安全网的架设范围及管理要求;防水施工安全技术方案;设备安装安全技术方案;防火、防爆、防雷安全技术措施;

临街防护,临近外架供电线路、地下供电、供气、通风、管线防护,毗邻建筑物防护等安全技术措施;中小型机械安全技术措施;新工艺、新技术、新材料施工安全技术措施等。

(4) 特殊工程施工安全技术措施。对于结构复杂、危险性大的特殊工程,应编制单项安全技术措施。如爆破、大型吊装、沉箱、沉井、烟囱、水塔、特殊架设作业、高层脚手架、井架和拆除工程等。

(5) 季节性施工安全措施。考虑不同季节的气候,对施工生产带来的不安全因素,可能造成的各种突发性事故,并从防护上、技术上、管理上采取措施。季节性施工安全措施的主要内容是:①夏季主要做好防暑降温工作;②雨季主要做好防触电、防雷、防坍、防台风和防洪工作;③冬季主要做好防火、防风、防冻、防滑等工作。

(6) 安全教育和培训。广泛开展安全生产的宣传教育,使全体人员真正认识到安全生产的重要性和必要性,懂得安全生产和文明施工的科学知识,牢固树立安全第一的思想,自觉地遵守各项安全生产法律法规和规章制度。把安全知识、安全技能、设备性能、操作规程、安全法规等作为安全教育的主要内容。同时建立经常性的安全教育考核制度。

(7) 安全技术交底。按照技术交底的要求,须实行逐级安全技术交底制度,纵向延伸到班组全体作业人员,并且交底必须具体、明确、针对性强。安全技术交底包括工程项目的作业特点和危险点、针对危险点具体的预防措施、应注意的安全事项、相应的安全操作规程和标准、发生事故后应及时采取的避难和急救措施等。

(8) 施工安全检查。工程项目安全检查是清除隐患、防止事故、改善劳动条件及提高员工安全生产意识的重要手段,是安全控制工作的一项重要内容。通过施工安全检查可发现工程中的危险因素,以便有计划地采取措施,保证安全生产。

1.5.3 运行管理风险管控措施

1.5.3.1 加强工程安全管理检查维护

（1）提高管理人员对水利工程安全的重视，在水利工程建设过程中积极安排、组织有关人员做好水利工程的监督、检查工作。

（2）对工程进行不定期的安全检查维护，确保各种危险、有害因素的消除。

（3）通过经常性培训提高工作人员安全意识。

（4）对工程周边地区大力宣传相关安全法律法规，提高对工程安全重要程度的认识。

（5）在工程范围周边设立安全宣传标语。

（6）加大工程巡视力度，防患于未然。

1.5.3.2 建立科学合理的安全管理体系

安全管理体系的建立应从水利工程的整体出发，把管理重点放在整体效应上，根据水利工程自身的特点，循序渐进，逐步形成“安全工作，人人有责”的共识，调动广大成员安全工作的积极性。

水利工程的每个管理部门，均须做好安全管理各项制度、规范的落实及安全管理责任划分工作，须按照相关安全生产的规定和规范、法律和技术需求来进行工程施工和各项监管工作，并做好事故的调查及问责工作，进而提高安全管理的意识和工作的及时性、准确性，保证整体水利工程安全进行。

1.5.3.3 加强水利工程安全管理人员培训

要降低及控制水利工程运行管理过程中的风险因素，还需加强人员的安全意识和实际工作中发现处理安全问题的能力。把安全生产工作作为重点，通过定期开展培训和教育工作，形成“人人讲安全，时时讲安全，事事讲安全”的氛围，逐步实现从“要我安全”到“我要安全”的思想跨越。

第2章 黄河水闸工程建设与管理情况

安全风险评价工作是结合工程特点,在对其工程设计、施工、主要安全设施设备及工程安全管理等方面存在的危险、有害因素辨识分析的基础上进行的。本章主要从建设环境、地质条件、工程结构等方面介绍了黄河水闸工程自身的特点,并根据安全风险评价工作的具体要求,对黄河水闸工程设计、施工、工程现状、主要安全设施、安全自检及监测资料分析、运行管理情况及等具体内容进行了归纳总结,为下一阶段危险、有害因素的辨识奠定基础。

2.1 工程特点

引黄涵闸大多修建在黄河大堤上,与黄河堤防相辅相成,但本身又具有相对独立的特点。

2.1.1 环境特点

引黄涵闸作为黄河两岸堤防上重要的穿堤建筑物,涵闸建设及运行受流域气候、水文、泥沙的直接影响较大,需考虑黄河自身"水少沙多,水沙异源""河道形态独特"的突出特点。

2.1.1.1 洪水特性

黄河下游洪水由中游地区暴雨形成,洪水发生时间为6~10月。由于暴雨中心不同,洪水有两大来源:一是三门峡以上来水为主形成的洪水(常称上大洪水),二是三门峡至花园口区间来水为主形成的洪水(常称下大洪水)。上大洪水的特点是洪峰高、洪量大、含沙量大;下大洪水的特点是洪水涨势猛、洪峰高、含沙量小、预见期短,对黄河下游威胁严重。引黄涵闸承担有与堤防同等重要的防汛任务,因此在涵闸设计、建设及运行期间应充分考虑其防洪安全。

2.1.1.2　泥沙来源及特性

黄河中下游的水沙条件具有水少沙多、含沙量大的特点。同时，由于流域内不同区域自然地理条件差别大，水沙来源的地区分布和时间分布不均，具有水沙异源、年际和年内分配不均的特点。大量泥沙的存在直接影响涵闸引水效益的正常发挥及其安全运行。且黄河下游有游荡性河段，这也决定了位于游荡性河段内的涵闸在建设初期、设计阶段要充分考虑引水口位置，这样不仅可保证引水水源，也可减少泥沙淤积，避免出现脱流现象。

2.1.2　地质条件特点

2.1.2.1　地层结构

黄河下游冲积平原区，地貌类型为冲积扇平原。以黄河下游河南段水闸为例，基础地层多为第四系全新统、第四系上更新统、第四系中更新统、第四系下更新统、上三系和寒武系上统，土质涉及壤土、沙壤土、轻粉质沙壤土、粉沙、粉质黏土等 24 种不同岩性。

2.1.2.2　地震烈度与地震动参数

黄河下游整体上属于华北地震区，据《中国地震动参数区划图》(GB 18306—2015)，黄河下游地震动峰值加速度为 0.05 g~0.15 g，相应地震烈度为 6~7 度；仅在范县、台前一带为 0.20 g，相应地震烈度为 8 度，动反应谱特征周期为 0.35~0.40 s。

2.1.2.3　水文地质特征

黄河下游地下水主要为松散岩类孔隙水(补给源主要为河水及大气降水)，其广泛分布于黄河下游河道及沿岸地带；部分地区为基岩裂隙水。引黄涵闸通常位于黄河主河道，且穿越黄河堤防，由于堤防修筑的年代较为久远，地基已经历长期压实和沉降，闸址处地层岩性主要为沙壤土、粉质黏土或粉沙，存在局部液化现象。

2.1.3　工程结构特点

引黄涵闸工程由上游连接段、闸室段、涵洞段、下游连接段以及管护设施组成，多为混凝土箱涵（少部分为圆涵或浆砌石结构）。典型引黄涵闸纵剖面图及平面布置图如图 2-1 所示。

2.1.3.1 上游连接段

上游连接段主要由上游护底、防冲槽（多为砌石）、铺盖（分混凝土、浆砌石和黏土铺盖）、翼墙（多为浆砌石扭曲面）及两岸护坡（浆砌石或干砌石）等部分组成，其主要作用是引导水流平稳地进入闸室，保护上游河床及河岸免遭冲刷并有防渗作用。

2.1.3.2 闸室段

闸室是涵闸工程的主体，由底板、闸墩（闸墩上布置有拦污栅门槽、检修门槽和工作门槽）、胸墙、闸门、机架桥、启闭机房、检修便桥等组成，主要起挡水和调节水流的作用。

2.1.3.3 涵洞段

涵洞主要由侧墙、顶板、底板、中墙组成。由于穿堤而建，其上部一般有较高填土（填土高度 8.0 m 左右，临背河边坡比为 1∶3，堤顶宽度 12.0 m 左右）。

1. 纵剖面

与其他建筑物相比，引黄涵闸涵洞纵剖面的引水坡度不大，其引水坡度设计值多小于 1/100；涵洞洞身分节与涵洞孔径大小有关，各节长度在 10~15 m；洞身纵剖面大部分为直洞身，如图 2-2 所示。

2. 横断面

涵洞横断面可分为单孔、双孔、三孔、四孔、五孔、六孔等类型，但以单孔居多，三孔、五孔次之。以三孔为例，典型涵洞横断面图见图 2-3。

3. 伸缩缝

另外，闸室与铺盖及与涵洞的衔接处、涵洞各分节处均预留有伸缩缝，伸缩缝处通过安装止水措施起到防渗作用，这些防渗止水设施既要适应地基的一定变形沉陷量，又要防止渗漏。

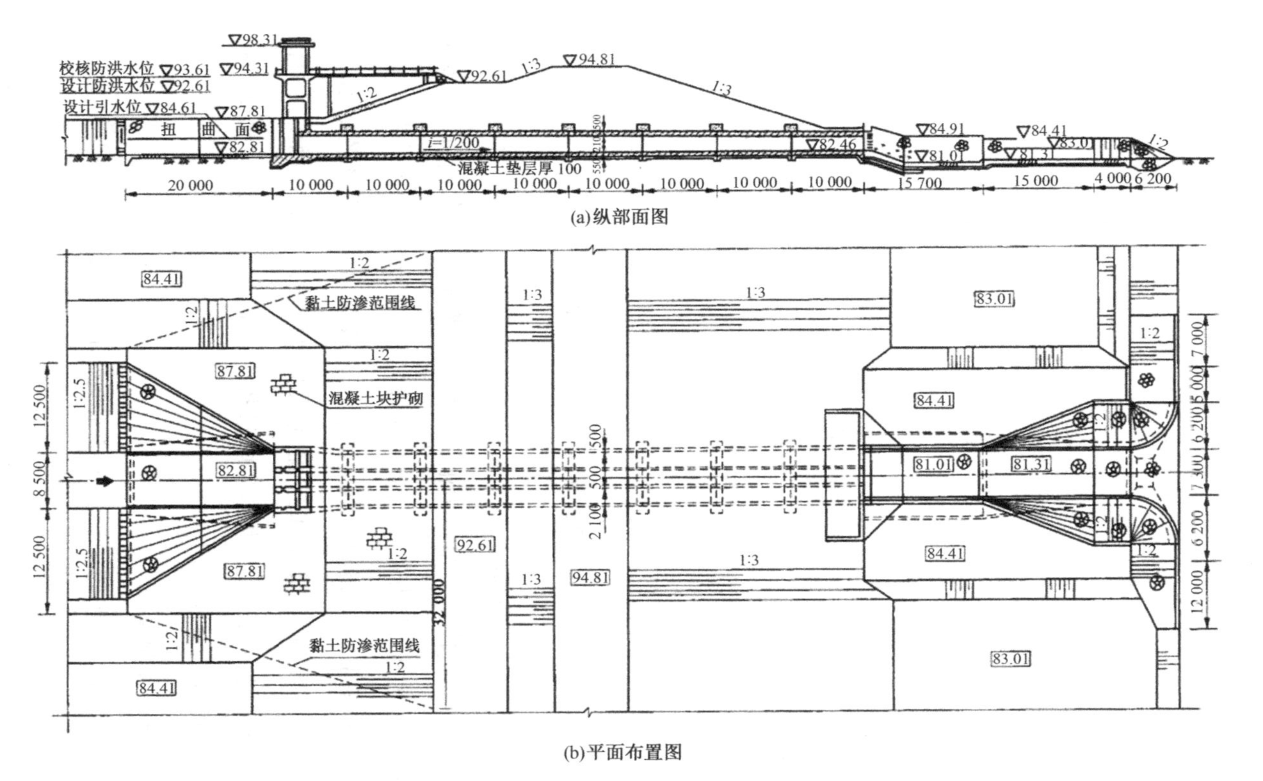

(a)纵部面图

(b)平面布置图

图 2-1　典型引黄涵闸纵剖面图及平面布置图　（单位：高程，m，大沽高程；尺寸：mm）

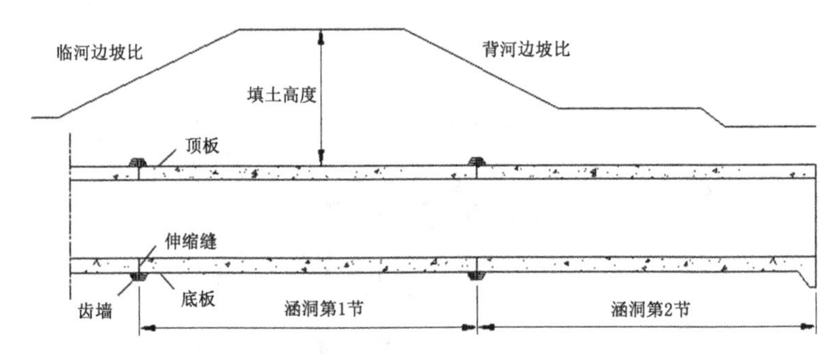

图 2-2　黄河水闸涵洞的典型纵剖面图

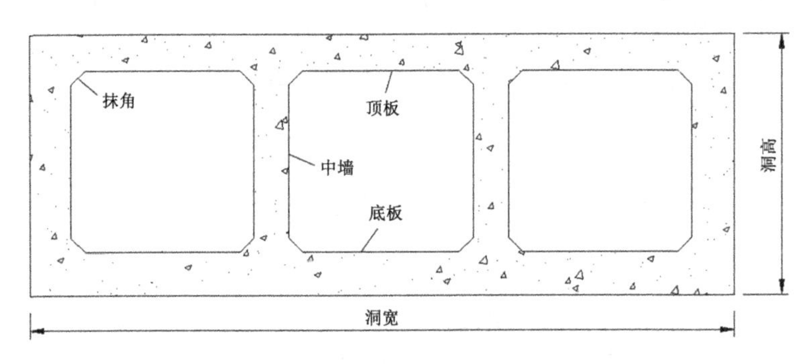

图 2-3　典型涵洞横断面图

2.1.3.4　下游连接段

下游连接段主要由消力池(混凝土或浆砌石结构)、海漫(多为浆砌石)、防冲槽(多为砌石)、下游翼墙(多为浆砌石)及两岸护坡(浆砌石或干砌石)等部分组成,其主要作用是改善出闸水流条件,提高泄流能力和消能防冲效果,确保下游河床及边坡稳定。部分涵闸消力池下设不透水层,将消力池也作为防渗排水布置的一部分,对涵闸的抗渗稳定性也有一定的作用。

2.1.3.5　管护设施

黄河水闸工程管护设施包括水闸工程的管理范围和保护范围、工程观测监测设施、交通设施、通信设施和生活设施等。

2.1.4　堤防涵闸土石接合部

由引黄涵闸工程的结构特点可知,涵闸两端与堤防工程的连接设

置有连接建筑物,主要包括上下游翼墙、边墩或边墙、顶板或底板等,其主要作用是:

(1) 挡住两侧填土,维持结构的稳定。

(2) 阻止侧向绕渗,防止与其相连的岸坡产生渗透变形。

(3) 引导水流平顺进闸,并使出闸水流均匀扩散。

(4) 保护两岸边坡不受过闸水流的冲刷。

但这些结构在发挥其有利作用的同时,也不可避免地形成了堤防土体与涵闸各分部混凝土结构的接触带,即土石接合部。土石接合部是堤防的薄弱环节,素有"一涵闸一险工"之说,特别是由于回填土不密实、不均匀沉降、地基不良等常会引起土石接合部产生裂缝或其他缺陷而发生渗透破坏。且这种破坏初始过程大都隐藏在堤防内部,事先难以察觉,一经发现险情,则会迅速导致工程破坏,难以补救,因而土石接合部的渗透破坏具有隐蔽性、突发性和灾难性的特点。因此,在引黄涵闸的设计、建设及运行过程中,应充分考虑土石接合部的结构特点,并对其存在的不安全因素予以重视。

2.1.5 建筑物级别

引黄穿堤涵闸按 1 级建筑物设计。根据《防洪标准》(GB 50201—2014)、《水闸设计规范》(SL 265—2016)及《水利水电工程等级划分及洪水标准》(SL 252—2017)等有关规范的规定,位于防洪堤上的引水建筑物,其建筑物级别不得低于防洪堤的级别,建筑物的设计防洪标准,也不得低于堤防工程的防洪标准。黄河大堤为 1 级堤防,因此引黄涵闸工程建筑物级别也应为 1 级。这也是引黄涵闸虽设计引水流量不大,而级别相对较高的原因。

2.1.6 防洪标准

引黄涵闸承担着与堤防同等重要的防汛任务,其自身安全也直接涉及整个防洪堤线的安全,因此引黄涵闸在建设及运行阶段首先是考虑建筑物的防洪安全。

位于临黄堤上的涵闸防洪标准采用与黄河花园口站 22 000 m^3/s

洪水相应的防洪标准。由于泥沙淤积河床抬升,将导致涵闸设计防洪水位随之抬升,因此规定涵闸工程以工程建成后30年作为设计水平年。设防洪水位以工程修建前3年黄河防总颁发的设防水位的平均值作为设计防洪水位的起算水位,并根据发展趋势对特殊情况进行适当调整。小浪底运用后新建或改建的引黄涵闸在确定设计洪水位时,要考虑小浪底水库运用对下游各河段河槽冲刷、水位下降的影响。

2.2 工程设计情况

引黄涵闸工程的设计严格按照《水利水电工程初步设计报告编制规程》(SL/T 619—2021)的相关要求执行,根据对黄河下游50余座引黄涵闸初设报告的统计分析,主要包括综合说明、水文泥沙、工程地质、工程任务与规模、工程总布置及主要建筑物、机电及金属结构、消防设计、施工组织设计、工程占地及移民安置、环境影响评价、工程管理设计、设计概算、经济评价等内容。具体内容如图2-4所示。

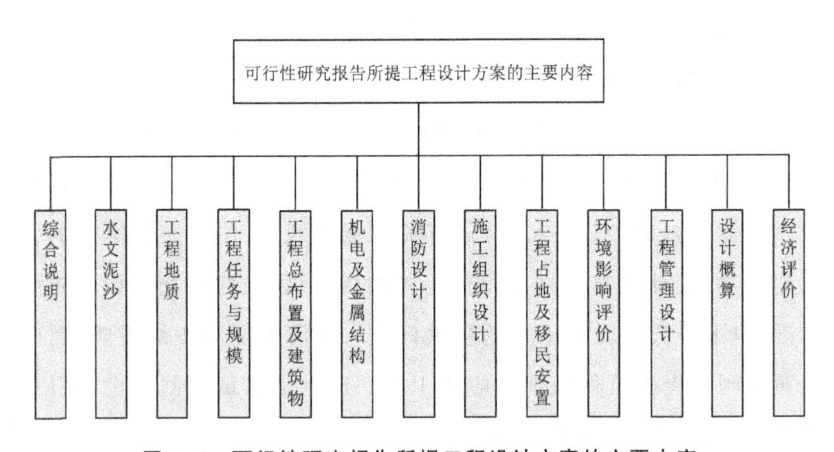

图2-4 可行性研究报告所提工程设计方案的主要内容

2.2.1 综合说明

综合说明主要是对项目缘由、自然、地理、资源情况及工程建设必要性的综合分析,以及可研报告各研究内容主要设计内容的总体说明。

2.2.2　水文泥沙

根据黄河“水少沙多、水沙异源”的特点，在水闸可行性研究及设计阶段，要充分考虑黄河泥沙对水闸安全运行的影响，主要包括流域、地区的水文、气象概况及水文基本资料和主要水文计算成果。具体如图 2-5 所示。

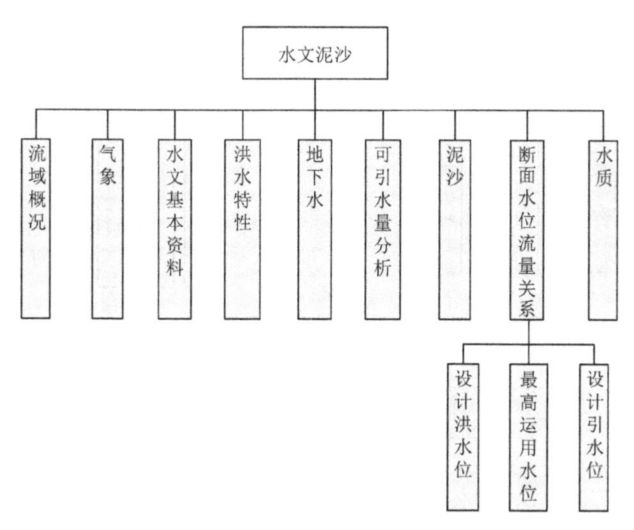

图 2-5　水文泥沙的主要内容

2.2.3　工程地质

工程地质主要包括工程所在区域概况及天然建筑材料的勘察成果，以及地震情况和地基情况。针对涵闸建设的特殊情况，还应考虑堤防以及河道整治工程地质对水闸安全运行的影响，如图 2-6 所示。

2.2.4　工程任务与规模

工程任务与规模主要包括主要任务、经济效益及主要设计指标（设计引水流量、设计引水位、闸底板高程及最高运用水位等）、总体布局、工程范围等内容，如图 2-7 所示。

2.2.5　工程总布置及建筑物

工程总布置及建筑物包括工程等级及标准、场址选择、主要布置方案、灌区配套工程等主要内容，如图 2-8 所示。

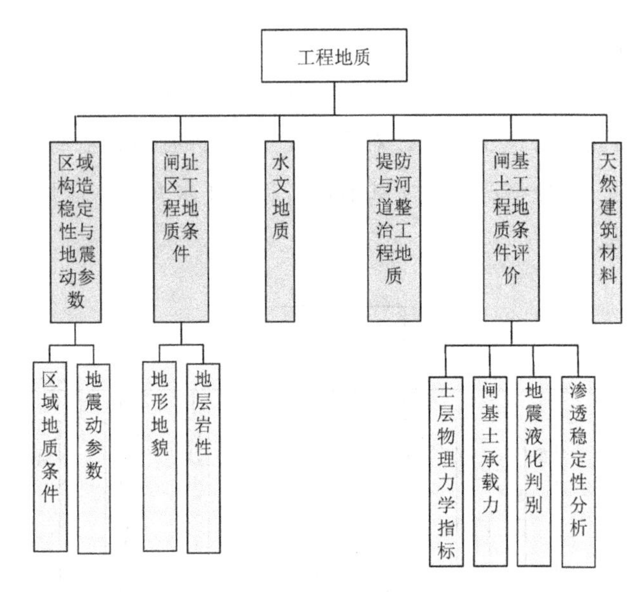

图 2-6　工程地质的主要内容

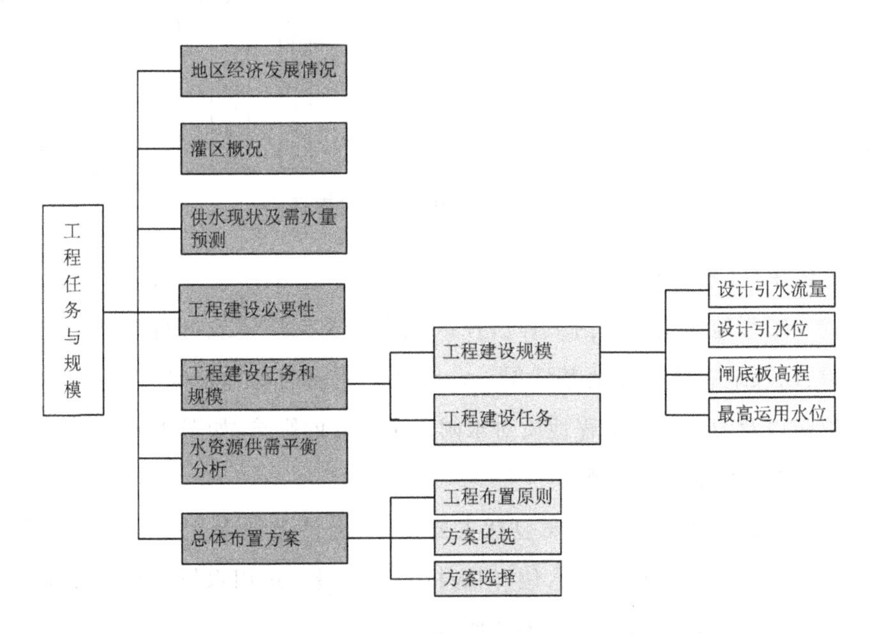

图 2-7　工程任务与规模的主要内容

2.2.6　机电及金属结构

主要包括机电及金属结构设备的选型、数量、主要参数和布置等设计内容,以及涵闸监控系统等,如图 2-9 所示。

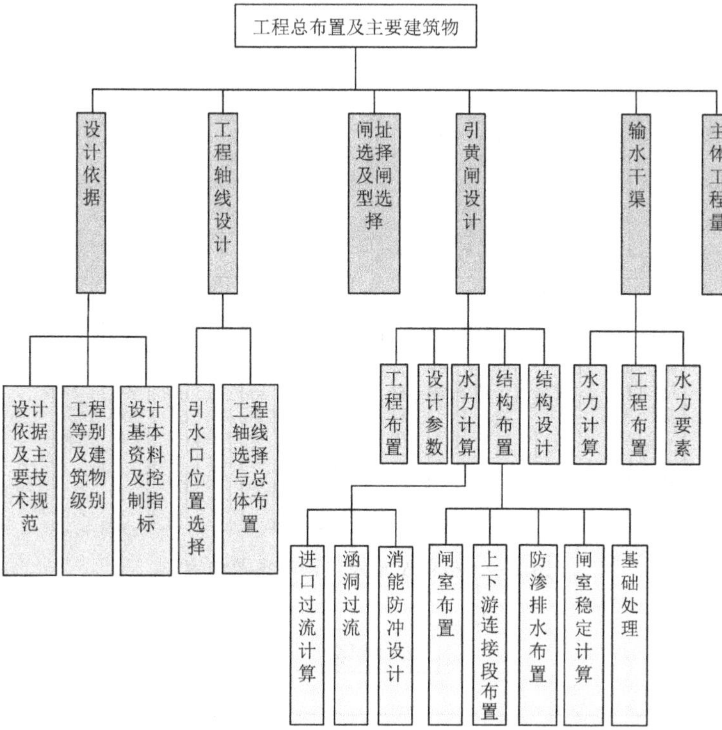

- 工程总布置及主要建筑物
  - 设计依据
    - 设计依据及主要技术规范
    - 工程等别及建筑物级别
    - 设计基本资料及控制指标
  - 工程轴线设计
    - 引水口位置选择
    - 工程轴线选择与总体布置
  - 闸址选择及闸型选择
  - 引黄闸设计
    - 工程布置
    - 设计参数
    - 水力计算
      - 进口过流计算
      - 涵洞过流
      - 消能防冲设计
    - 结构布置
      - 闸室布置
      - 上下游连接段布置
      - 防渗排水布置
      - 闸室稳定计算
      - 基础处理
    - 结构设计
  - 输水干渠
    - 水力计算
    - 工程布置
    - 水力要素
  - 主体工程量

图 2-8　工程总布置及主要建筑物的主要内容

2.2.7　消防设计

黄河水闸防火项目主要包括启闭机房、电器、管理房各单体建筑物等,并根据工程所在地建筑物结构及配置特点进行设计。

2.2.8　施工组织设计

施工组织设计主要对水闸工程的施工条件和建筑材料、施工导流方案、主体工程施工方法和总体布置以及交通、施工进度等方面内容进行说明,如图 2-10 所示。

2.2.9　工程占地处理及移民安置

工程占地处理及移民安置主要包括工程占压区的范围、移民安置和征地补偿等内容及相应的处理方案,如图 2-11 所示。

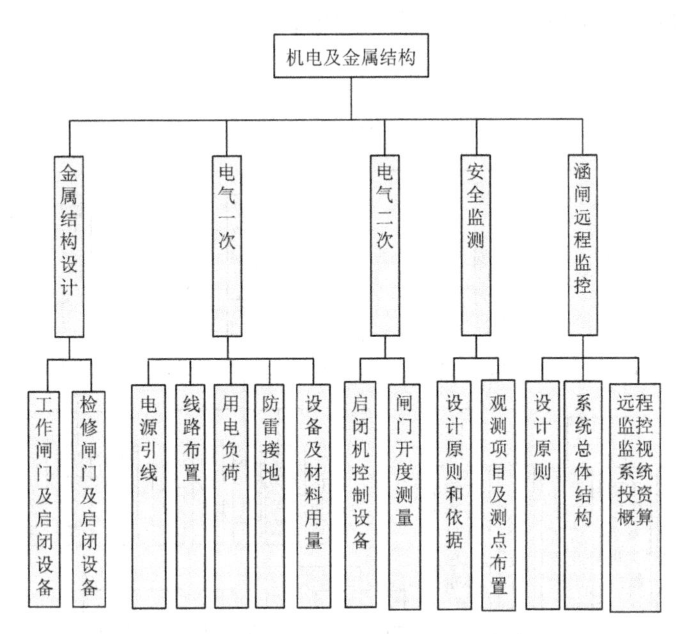

图 2-9　机电及金属结构的主要内容

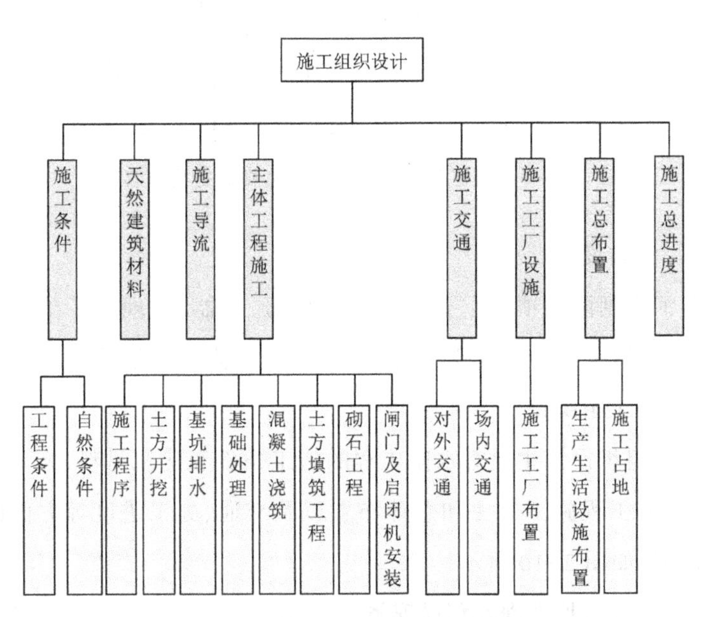

图 2-10　施工组织设计的主要内容

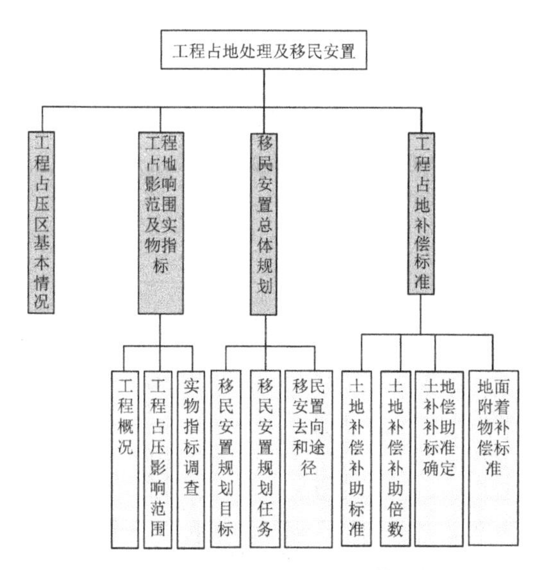

图 2-11　工程占地处理及移民安置的主要内容

2.2.10　环境影响评价

对工程所在区域的环境状况，施工期和运行期对环境的影响，以及固体废物污染、大气污染、噪声污染等影响预测与防治效果等内容，如图 2-12 所示。

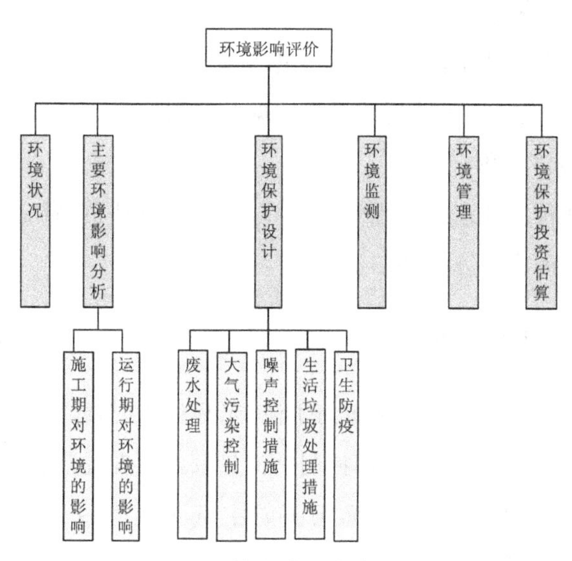

图 2-12　环境影响评价的主要内容

2.2.11 工程管理设计

工程管理设计主要包括管理单位机构设置、人员编制、涵闸管理范围和保护范围等内容,如图 2-13 所示。

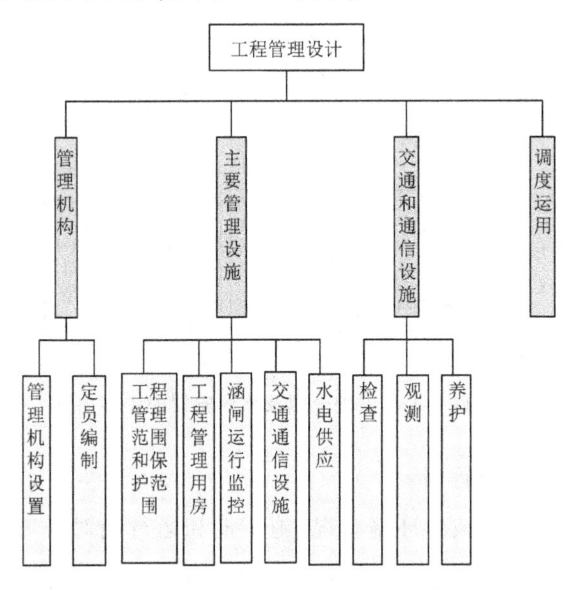

图 2-13 工程管理设计的主要内容

2.2.12 设计概算

设计概算简述水闸工程部分、建设管理费、生产及管理单位准备费、科研勘测设计费等费用的编制依据及费用标准。

2.2.13 经济评价

经济评价简述水闸工程效益估算、国民经济评价、资金筹措方案、财务评价等的主要方法和结论。

2.3 工程施工情况

引黄涵闸工程一般紧邻黄河主流,工程施工时须考虑先修建围堰(围堰具体设计指标由非汛期控制站流量及施工期堤顶交通的要求确定),以保证工程安全施工。黄河下游主汛期为 7~9 月,考虑黄河度汛要求,一般工程施工设在非汛期进行。

具体的施工顺序如下：场地平整及施工道路修筑→围堰填筑→基础开挖→闸室混凝土浇筑及砌石施工→土方填筑（黄河大堤恢复）→浆（干）砌石护坡→闸门启闭机安装及调试→远程监控系统安装。主体工程结束后，将围堰拆除，并进行施工场地清理。

2.3.1　基坑排水

一般采用轻型井点降水，辅以明排；或明排为主，井点为辅。

2.3.2　土方工程

土方开挖和回填以机械为主（挖掘机配自卸汽车上堤，推土机摊平，拖拉机压实，辅以边夯）。由于工程布置在黄河大堤堤身断面内，为确保施工安全，一般采用分层开挖法。为保证施工作业场地，开挖断面底部宽度按涵洞外轮廓线两侧各向外延伸 2.0 m 左右。深层开挖需要降水施工，为使土方开挖及后续工作不受地下水的影响，施工期间，均先填筑上游围堰，之后进行基坑施工排水。

2.3.3　基础处理

根据勘探地质资料，当地基局部承载能力不能满足设计要求时，为增强地基的抗液化能力，提高地基的承载能力，可在方案优选的基础上对基础进行相应处理。

2.3.4　钢筋混凝土工程

水闸工程需浇筑混凝土的部位有闸室段各构件、涵洞段各构件、进口铺盖、出口消力池底板、机架桥等。混凝土浇筑采用吊罐直接入仓，人工平仓，电动插入式振捣器振捣，采用钢木模板或钢模板，钢筋由综合加工厂加工制作后运至现场，人工绑扎。闸室上部混凝土浇筑时搭设脚手架，铺设工作平台。

2.3.5　石方工程

砌石工程中包括浆砌石、干砌石和碎石垫层铺设。

碎石垫层采用人工手推车运至工作面，人工摊平夯实。

干砌石护坡采用人工砌垒，手推车辅助运料。施工时从下向上分段砌筑，人工丁扣法施工。

水闸进出口浆砌石护坡、护底工程砌石料采用自卸汽车运输，材料直接堆放于涵闸进出口处，人工砌筑，坐浆法施工。砂浆采用机械拌制及运输，人工铺浆摊平后砌筑块石，表面用水泥砂浆勾缝。

2.3.6 闸门及启闭机安装

闸门安装包括埋件安装和闸门吊装。埋件安装完成后即进行闸门吊装。启闭机的安装在其承载机架桥完工并达到设计强度后进行。

2.3.7 止水与观测设施

止水设施在施工过程中均严格按有关技术规范、规程、规定进行施工。尤其施工时密切注意止水带在混凝土浇筑工程中的位置，接头密封牢固并与混凝土表面紧密结合，并注意观测仪器埋设和安装精度。

2.4 工程现状

2.4.1 工程概况

据2013年黄河水闸注册登记情况，目前黄河水闸共有189座（引黄闸渠首闸与引黄闸、新老闸等分开统计），其中引黄闸108座（河南45座、山东63座）。

2.4.2 工程现状和存在的问题

黄河涵闸大部分修建于20世纪60~70年代，由于长期的运行，其安全性及使用功能逐渐衰弱。同时，水闸由于建成的时间早，建设标准低，运行设施落后或管理不善等，致使水闸存在各种安全隐患，直接影响黄河堤防的防洪安全。现将主要问题总结如下。

2.4.2.1 涵闸主体工程

1. 防洪标准不足

黄河涵闸大部分修建于20世纪60~70年代，在工程设计方面，由于当时尚未形成统一的技术标准、规范，对黄河河道水闸淤积运动规律的认识也不够深入，对上下游、左右岸非汛期较小来水流量时的引水也没有限制规定，因此早期修建的一些水闸工程存在设计防洪水位偏低、对泥沙淤积的影响考虑不足等问题。根据《黄河下游标准化堤防工程规划设计与管理标准》(2009 年 9 月)的相关要求,涵闸堤顶高程与涵闸设防标准还有一定的安全超高要求。特别是近年来,由于黄河河床逐年抬高,部分涵闸防洪不足的矛盾更加突出。

2. 引水能力不足

由于近年来河床下切、渠道淤积、黄河水位持续偏低等各方面的原因,目前黄河下游多数涵闸引水能力存在严重不足,例如张菜园引黄闸设计引水流量 100 m^3/s,但实际引水量仅 3 m^3/s,远未达到设计效果,用水量供不应求的矛盾非常突出。

3. 渗流不稳定

由渗流引起的渗透变形是涵闸破坏的主要形式之一。闸基和两侧渗流不稳定,较易出现塌坑、冒水、滑坡等现象。由于建闸时期,闸基础处理不彻底;或闸上游河道淤积,下游河道下切,改变了原设计条件,致使边墩和岸墙后侧填土渗流不稳定;或因闸基不均匀沉陷造成结构贯穿性裂缝、止水破坏等,抑或后期运行过程中止水老化、反滤失效、地基土本身的特性与缺陷等,均引起渗流破坏,影响涵闸安全。且渗流破坏和闸室的不均匀沉陷、止水失效之间会相互影响,形成恶性循环。

4. 抗震不满足要求

部分涵闸建设初期设计标准偏低,虽考虑抗震设计,但由于现行规范的改变,抗震级别有所提高,导致抗震能力不满足现行规范要求。

5. 闸室结构混凝土老化和损坏严重

涵闸在建时期,由于建筑物所处环境的复杂性和机械化施工程度低,致使某些涵闸混凝土质量控制和处理不当,抑或后期的维修养护不妥,造成混凝土的裂缝和碳化问题。

6. 涵洞伸缩缝止水老化

大部分涵闸由于运行及管理不善等原因,存在伸缩缝止水老化、脱落,压橡皮钢板锈蚀等问题。

7. 消能防冲设施损坏

由于目前黄河下游涵闸引水量不足,又未经历大洪水考验,虽部分涵闸设计消力池深度及海漫长度不满足现行规范要求,但仅有少部分涵闸消力池出现了裂缝,并未见有明显的冲刷现象。

8. 泥沙淤积严重

近年来,下游河道淤积严重,据不完全统计,下游河床年抬升速度达 5~10 cm。由于引黄涵闸大多已运行数十年,闸底板大都淤埋在泥沙中,绝大多数闸前淤积严重(淤积厚度可达 1.5 m),涵闸洞身内淤积量较多(0.5 m 左右)。泥沙淤积不仅造成引水困难,也影响闸门正常启闭。

9. 闸门及启闭设备损坏或老化

(1)闸门。

闸门普遍存在埋件锈蚀(门板或部件均存在不同程度的锈蚀,锈蚀部件主要是导轨、导轮、吊耳、吊环等)或碳化严重、钢丝绳老化、强度降低、闸门止水老化严重等问题。

(2)启闭设备。

启闭设备存在的主要问题有:超过折旧年限,漏油,无高度指示器、负荷控制器及备用电源,齿轮硬度达不到要求,电气设备属淘汰产品等。

10. 观测设施缺失或淤堵

大多数涵闸存在沉降观测点缺失、测压管淤堵等问题。

11. 管理房老化失修严重

管理房修建较早,加上管理不善,维修养护经费落实不到位,造成管理房裂缝、漏雨、门窗腐朽损坏等问题。

2.4.2.2 安全管理

1. 资料记录不全且缺乏必要分析

部分黄河涵闸设计、施工等方面的基础资料缺失,运行管理资料缺乏,对涵闸运行过程中存在的诸如渗漏、闸门振动、变形等方面的监测记录也不完善；此外，由于沉陷观测基点在某时段的损坏，造成观测资料中间缺失，导致观测资料不完整且缺乏必要的初步分析；加之部分涵闸由于管理单位变更，无相关出险情况记录。

2. 安全生产落实不到位

安全生产培训内容较单一，针对性不强，救援器材及设备缺乏。部分涵闸存在电工等特种作业人员无证上岗的现象。

3. 工程检修维护不到位

闸门、启闭设备、电气设备养护不及时，零部件锈蚀或缺损老化未及时更换；护坡、翼墙存在裂缝、塌陷缺陷未及时修补；管理房或启闭机房裂缝漏雨未及时处理等。

4. 远程监控系统管理运用不到位

(1)系统运行管理问题。远程监控系统运行管理涉及部门和环节众多，管理和技术协调工作多、难度大，对系统常见故障处理和日常维护水平也较低。部分管理单位未严格执行系统运行维护管理规定，维护管理不到位。

(2)设备维护与技术以及供电问题。基层农电供电保证率低，停电频繁，现地站供电质量差，电压不稳且波动较大。

(3)防雷接地措施标准低。黄河涵闸多处于中等雷暴区，运行环境恶劣，易遭受雷击损毁。

(4)通信系统问题。受投资限制，远程监控系统未建专用通信网络，而是利用黄河已有通信网络系统。受自身网络带宽不足、传输环节多等影响，导致连接县局与现地站的通信线路故障较多，对远程监控系统稳定运行也造成一定的影响。

(5)运行时间长，更新升级慢。该系统中有一些试点期及早期安装的设备已运行好几年，产品老化，小故障频发，缺少备品件，软件更新升级慢，运行维护任务重。

(6)机电设备和配套设施老化。启闭机是监控系统控制对象，有些启闭机使用年限长，卷扬启闭机制动机构不灵，门槽损坏，均对监控系统带来不利影响。

(7)流量监测数据不准确。由于黄河下游含沙量大,渠道冲淤变化大,导致闸上、闸下水位监测点脱流比例大,引水监测精度低。

5.管理人员素质偏低

黄河下游供水队伍总体上存在“老、少、低、单一”的问题,队伍老化严重,一线运行管理人员总量偏少、文化层次偏低,技术干部专业和技术工人工种单一;一线技术工人绝大多数是修防工,而涵闸管理技术相对复杂、专业相对集中,较缺乏机电、自动化控制等专业技术人员。

2.5 主要安全设施

2.5.1 伸缩缝止水

闸室与铺盖及涵洞的衔接、涵洞分节预留沉陷缝处,均通过安装止水设施构成一个连续的、封闭的、完整的防渗止水系统,既适应地基的一定变形沉陷量,又要能防止渗漏。

2.5.2 反滤

考虑地基渗流和水闸两岸大堤绕渗的需要,下游涵洞出口或消能防冲设施后端设置反滤层和排水孔,以降低渗压水头,并可防止管涌等渗透破坏险情的发生。

2.5.3 安全监测设施

为监测闸室沉降变形、建筑物沿程不均匀沉降变形和沿程渗流等情况,根据涵闸结构布置特点和安全运用要求,主体建筑物设垂直位移、闸室基础扬压力、上下游水位、过闸流量项目观测等。

安全监测设备主要有以下几种:

(1) 沉降观测点。用于观测建筑物垂直位移。

(2) 测压管。用于基础扬压力观测。

(3) 数字式水位综合测量装置。在引水闸门启闭机室内设置一套数字式水位综合测量装置,能自动测量闸前、闸后水位和上下游水位差。水位综合测量装置由测量盘、水位传感器等组成。水位传感器安装在闸门上下游适当位置的水位测井上。测量盘布置在启闭机室,在测量盘内装有水位综合测量装置机箱,用于接收传感器信号、整定计算后输出水位及水位差。在测量盘盘面上有闸前、闸后及上下游水位差的 LED 数字显示。水位差的测量为双向式。

(4) 上下游水尺。便于现场随时查看闸前、闸后水位。

(5) 测流缆道及流速仪。为计量过闸流量,于下游标准渠道断面设测流缆道,并设缆道房,房内设置双频式测流绞车,存放流速仪等测流设备。

(6) 远程监控系统。远程监控系统只设于穿堤闸。目前,引黄涵闸设有启闭机及闸门运行监控(包括近地运行监控和远程运行监控)和数字式水位综合测量装置。近地运行监控即在启闭机室,设置机旁监测控制盘,除实现闸门升、降、停控制外,设置闸门开度 LED 显示器,用于随时监测闸门的升降及位置,并可通过积分器,显示即时流量和统计引水总量;远地运行控制是指在总控制室内设集中控制盘,通过安装在每台启闭机旁的闸门开度传感器,监测每台闸门的升降高度和即时流量。且为保证启闭机闸门安全运行,启闭机装有上、下限极限位置控制电器和控制超载的荷重压力传感器。电控柜上装有电流、电压表,随时反映电源及设备运行状态。

2.5.4　闸前拦污栅

闸前设有拦污、排沙装置,以减少下游水质的污染和涵洞内泥沙的淤积。

2.5.5　供电线路

闸上设有专用的供电线路或外接所在地的线路,满足正常用电需求。

2.5.6　电气设计

电气设计主要有电动机、变压器等。

2.5.7　防雷接地保护设施

闸上启闭机房顶设置避雷针,涵闸设置水下接地网或接地干线,并将涵闸所有自然接地体用镀锌扁钢连接。闸区所有电气设备及变压器中性点均可靠接地。

电气装置的下列部分接地:①电机、变压器及其他电气的底座和外壳;②电气设备的传动装置;③屋外配电装配的金属和钢筋混凝土构架以及靠近带电部分的金属栅栏和门;④箱式变电站、配电盘、控制保护盘(箱)等的金属框架和底座;⑤交直流电力电缆接头盒外壳、终端盒外壳、电缆外皮、穿线的钢管、电缆支架和桥架、控制通信等电缆的保护层或屏蔽层。

2.5.8 消防安全设施

(1) 枢纽防火设计。启闭机房中部设一个消防疏散口,不设消火栓;管理房室内不设消防给水系统,均配备移动式灭火器。

(2) 电器防火设计。电缆进出房间、盘柜的孔洞及管口等都用防火堵料封堵。

2.6 工程运行管理情况

2.6.1 管理机构

根据2006年黄委《关于黄河供水管理体制改革的指导意见》(黄办〔2006〕12号)和2008年黄人劳劳便〔2008〕23号规定,黄委供水局(隶属于黄委,是黄河下游供水体系的主管单位,对山东、河南供水局的业务工作进行指导)下设供水分局,并下设闸管所对涵闸进行直接管理。

2.6.2 安全管理

(1) 责任制。各市级河务局均制定安全管理责任制、责任追究制、事故报告及处理制度,并明确供水分局负责人的责任。

(2) 警示标识。各水闸管理范围内均设各类警示标牌、标识和限宽墩。

(3) 安全情况。近三年未发生工程安全事故。

2.6.3　注册登记

目前共完成了 108 座引黄水闸注册登记数据录入工作。

2.6.4　确权划界

(1)保护范围。依据《黄河水闸工程管理标准》(试行),黄河下游涵闸的管护范围为涵闸工程各组成部分和上游防冲槽至下游防冲槽后 100 m,渠道坡脚两侧各 25 m。涵闸工程管理范围除满足上述要求外,所管理的堤防长度应不小于水闸两侧土石接合部外延各 50 m。

(2) 界桩标志。依照《黄河水闸工程管理标准》(试行)第二十条规定,水闸的管理范围上下游、左右侧边界每隔 30 m 设立边界桩。

2.6.5　工程管理和保护范围管护

为保护涵闸工程安全,闸区设立禁止游泳、垂钓、踏青、限载、用电等安全标语标识。

2.6.6　安全生产应急管理

(1) 安全管理。根据调研情况,引黄涵闸制定有《资料整编制度》《操作运行登记制度》《安全操作制度》《运行管理规范》《操作管理规范》《涵闸运行操作规范》《涵闸检修规程》《涵闸启闭管理办法》《涵闸人员值班及交接班制度》和启闭机检修、操作规程等制度。

(2) 应急预案。各分局和闸管所均严格按照防汛要求编制体系完整的防汛预案。

(3) 安全生产。各分局及闸管所较为重视安全生产的管理、宣传、培训等工作,且安全生产组织较为健全,责任制落实较为到位,常开展安全知识培训,并定期进行防火演练。

2.6.7　水闸控制运用

(1) 细则编修。按照水闸技术管理要求,结合涵闸具体情况及运用情况,及时制定或修订技术管理实施细则,并报上级主管部门批准。

(2)运用计划。按照水资源管理和水量调度的要求,各水闸的运用均由各级水资源和水调部门调度,闸管所按照调度指令及时启闭闸门,运行记录齐全完整。

(3) 调度执行。未发现有违反调度指令的事情发生。

(4) 操作规程。闸管所制定闸门及启闭机操作规程,并张贴上墙(启闭机房墙壁),闸门及启闭机操作定员定岗。

(5) 持证上岗。部分涵闸存在电工等特种作业人员无证上岗的现象。

(6) 操作记录。各闸管所闸门操作有专人负责,运行操作记录齐全完整。

2.6.8 工程检查

(1) 检查内容。涵闸的工程检查均按照《水闸技术管理规程》进行,机电设备检查每月一次,每年汛前、汛后对涵闸及各项设施进行全面检查。

(2) 检查记录。检查记录齐全完整,归档及时。

(3) 资料分析。在检查资料分析基础上,对发现的问题提出处理意见,及时上报并整改落实。

2.6.9 工程观测

依据《水闸技术管理规程》(SL 75—2014),观测项目应按设计要求确定,引黄水闸的观测项目有垂直位移、扬压力、裂缝、混凝土碳化、水位、流量、含沙量、水流流态等。

山东:2012 年前垂直位移观测每年汛前一次,2013 年后每年汛前、汛后各一次,扬压力观测每旬一次,裂缝观测每月一次,混凝土碳化在安全鉴定时进行,水位、流量、含沙量、水流流态观测按照水文规范要求进行了观测,各项观测记录齐全完整。

河南:垂直位移观测仅焦作张菜园闸、开封黑岗口闸每年进行两次,其余水闸暂未满足规程要求。河南供水局所辖涵闸大部分为 20 世纪五六十年代修建的老闸,各闸测压管维修养护困难,年久失修,现大部分测压管已损毁或淤堵,无法进行扬压力观测和绕渗观测,桃花峪、东大坝、柳园口等引黄闸未设计测压管,无法进行上述观测项目。

2.6.10　养护修理

2013 年以前山东、河南各供水分局和闸管所按照供水局的要求，均编制详细的年度维修养护计划和维修养护方案。

2.6.11　管理设施配备及管理

（1）设施设备。据不完全统计，山东供水局所辖引黄水闸共有沉陷点 2 543 个，缺损（覆盖）沉陷点 755 个；测压管 371 个，缺损（覆盖）208 个；河南供水局有 22 座引黄水闸的测压管淤堵或被掩埋，17 座引黄水闸的沉降观测点部分损坏；部分涵闸通信设施、管理房、备用电源配备不齐。

（2）抢险物资。存放于各县黄河河务局防汛物资仓库内，由专人负责管理。

2.7　安全自检报告的主要内容

建设期间安全工程自检自查情况，主要包括安全管理检查、文明施工检查、安全检查、汛期值守及出险情况、文件资料管理等内容，如图 2-14 所示。具体表述如下。

2.7.1　安全管理检查

（1）安全生产责任制。主要包括安全生产责任制、事故应急预案、各岗位安全技术操作规程的建立及执行情况，专职安全员、管理人员的配备及考核情况。

（2）目标管理。安全管理目标制定及安全责任目标的分解情况。

（3）施工组织设计。施工组织设计、专项施工方案的审核及落实到位，施工过程中主要设计变更及存在问题。

（4）分部分项工程安全技术交底情况。

（5）安全检查制度。安全检查制度的制定及落实情况，已查事故隐患的整改情况等。

（6）安全教育。安全教育制度的建立及落实，施工管理人员及专职安全员的培训及考核情况。

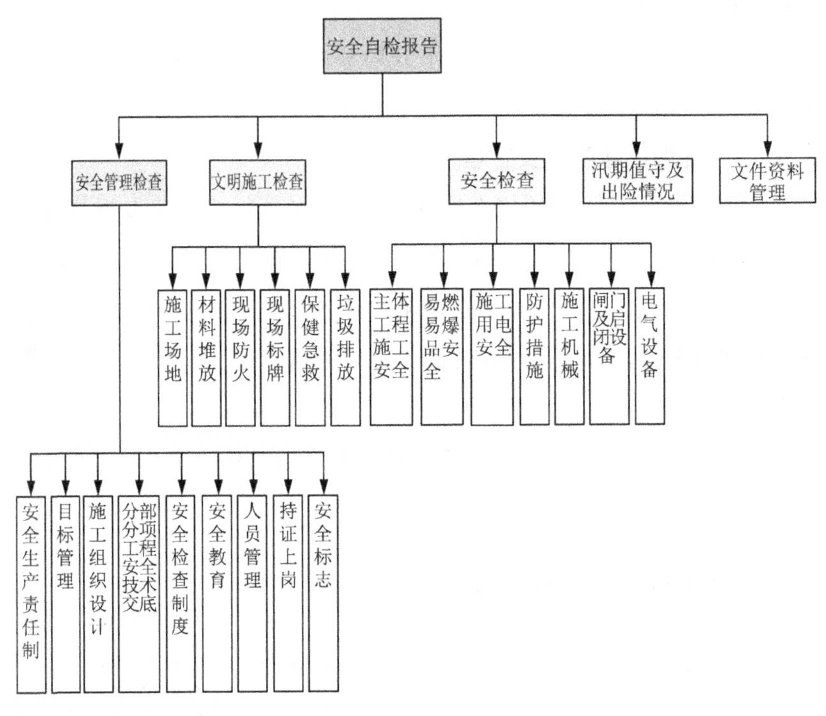

图 2-14　安全自检报告主要内容

（7）人员管理。施工现场考勤及请假制度的建立及落实情况。

（8）持证上岗。各岗位及特种作业人员是否持证上岗。

（9）安全标志。施工现场事故隐患处是否设置有安全警示标志。

2.7.2　文明施工检查

（1）施工场地。工作地面平整程度、进出场地道路是否通畅及道路排水是否畅通。

（2）材料堆放。建筑材料、构件、料具等是否有序堆放，料堆挂名称、品种、规格等标牌。

（3）现场防火。消防措施、制度的建立及落实，消防器材配备情况。

（4）现场标牌。宣传栏、读报栏等设立情况。

（5）保健急救。急救保健医药箱，有急救措施和急救器材的设置情况。

（6）垃圾排放。生产生活垃圾处理情况。

2.7.3　安全检查

（1）主体工程施工安全。主体工程施工开挖方案审批及实施情况。

（2）易燃易爆品安全检查。施工队火工品清领、实发、实耗、退库等登记、造册、签字情况。

（3）施工用电安全。外电防护、临时用电、配电箱、照明电路、配电线路、电器装置等的设置及防护情况。

（4）防护措施。施工现场工人安全作业劳动防护措施及落实情况。

（5）施工机械。钢筋机械、搅拌机、打夯机等安装验收情况，手持电动工具、电焊机等施工机具的安全防护情况。

（6）闸门及启闭设备。闸门及启闭设备的安装及试运行情况，试运行过程中出现的问题及处理情况。

（7）电气设备。电气设备的安装、防护及试运行情况，试运行过程中出现的问题及处理情况。

2.7.4　汛期值守及出险情况

防汛预案的建立及落实情况，汛期工程检查情况，险情抢护措施等。

2.7.5　文件资料管理

各项记录完整及保存情况。

2.8　安全监测自检报告的主要内容

引黄涵闸工程安全监测主要有渗透压力、不均匀沉降及应力应变等项目。安全监测自检报告主要包含安全监测项目、监测设施施工情况、仪器埋设安装施工、施工期观测（观测频次、观测精度及存在问题等）、初始观测成果、重大问题及处理、自检评价等。

第3章　黄河水闸工程建设项目安全预评价

根据安全预评价工作的具体要求和引黄涵闸的特点，本章从工程选址及总体布置、主要建筑物及设备、堤防涵闸土石接合部、工程施工、生产作业场所、卫生防疫等方面梳理了黄河水闸工程安全预评价可能存在的危险、有害因素，分析可能发生事故的原因及后果，并探讨各风险的应对措施，进而提出安全预评价工作评价单元的划分及各评价单元评价方法的选取，编制各单元安全检查表，总结黄河水闸建设项目安全预评价的特点，探讨安全预评价工作的组织管理及调查方法。最后，提出安全预评价的组织实施程序、调查分析、安全风险评价报告的编制及审查要求。

3.1　安全预评价的特点

由前述可知，安全预评价是对拟建水闸工程建设项目的设计方案进行分析，预测水闸工程存在的危险、有害因素，以期在设计、施工、运行各环节采取相应的技术措施和管理措施，消除或减少危险，降低事故风险，保障人员生命和财产安全。因此，黄河水闸工程建设项目安全预评价的重点主要是查找设计方案中所存在的影响工程正常施工及运行的主要危险、有害因素。显而易见，作为水利工程的一部分，黄河水闸工程建设项目安全预评价具有前述一般水利工程的共性特点（详见2.2节相关内容），但因其工程结构、性质、管理及运行条件等的特殊性，决定了黄河水闸工程建设项目安全预评价的评价内容、主要危险有害因素、单元划分及评价方法等具有其自身的特殊性（如前所述）。

3.1.1　安全预评价风险因素

（1）根据黄河水闸工程所处流域特性，评价过程中充分考虑了黄河“水少沙多”“地上悬河”“游荡性河段”的特点，在工程选址及枢纽总体布置主要危险、有害因素辨识分析中，考虑了泥沙淤积及引水口位置选取对工程运行安全的影响。

（2）根据黄河水闸工程防洪地位特殊性及黄河洪水特性，在工程选址主要危险、有害因素辨识分析中，充分考虑了暴雨、洪水对工程施工安全及运行安全的影响。

（3）根据黄河水闸工程设计要求，在枢纽总体布置主要危险、有害因素辨识分析中，充分考虑了堤顶安全超高对工程安全运行的影响。

（4）根据黄河水闸工程地质条件，在工程选址主要危险、有害因素辨识分析中，充分考虑了不良地基对工程安全运行安全的影响。

（5）根据水闸工程结构特点，在预评价主要建筑物及设备主要危险、有害因素分工程部位——上游铺盖、上下游连接段、闸室、涵洞、消能防冲设施、金属结构、电气设备、启闭机房及管理房等方面进行辨识分析。

（6）结合黄河水闸结构的特殊性，从勘察、设计、施工等方面分析了堤防涵闸土石接合部存在的隐患对水闸工程安全的影响。

（7）预评价主要危险、有害因素辨识分析中，充分考虑了反滤存在的风险。

（8）充分考虑了涵洞接头处伸缩缝止水存在的风险对黄河水闸安全运行的影响。

（9）根据黄河水闸特性及管理情况，在预评价中充分考虑了沉降观测点、测压管、数字式水位综合测量装置、上下游水尺、流速仪、远程监控系统、拦污栅等安全监测设施存在的风险。

（10）考虑黄河水闸施工要求，安全预评价阶段考虑了施工围堰存在的风险。

(11) 考虑了现场排水、施工现场运输道路、边坡基坑支护、脚手架工程、施工用电、运输设备等方面存在的风险因素对施工安全的影响。

(12) 根据黄河水闸建设条件及环境特点,考虑了淹溺对作业人员及管理人员人身安全的影响。

(13) 根据施工机械及工序,考虑了施工期间机械伤害、电气伤害、高处坠落、起重伤害、车辆伤害及物体打击等方面存在的风险对劳动安全的影响。

(14) 充分考虑了施工期间噪声、高低温、潮湿、采光、通风及粉尘等对施工作业人员及临近交通道路的居住区的影响。

(15) 充分考虑了废水排放、大气污染、生活垃圾排放对环境的影响。

(16) 此外,安全预评价还提出黄河水闸防汛预案、险情抢护预案、安全生产应急预案等的具体编制要求。

3.1.2 安全预评价单元

根据水闸工程及危险、有害因素特性,将黄河水闸工程建设项目安全预评价单元主要划分为工程选址及总平面布置单元、主要建筑物单元、金属结构及电气设备单元、安全设施单元、建筑施工单元、作业环境单元、安全管理单元。

3.1.3 安全预评价依据

黄河水闸工程建设项目安全预评价主要依据相关安全生产法律、水利部及国务院相关安全生产规章及规范性文件、水闸设计相关行业标准、黄河水闸设计及管理相关标准等,详见附件1。

3.2 评价单元划分和评价方法

安全风险评价方法的合理选择与评价单元的科学划分对安全风险评价结果的准确性具有至关重要的作用。

3.2.1　评价单元划分原则和方法

评价单元是在危险、有害因素识别和分析的基础上，根据评价的需要，将建设项目分成若干个评价单元。

评价单元划分原则和方法如下。

3.2.1.1　以危险、有害因素的类别为主划分

(1) 按工艺方案、总体布置和自然条件、环境对工程的影响等综合方面的危险、有害因素分析和评价，可将整个建设项目(系统)作为一个评价单元。

(2) 将具有共性危险因素、有害因素的场所和装置划为一个单元。

① 按危险因素类别各划归一个单元，再按工艺、物料、作业特点(其潜在危险因素不同)划分成子单元分别评价。

② 进行劳动卫生评价时，可按有害因素(有害作业)的类别划分评价单元。例如，将噪声、辐射、高温、低温、潮湿等危害的场所各划分为一个评价单元。

3.2.1.2　按装置和物质特征划分

(1) 按装置工艺功能划分。

(2) 按布置的相对独立性划分。

(3) 按工艺条件划分。

(4) 按危险物质的潜在危险性和危险物质的数量划分。

(5) 按事故损失程度或危险性划分。

3.2.2　评价方法选取原则

任何一种安全风险评价方法都有其适用条件和范围，安全风险评价方法应该在结合工程实际及各评价单元的特点、明确安全风险评价的目标(通过安全风险评价需要给出哪些、什么样的安全风险评价结果)的基础上，选择适用的安全风险评价方法。安全风险评价方法选择应遵循充分性、适应性、系统性、针对性和合理性的原则。

(1) 充分性。

充分性是指在选择安全风险评价方法之前，应该充分分析评价的

系统,掌握足够多的安全风险评价方法,并充分了解各种安全风险评价方法的优缺点、适应条件和范围,同时为安全风险评价工作准备充分的资料。

(2) 适应性。

适应性是指选择的安全风险评价方法应该适应被评价的系统。被评价的系统可能是由多个子系统构成的复杂系统,评价的重点各子系统可能有所不同,各种安全风险评价方法都有其适应的条件和范围,应该根据系统和子系统的性质与状态,选择适应的安全风险评价方法。

(3) 系统性。

系统性是指安全风险评价方法与被评价的系统所能提供安全风险评价初值和边值条件应形成一个和谐的整体,也就是说,安全风险评价方法获得的可信的安全风险评价结果,是必须建立在真实、合理和系统的基础数据之上的,被评价的系统应该能够提供所需的系统化数据和资料。

(4) 针对性。

针对性是指所选择的安全风险评价方法应该能够提供所需的结果。由于评价的目的不同,需要安全风险评价提供的结果可能是危险有害因素识别、事故发生的原因、事故发生概率、事故后果、系统的危险性等,安全风险评价方法能够给出所要求的结果才能被选用。

(5) 合理性。

在满足安全风险评价目的、能够提供所需的安全风险评价结果的前提下,应该选择计算过程最简单、所需基础数据最少和最容易获取的安全风险评价方法,使安全风险评价工作量和要获得的评价结果都是合理的。

3.2.3 评价单元

安全预评价阶段共划分以下 7 个评价单元,即:

(1) 工程选址及总平面布置单元。

(2) 主要建筑物单元。

(3) 金属结构及电气设备单元。

(4) 安全设施单元。

(5) 建筑施工单元。

(6) 作业环境单元。

(7) 安全管理单元。

3.2.4 评价方法

具体评价单元采用的评价方法如表 3-1 所示。

表 3-1　各单元采用的评价方法汇总

评价单元	事故树评价法	预先危险性分析法	安全检查表法	类比工程法
工程选址及总平面布置单元			√	
主要建筑物单元	√	√		
金属结构及电气设备单元	√	√		
安全设施单元			√	
建筑施工单元		√		√
作业环境单元		√		√
安全管理			√	

本书仅对定性评价——工程选择及总平面布置单元、安全设施单元及安全技术管理单元安全检查表的相关内容进行初步说明。

3.2.4.1　工程选址及总平面布置单元

根据流域规划、《水闸设计规范》(SL 265—2016)、《地质灾害防治条例》(国务院〔2004〕第 394 号令)、《水工建筑物抗震设计规范》(SL 203—1997)、《水利水电工程地质勘察规范》(GB 50487—2008)、《水电站厂房设计规范》(SL 266—2014)、《水利水电工程劳动安全与工业卫生设计规范》(GB 50706—2011)、《黄河下游涵闸虹吸工程设计标准的几项规定》(〔80〕5 号文)及《水闸工程管理设计规范》(SL 170—1996)等法律法规、标准规范编制黄河水闸工程选址及总平面布置安全检查表,对引黄涵闸工程选址、总体规划及总平面布置安全性进行评价,见表 3-2。

表 3-2　工程选址及总平面布置安全检查表

序号	检查项目及内容	评价依据	查证方式	实际情况	评价结果	备注
1	在地质灾害易发区内进行工程建设,应当在可行性研究阶段进行地质灾害危险性评估,并将评估结果作为可行性研究报告的组成部分;可行性研究报告未包含地质灾害危险性评估结果的,不得批准其可行性研究报告	《地质灾害防治条例》(2004 年 3 月 1 日国务院第 394 号令)	查阅可研报告、现场查看	可研报告是否涉及地质灾害危险性评估	是否符合要求	
2	水工建筑物工程场地地震烈度或基岩峰值加速度应根据工程规模和区域地震地质条件,按下列规定确定:①一般情况下,应采用《中国地震烈度区划图》确定的基本烈度;②水工建筑物的工程抗震设防类别应根据其重要性和工程场地基本烈度确定;③一般采用基本烈度作为设计烈度,但对于工程抗震设防类别为甲类的水工建筑物,可根据其遭受强震强震影响的危害性,在基本烈度基础上提高 1 度作为设计烈度;④设计烈度为 6 度时,可不进行抗震计算,但对 1 级水工建筑物仍采取适当的抗震措施	《水工建筑物抗震设计规范》(SL 203—97)1.0.2 条、1.0.5 条、1.0.6 条	查阅可研报告	对可研报告中的抗震设计可行性及合理性进行检查	是否符合要求	
3	闸址宜选择在地形开阔、岸坡稳定、岩土坚实和地下水水位较低的地点	《水闸设计规范》(SL 265—2016)3.0.2 条	查阅可研报告、现场查看	对可研报告中的工程布置合理性进行检查	是否符合要求	

续表 3-2

序号	检查项目及内容	评价依据	查证方式	实际情况	评价结果	备注
4	在临黄堤上建设的涵闸、虹吸工程为1级建筑物；防洪标准采用黄河花园口站22 000 m^3/s洪水相应的洪水标准；涵闸工程以工程建成后30年作为设计水平年	《黄河下游涵闸虹吸工程设计标准的几项规定》(〔80〕5号文)	查阅可研报告	可研报告设计方案是否合理	是否符合要求	
5	选择闸址应考虑材料来源、对外交通、施工导流、场地布置、基坑排水、施工水电供应等条件	《水闸设计规范》(SL 265—2016)3.0.10条	查阅可研报告、现场查看	对可研报告中的工程布置合理性进行检查	是否符合要求	
6	为满足水闸工程管理和抗洪抢险的需要，水闸工程应具有良好的交通设施，并应结合施工的需要，进行统一规划，合理布置	《水闸工程管理设计规范》(SL 170—1996)5.0.1条	查阅可研报告、现场查看	对可研报告中的工程布置合理性进行检查	是否符合要求	
7	闸轴线布置：分泄洪闸的轴线宜与河(渠)道中心线正交；引水闸的中心线与河(渠)道中心线的交角不宜超过30°；排(退)水闸中心线的交角不宜超过60°	《水闸设计规范》(SL 265—2016)4.1.3条、4.1.4条	查阅可研报告、现场查看	对可研报告中的工程布置合理性进行检查	是否符合要求	

续表 3-2

序号	检查项目及内容	评价依据	查证方式	实际情况	评价结果	备注
8	泵站与水闸的相对位置,应能保证满足水闸通畅泄水及各建筑物安全运行的要求	《水闸设计规范》(SL 265—2016)4.1.6条、《泵站设计规范》(GB 50265—2010)	查阅可研报告、现场查看	对可研报告中的工程布置合理性进行检查	是否符合要求	
9	水闸场址勘察应包括以下内容:①初步查明水闸的地形地貌,重点为古河道、决口口门等的位置、分布和埋藏情况;②初步查明水闸场地滑坡、泥石流等不良地质现象的分布;③初步查明水闸场地的地层结构、岩土类型和物理力学性质,重点为工程性质不良岩土层的分布情况和工程特性;④初步查明地下水类型、埋深及岩土透水性,透水层和相对隔水层的分布,地表水和地下水水质,初步评价地表水、地下水对混凝土及钢结构的腐蚀性;⑤进行岩土物理力学性质试验,初步提出岩土物理力学参数;⑥初步评价建筑场地地基承载力、渗透稳定、抗滑稳定、地震液化和边坡稳定性等	《水利水电工程地质勘察规范》(GB 50487—2008)5.8.1条	查阅可研报告、现场查看	可研报告是否涉及	是否符合要求	

续表 3-2

序号	检查项目及内容	评价依据	查证方式	实际情况	评价结果	备注
10	①工程选址应具有满足建设工程需要的工程地质条件和水文地质条件;②对地质条件特别复杂、施工条件特别困难的主要建筑物选址(线)应进行专题论证	《水利水电工程可行性研究报告编制规程》(SL 618—2021)6.3.5条	查阅可研报告	可研报告是否收集了水文基本资料,对水文、工程地质条件进行了评价	是否符合要求	
11	枢纽总体布置应全面考虑自然条件、社会环境、安全卫生设施、交通道路、环境绿化等因素,统一规划,合理安排	《水利水电工程劳动安全与工业卫生设计规范》(GB 50706—2011)3.0.1条	查阅可研报告	可研报告在总体布置在设计中是否充分考虑自然条件、安全卫生设施、交通道路等因素	是否符合要求	
12	应合理确定厂房等主体建筑物和主变压器场地的位置、防火间距、消防车道、疏散通道及消防水源	《水利水电工程劳动安全与工业卫生设计规范》(GB 50706—2011)3.0.2条	查阅可研报告	可研报告消防总体设计方案是否满足防火要求	是否符合要求	

续表 3-2

序号	检查项目及内容	评价依据	查证方式	实际情况	评价结果	备注
13	厂房内部布置应根据水电站规模、厂房形式、机电设备、环境特点、土建设计等情况合理确定和分配各部分的尺寸和空间	《水电站厂房设计规范》(SL 266—2014)2.3.1条	查阅可研报告	可研报告启闭机房内部布置合理,尺寸和空间是否满足要求	是否符合要求	
14	为满足水闸工程管理和抗洪抢险的需要,水闸工程应具有良好的交通设施,并应结合施工的需要,进行统一规划,合理布置	《水闸工程管理设计规范》(SL 170—1996)5.0.1条	查阅可研报告	可研报告是否涉及	是否符合要求	
15	交通运输系统,一般应设置交通管理、维修保养、安全运行等附属设施	《水闸工程管理设计规范》(SL 170—1996)5.0.8条	查阅可研报告	可研报告是否涉及	是否符合要求	

3.2.4.2　安全设施单元

根据《水闸工程管理设计规范》(SL 170—1996)、《中华人民共和国安全生产法》、《水利水电工程劳动安全与工业卫生设计规范》(GB 50706—2011)、《水利水电工程劳动安全与工业卫生设计规范》(DL 5061—1996)等法律法规、标准规范编制黄河水闸安全设施单元安全检查表,对引黄涵闸安全设施安全性进行评价,见表 3-3。

3.2.4.3　安全管理单元

安全管理单元检查表依据《中华人民共和国安全生产法》、《特种设备安全监察条例》(国务院令第 549 号)、《安全生产工作规定》和《水闸工程管理设计规范》(SL 170—1996)等编制,安全检查情况见表 3-4。

3.3　危险、有害因素辨识与分析

危险、有害因素辨识与分析主要依据《水利水电工程劳动安全与工业卫生设计规范》(GB 50706—2011)、《生产过程危险和有害因素分类与代码》(GB/T 13861—2009)、《企业职工伤亡事故分类》(GB 6441—1986)以及类比工程、原有已建工程等积累的实际资料与公布的典型事故案例,并结合引黄涵闸的工程及管理特点,对建设项目在工程建设过程中工程选址、总体布置、施工设备、作业场所、电气设备、金属结构、安全设施等方面存在的各种危险、有害因素进行辨识和分析,探讨分析可能产生的事故类型、成因及后果。黄河水闸安全预评价阶段主要危险、有害因素辨识与分析主要从以下几方面进行辨识:

(1) 工程选址中水文、气象、地质等自然因素中存在的危险、有害因素。

(2) 总平面布置中主要建筑物、电气设备、金属结构及临时建筑物中存在的危险、有害因素。

(3) 堤防涵闸土石接合部存在的危险、有害因素。

表 3-3　安全设施安全检查表

序号	检查项目及内容	评价依据	查证方式	实际情况	评价结果	备注
1	水闸工程应根据工程等级、规模、地质条件等，有针对性地确定工程观测项目，设置相应的观测设施	《水闸工程管理设计规范》(SL 170—1996)4.1.1条	查阅可研报告	可研报告是否涉及	是否符合要求	
2	水闸工程观测设计应包括观测项目选定、观测设施布置、观测设备选型，提出观测设施的施工安装、观测方法和资料整理分析的技术要求	《水闸工程管理设计规范》(SL 170—1996)4.1.2条	查阅可研报告	可研报告是否涉及	是否符合要求	
3	观测设施的布置应考虑下列要求：①全面反映水闸工程工作状态；②观测方便、直观；③有良好的交通和照明条件；④观测装置应有必要的保护设施	《水闸工程管理设计规范》(SL 170—1996)4.1.3条、《水闸设计规范》(SL 265—2016)9.0.3条	查阅可研报告	可研报告是否涉及，布置是否合理	是否符合要求	
4	生产经营单位新建、改建、扩建工程项目(以下统称建设项目)的安全设施，必须与主体工程同时设计、同时施工、同时投入生产和使用。安全设施投资应当纳入建设项目概算	《中华人民共和国安全生产法》第28条	查阅可研报告	安全设施是否与主体工程同时设计；安全设施投资纳入了建设项目概算	是否符合要求	

续表 3-3

序号	检查项目及内容	评价依据	查证方式	实际情况	评价结果	备注
5	枢纽范围内紧临交通道路、配电装置场地及各类建筑物的高边坡地段，应根据枢纽地质条件，采取必要的防护措施	《水利水电工程劳动安全与工业卫生设计规范》（GB 50706—2011）3.0.3条	查阅可研报告	可研报告是否涉及有高边坡地段相应的防护措施	是否符合要求	
6	在有关场所应设计安全标志。安全标志的制作、几何图形及颜色等应符合《安全标志及其使用导则》（GB 2894—2008）的要求。安全标志设置的场所及类型见 DL 5061—1996 附录 A	《水利水电工程劳动安全与工业卫生设计规范》（DL 5061—1996）	查阅可研报告	可研报告是否设计有安全标志	是否符合要求	
7	工程范围内人员经常通行、作业的临近高边坡的交通道路、场地等，应采取安全防护措施	《水利水电工程劳动安全与工业卫生设计规范》（GB 50706—2011）3.1.6 条	查阅可研报告	可研报告是否涉及	是否符合要求	
8	高压架空进、出线不宜跨越通航建筑闸首、闸室。当确有困难必须跨越时，应适当采取提高架空线路的设计安全系数的措施	《水利水电工程劳动安全与工业卫生设计规范》（GB 50706—2011）3.2.1 条	查阅可研报告	可研报告是否涉及	是否符合要求	

续表 3-3

序号	检查项目及内容	评价依据	查证方式	实际情况	评价结果	备注
9	施工设施场地布置应远离爆破作业影响区，并宜避开滑坡、泥石流、山洪、塌岸等存在危险源的位置。当无法避开时，应设置安全防护设施	《水利水电工程劳动安全与工业卫生设计规范》（GB 50706—2011）3.3.1条	查阅可研报告	可研报告是否涉及	是否符合要求	
10	砂石料加工系统、混凝土拌和系统、金属结构制作厂等噪声严重的施工设施，宜远离居民区、学校、施工生活区。当受条件限制不能满足时，应采取降噪措施	《水利水电工程劳动安全与工业卫生设计规范》（GB 50706—2011）3.3.3条	查阅可研报告	可研报告是否涉及	是否符合要求	
11	导流工程围堰的进出基坑施工道路，应符合防汛避洪人员安全撤离的要求	《水利水电工程劳动安全与工业卫生设计规范》（GB 50706—2011）3.3.4条	查阅可研报告	可研报告是否涉及	是否符合要求	

表 3-4　安全管理安全检查表

序号	检查项目及内容	评价依据	查证方式	实际情况	检查结果	备注
1	生产经营单位应当对从业人员进行安全生产教育和培训，保证从业人员具备必要的安全生产知识，熟悉有关的安全生产规章制度和安全操作规程，掌握本岗位的安全操作技能。未经安全生产教育和培训合格的从业人员，不得上岗作业	《中华人民共和国安全生产法》第 25 条	查阅可研报告	可研报告中是否涉及	是否符合要求	
2	应建立健全安全生产岗位责任制和岗位安全技术操作规程，严格执行值班制和交接班制	《安全生产工作规定》第 18 条	查阅可研报告	可研报告中是否涉及	是否符合要求	
3	应定期对职工进行安全生产和劳动保护教育，普及安全知识和安全法规，加强业务技术培训。职工经考核合格方可上岗	《安全生产工作规定》第 45 条	查阅可研报告	可研报告中是否涉及	是否符合要求	
4	应设立独立的安全生产监督机构，其职责、职权应符合规定；岗位设置、岗位人员条件和数量、装备应满足基本要求	《安全生产工作规定》第 27 条	查阅可研报告	可研报告中是否涉及	是否符合要求	
5	特种设备生产、使用单位应当建立健全特种设备安全管理制度和岗位安全责任制度	《特种设备安全监察条例》（国务院令第 549 号）第 5 条	查阅可研报告	可研未提及	是否符合要求	

(4) 工程施工期间影响作业劳动安全的危险、有害因素(主要从劳动安全方面考虑)。

(5) 生产作业场所影响工业卫生的危险、有害因素(主要从工业卫生方面考虑)。

(6) 施工期对环境的影响。

(7) 卫生防疫等。

3.3.1 工程选址及枢纽总体布置危险性辨识分析

3.3.1.1 工程选址对工程建设和运行的不安全因素分析

主要考虑水文、泥沙、气象、地质、地震等自然因素工程安全的影响。

1. 工程水文条件

黄河干流设有花园口、小浪底、三门峡(潼关)、夹河滩、高村水文站,伊洛河设有东湾(嵩县)、陆浑、龙门镇、长水(故县)、宜阳、白马寺(洛阳)、黑石关水文站,沁河设有山路平、五龙口、小董(武陟)等水文站,以上各站均为黄河干支流的一等水文站。根据黄委《黄河下游引黄涵闸、虹吸工程设计标准的几项规定》(黄委会黄工〔1980〕第5号)规定,设计引水水位采用工程修建时前三年的平均值。设计引水相应大河流量按涵闸就近水文站流量,即相应水文站大河流量所对应的水位作为设计引水位。水文站的合理选取及水文数据的正确分析对涵闸引水能力的准确估计有至关重要的影响。

2. 泥沙危险性分析

根据有关资料,小浪底水库运用前28年下游河道发生冲刷,以后则逐年回淤。因此,涵闸工程可研阶段均需考虑河道淤积情况。由于泥沙淤积,河床抬升,导致涵闸设计防洪水位随之抬升。如不考虑泥沙淤积,将影响涵闸乃至堤防的防洪安全。此外,如涵洞内泥沙淤积严重,对涵闸引水能力及闸门启闭均造成一定影响,且会增加洞身底板的承载力,对工程安全亦有一定威胁。

3. 气象因素危险性分析

a. 暴雨、洪水。

(1)对工程安全的影响。

如出现突发性暴雨或超标洪水,则将可能造成涵闸渗透失稳、结构承载力不足、闸门承受水压力超过其允许值等,易造成涵闸工程损坏甚至冲毁。绝大多数的溃坝、垮坝事故都发生在暴雨、洪水出现之时,所以暴雨和洪水也是威胁涵闸安全的重大危险因素。

(2)对人员和设备安全的影响。

在遭遇暴雨、洪水时,主要考虑施工现场排水、施工现场运输道路、边坡基坑支护、脚手架工程、施工用电、运输设备及临时设施等存在的隐患对施工安全造成的影响。

①施工现场排水设施遭遇堵塞或排水不及时,容易造成施工现场涌水,影响施工现场设备及人员安全。

②基坑开挖或防护堤开挖时,暴雨、洪水等因素都可能引起塌方或边坡失稳滑塌,危及人身及设备安全,严重时造成人员伤亡和设备受损。

③施工现场临建工程(临建设施:宿舍、食堂、办公用房、厕所等;施工挡墙等)防洪设施不够完善,一旦遭遇暴雨、洪水来临,超过警戒线,则较有可能淹没施工现场,造成人员伤亡和设备受损。

④施工现场运输道路不畅通,则影响汛期设备的转移和人员的安全撤离。

⑤脚手架倒塌、起吊不稳,设备漏电,临时设施坍塌等,均会对人员安全造成一定威胁。

b. 雷电

涵闸结构、启闭机房、管理房、电气设备、供电线路以及自动监控系统等均可能产生雷击危害。例如:水闸自动监控系统及水位监测系统等,较易遭受雷电电磁脉冲的损坏,导致设备损坏而无法正常观测,进而影响水闸安全运行。

c. 大气污秽

污秽闪络是带电设备的瓷件和绝缘子,或由电力线路上的绝缘子表面沉积的污秽物质引起的。在干燥的条件下,这些污秽物质往往对运行的危害并不显著,但在一定湿度条件下,这些污秽物质溶解在水中,形成电解质的覆盖膜,或是有导电性质的化学气体包围着瓷件和绝缘子,使瓷件和绝缘子的绝缘性能大大降低,致使表面泄漏,进而电流增加,当泄漏电流达到一定数值时,则导致闪络事故发生。

造成闪络事故的污秽来源很多,如烟尘和废气、汽车尾气、扬尘污秽,以及盐碱污秽甚至鸟粪污秽等,这些污秽物质,大多是酸、碱、盐性物质,一旦受潮,导电必将显著提高,易造成闪络事故。

涵闸的供电线路等高压电气设备在灾害性浓雾、冰冻、降雨、高温、高湿等气象条件下可能发生污闪事故,当高压电气设备外绝缘配置不符合标准要求时,则污闪事故易发,给涵闸供电安全带来不利影响。

4. 工程地质及灾害危险性分析

工程地质及灾害危险性分析主要考虑涵闸工程地质条件及岩土分布规律(包括地层结构、均匀性及地基土性质),查明影响工程稳定性的不良地质现象,分析其对场地稳定性的影响,以及影响工程施工的不利地质因素。其对涵闸工程的影响主要表现在以下方面:

(1) 边坡失稳。

涵闸施工多采用放坡开挖,基坑开挖时需根据土层的内摩擦角选择合适的边坡坡度,防止边坡失稳,以保证工程安全和施工人员的安全。

(2) 不均匀沉降。

涵闸如建在软土或砂性土等软土地基上,由于其可压缩性较大,承载能力较低,易产生不均匀沉降。再者,如若涵闸闸基土质不均匀,或土层中含有软弱夹层,则随着涵闸的运行,加之自身荷载、上部堤防填土、堤防交通等外加荷载的作用,极易发生不均匀沉降现象。不均匀沉降易造成混凝土结构裂缝甚至断裂、洞身各节间伸缩缝止水破坏等。而混凝土结构的断裂或伸缩缝止水失效，则会引起涵闸渗透破坏，淘空闸基（绕渗则会淘空两岸连接处），严重时危及涵闸的安全。因此，闸室的不均匀沉降、止水失效和地基的渗流破坏相互影响，形成恶性循环。如闸室产生不均匀沉降、伸缩缝止水失效，将可能产生渗漏通道，反过来又促使地基下沉加速，基础更趋不稳定。

（3）地基液化。

若地基为承载力不高的松散粉土或粉砂，则受到震动和水作用时较易产生液化，不利于涵闸工程基础的稳定性。

5. 水质危险性分析

黄河涵闸大多直引黄河水，少部分从黄河干支流（如天然文岩渠）引水。水质危险性分析主要考虑黄河水质和地下水水质对涵闸工程混凝土结构的侵蚀作用。涵闸地下水类型多为孔隙型潜水，主要由黄河水侧向径流和大气降水补给，地下水位受黄河水位控制。因此，需考虑地下水及地表水对混凝土无腐蚀性，如水质 pH 值为酸性，则对混凝土具有腐蚀性，酸性越强，则腐蚀性越大。加之混凝土结构本身有裂缝，则水质的腐蚀性与裂缝形成恶性循环，会对水闸混凝土结构的可靠性产生很大危害。因此，水质也是威胁涵闸工程安全的因素之一。

6. 防洪标准问题分析

涵闸依附黄河大堤（或控导）修建，具有特殊的防洪要求。此外，考虑到黄河标准化堤防的建设要求，根据《黄河下游标准化堤防工程规划设计与管理标准》（2009 年 9 月），水闸设防水位还应满足相应堤顶高程的超高要求。防洪标准不足，易造成超标准泄流、闸前水位壅高甚至洪水漫溢，威胁涵闸及堤防安全。

7. 地震危险性分析

根据近年来我国历次强烈地震后的震害调查、引黄闸在地震工况下的结构承载力及最大裂缝开展宽度复核计算统计情况，涵闸震害主要表现为:上下游护坡及翼墙裂缝、倾斜,底板、消力池等底部结构裂缝,涵洞各节伸缩缝错动或破坏,机架桥框架结构裂缝、断裂甚至倒塌等。而引起这些结构失稳的主要原因有两个方面:一是地震作用下,不良地基液化失稳,引起的结构位移、裂缝甚至坍塌;二是由于附加地震惯性力的作用使得结构的强度或稳定性破坏,从而产生裂缝、倾斜甚至坍塌。因此,地震所造成的工程破坏不容忽视。

工程选址主要危险、有害因素的构成,即风险的主要来源,如图 3-1 所示。

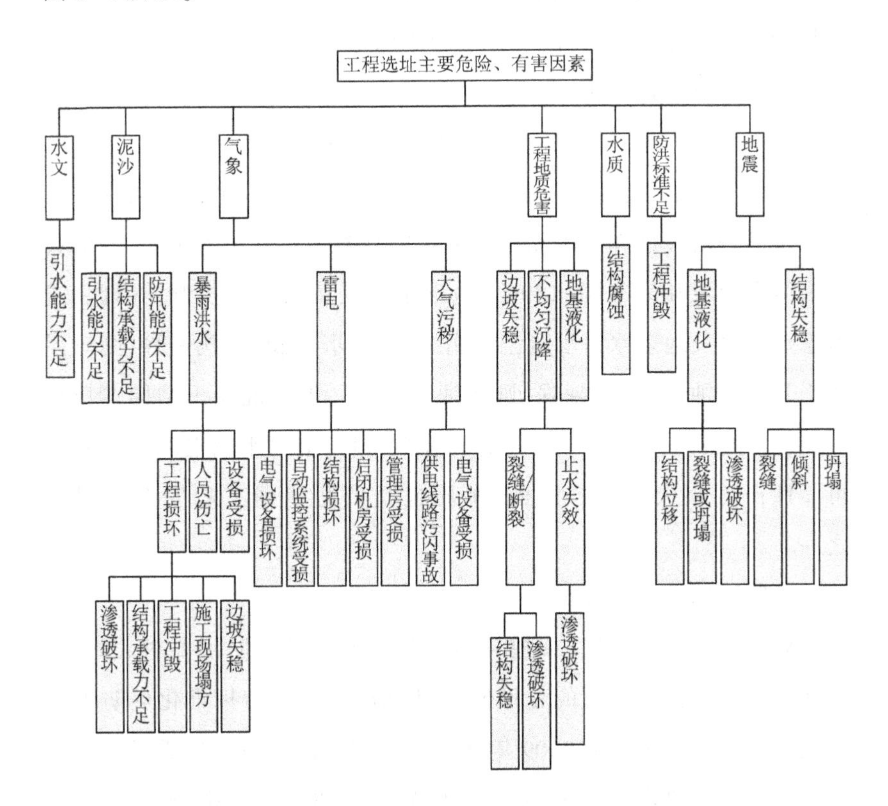

图 3-1　工程选址主要危险、有害因素的构成

3.3.1.2　总体规划与总平面布置危险性分析

涵闸工程区除考虑上述水文、气象、洪水、雷电等自然条件外,还应考虑工程总体布置以及周边情况等因素对工程安全、劳动安全与工业卫生所产生的直接或间接影响。在工程总体布置中,除满足功能和工程安全的要求外,还需考虑生产人员的劳动安全和工业卫生要求。

1. 水工建筑物危险性分析

(1) 引水口位置。

引水口位置的选择主要从涵闸工程自身的安全和对工业卫生的影响两方面考虑。

从涵闸工程自身安全角度考虑,引水口的位置应处在河道主流凹岸顶冲点的偏下游处,尽量减少泥沙淤积。如工程处于黄河游荡性河段,则应考虑引水口位置的选择是否会出现脱流现象。

如从引水口位置选择来看待工业卫生问题的话,则引水口位置应避开对人身健康产生有害影响的地区,以保证劳动者和下游用水安全。引水口位置应尽量避免附近污染工业(砖窑厂及造纸厂等)的排污口,这些污染工业所产生的废气或废水将威胁劳动者的健康,而且,如将这些污水引入下游,不但不能灌溉农田,而且还可导致下游人民生产、生活用水受到严重污染。

(2) 工程轴线选择与总体布置。

根据选择的引水口位置,来拟定工程轴线,布置主要交叉建筑物。因工程轴线布置首先考虑各建筑物的防洪安全,因此轴线选择与总体布置是威胁涵闸工程安全的重要因素。

(3) 堤顶超高。

黄河水闸因其特殊性,兼有与堤防同等重要的防洪任务,其防洪标准不得低于防洪堤的防洪标准。且根据《黄河下游标准化堤防工程规划设计与管理标准》(2009年9月)的相关要求,黄河下游涵闸堤顶高程与涵闸设防标准有一定的安全超高要求。若涵闸本身设计防洪标准不足,则在汛期较高洪水位时,易造成水闸工程破坏,进而威胁堤防安全。

(4) 建筑物消防。

涵闸工程防火项目包括启闭机房、管理房各单体建筑物,影响劳动安全和工业卫生的不安全因素主要从以下几方面考虑：

① 启闭机房。启闭机房室内布置有启闭机、电气控制盘柜、数字式水位综合测量装置、摄像机等。启闭机房可能发生的火灾为启闭机房内带电物体燃烧引起的火灾及雷击破坏，具有不安全性，需考虑消防疏散口及相应的灭火器材。

② 管理房各单体建筑物。主要考虑管理房各单体建筑物之间安全距离、安全疏散通道及进出交通道路等布置。在其总体规划设计中，应充分考虑防火间距、消防车道、疏散通道及消防水源等问题。

（5）安全防护措施。

为操作方便和检修方便，涵闸均建有通往启闭机房的人行便桥，启闭机房周围设有平台及检修爬梯等。启闭机房建在机架桥上，距离墩顶高度多在 5.0 m 以上，易发生高处坠落安全事故。

2. 电气设备危险性分析

（1）电气设备。

高压变压器、配电设备、变电站（主要对启闭机、管理处生活和照明供电）、电缆等易诱发火灾或触电事故，危及建筑物及人员安全。

（2）供电线路。

主要考虑架空线路在遭受雷电时的不安全性。当雷击线路时，巨大的雷电流在线路对地阻抗上产生很高的电位差，从而导致线路绝缘闪络。雷击不但危害线路本身的安全，而且雷电会沿导线迅速传到变电站，若站内防雷措施不良，则会造成站内设备严重损坏，甚至诱发火灾等安全事故。

3. 临时建筑物危险性分析

（1）施工设施场地布置。

主要考虑若施工地段或地区存在不良地质，施工时易诱发滑坡、塌岸等事故，不仅造成重大的经济损失，而且还危及生产人员人身安全。

（2）施工营地布置。

主要考虑在施工过程中易产生粉尘的生产设施（料场开挖）对环

境及生产作业人员健康的影响因素。

(3) 施工设施噪声。

施工中混凝土拌和站，钢筋、木材加工厂，机械修配站等噪声严重的施工设施，易危害生产人员健康。

(4) 基坑施工。

① 基坑排水。如若基坑排水不及时，施工可能存在基坑涌水，导致突发性大量涌水而淹没基坑，给施工带来极大困难。

② 基坑施工道路。主要考虑导流工程围堰的进出基坑施工道路对防汛避洪人员安全撤离的影响。

总体规划及总平面布置主要危险、有害因素的构成如图3-2所示。

3.3.2　主要建筑物及设备危险、有害因素辨识分析

3.3.2.1　主要建筑物危险、有害因素分析

1. 上游铺盖危险性分析

上游铺盖多为黏土铺盖或混凝土铺盖，其主要危险、有害因素是施工质量达不到设计要求、未按原设计施工、基础软弱、不良地质或遭遇地震等。如若铺盖破坏，往往会造成裂缝、冲坑等，严重时影响涵闸的渗透稳定性，危及涵闸安全运行。

2. 翼墙及护坡危险性分析

引黄涵闸上下游两岸设置有翼墙和护坡，其主要破坏形式表现为裂缝、蛰陷等，造成缺陷的原因多为不均匀沉降(基础软弱、不良地质)、施工质量达不到设计要求、未按原设计施工及管理不善等，以及暴雨、地震等自然灾害的影响。

3. 混凝土结构缺陷危险性分析

涵闸闸室、洞身段及机架桥大部分为混凝土结构，部分为浆砌石结构。其主要危险、有害因素是施工质量达不到设计要求、未按原设计施工、基础软弱、不良地质或遭遇超标洪水及突发地震等，易导致结构整体变位或混凝土开裂。结构整体变位主要表现为闸室、洞身结构的沉降与倾斜。这些变位将严重影响涵闸的安全使用，结构整体变位

与局部变位(混凝土的开裂、结构缝的张开)常构成因果关系。但除结构整体变位特别是不均匀沉降会引起沉降裂缝和结构缝张开外,还有其他原因会引起混凝土开裂,主要包括温度裂缝、干缩裂缝、钢筋锈蚀裂缝、碱骨料反应裂缝、施工裂缝等。裂缝对水工混凝土建筑物的危害程度不一,严重的裂缝不仅危害建筑物的整体性和稳定性,如若结构断裂,则会影响涵闸渗透稳定性,严重威胁涵闸安全运行。

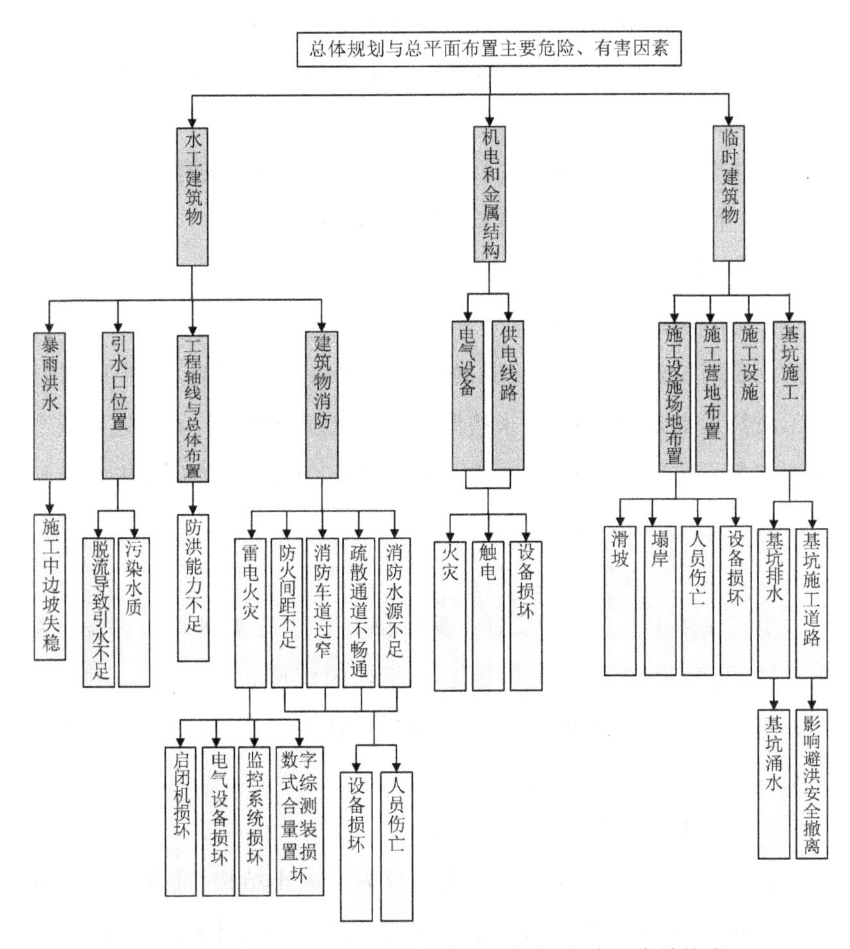

图 3-2　总体规划及总平面布置主要危险、有害因素的构成

4. 下游消能防冲设施缺陷危险性分析

下游消能防冲设施主要包括消力池、海漫及防冲槽,其破坏往往

会造成大面积冲刷坑、池底裂缝甚至断裂。究其主要危险、有害因素就是冲刷坑的存在将使下游翼墙倾斜,起到防渗排水作用的消力池底板如断裂,则将影响涵闸的渗透稳定性,严重危及涵闸安全运行。消能防冲设施形成破坏的原因也是多方面的,往往是一种或几种因素共同作用的结果,归纳起来,大致有如下几种因素:

(1) 设计不当。如设计不合理,随着涵闸运行时间的增加,河道的水力条件发生变化,使得涵闸现有消能防冲设施的尺寸及结构形式不能满足要求。

(2) 运行管理不善。运行管理不善是造成冲刷破坏的主要原因。各种消能工形式都有其一定范围的水力条件,很难有一种消能措施能适应各级水位流量和任意的闸门开启方式。而长期以来,许多涵闸管理制度不够完善,缺少足够的工程技术人员,启闭未严格按合理的调度方式进行,对闸门的操作未做到均匀、分挡、间歇性地进行,从而产生集中水流、折冲水流、回流、旋涡等不良流态,造成了下游消能防冲设施的破坏。同时,维修养护不及时,往往也会造成冲刷破坏的恶性循环。

(3) 基础软弱,处理不当等。

5. 启闭机房危险因素分析

启闭机房也是涵闸工程较为重要的建筑物之一,其安全直接影响到启闭设备操作人员的人身安全及启闭设备的安全运行。

影响启闭机房安全的危险、有害因素主要来源于不可预见的地震、超标洪水等自然灾害、设计不当、老化失修、混凝土开裂、可能的施工质量控制不足、发生非正常事故等。

6. 管理房危险因素分析

管理房是闸管人员重要的生活场所,一旦出现工程安全事故,则会危及管理设施与人身安全。导致管理房出现安全事故的主要因素有以下几方面:

(1) 施工质量不符合设计要求或设计不合理,导致运用过程中出现坍塌事故。

(2) 供电线路起火或人为用电不当造成的管理房火灾事故。

(3) 暴雨或地震等自然灾害造成管理房冲毁或坍塌。

(4) 人为破坏。

7. 施工围堰

施工期,修筑围堰主要用来防止水、土进入建筑物的修建位置,以便在围堰内排水,开挖基坑,修筑建筑物。如若围堰接头及与岸坡连接处连接不可靠,则较易引起集中渗漏,又或围堰坍塌而造成失事,从而影响施工安全。造成围堰失事的主要因素有以下几方面:

(1) 施工质量差,未夯实。

(2) 设计不合理,较易发生局部冲刷。

(3) 暴雨或地震等自然灾害造成围堰裂缝、滑坡或坍塌。

(4) 人为破坏。

影响建筑物安全的主要危险、有害因素的构成如图 3-3 所示。

3.3.2.2 主要电气设备及其系统危险因素分析

1. 电动机火灾爆炸危险性分析

主要考虑电动机由于各种原因而造成的火灾事故对人身安全的伤害。

(1) 电动机短路故障。电动机定子绕组发生相间、匝间短路或对地绝缘击穿,引起绝缘燃烧起火。

(2) 电动机过负荷。电动机长期过负荷运行、被拖动机械负荷过大及机械卡涩使电动机停转,过电流引起定子绕组过热而起火。

(3) 电源电压太低或太高。电动机启动或运行中,若电源电压太低,易使绕组过热而起火;若电源电压大幅下降,会使运行中的电动机停转而烧毁;若电源电压过高,使铁芯严重发热引起电动机起火。

(4) 电动机运行中一相断线或一相熔断器熔断,造成缺相运行(两相运行),引起定子绕组过载发热起火。

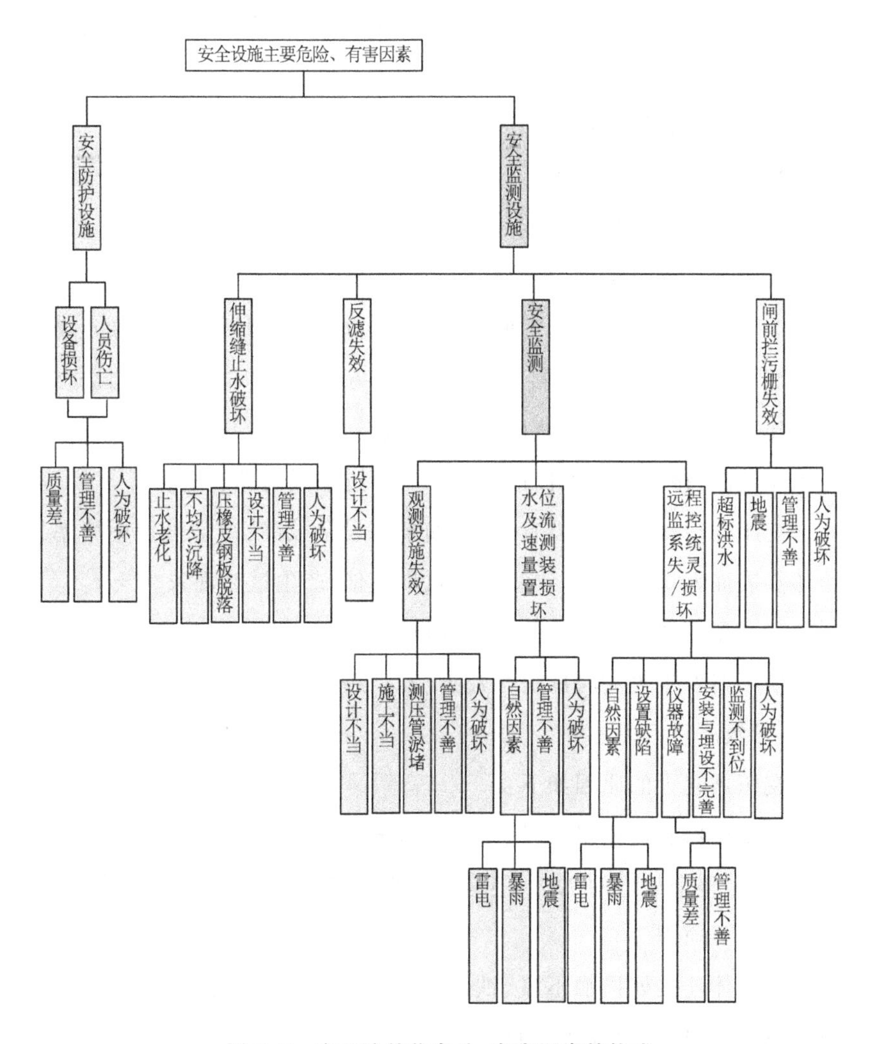

图 3-3　主要建筑物危险、有害因素的构成

(5) 电动机启动时间过长或短时间内连续多次启动，将使定子绕组温度急剧上升，引起绕组过热起火。

(6) 电动机轴承润滑不足，或润滑油脏污、轴承损坏卡住转子，导致定子电流增大，使定子绕组过热起火。

(7) 电动机吸入纤维、粉尘而堵塞风道，热量不能排放，或转子与定子摩擦，引起绕组温度升高起火。

（8）接线端子接触电阻过大，电流通过时产生高温，或接头松动产生电火花起火。

（9）人为破坏。

2. 变压器危险性分析

（1）变压器故障危险性分析。

变压器故障分本体内部故障和冷却系统故障。

本体内部故障有磁路方面的原因，如硅钢片质量不佳、绝缘不良、金属部件脱落、铁芯多点接地等；有绕组方面的原因，如绝缘制造、绕组安装不良或受损，造成匝间或相间短路，严重者变压器会喷油着火；变压器受潮，接头接触不良造成内部局部过热或局部放电。

变压器冷却系统故障有风扇、油泵等设备故障，冷却管积垢堵塞，冷却器表面大量积污等，致使冷却效果不佳，产生过热现象。

（2）变压器火灾爆炸危险性分析。

变压器发生火灾时危险性较大，发生爆炸则可使火灾险情进一步扩大，导致严重后果。

变压器起火的原因如下：

①变压器制造质量欠佳，内部发生故障所引起。通常，线圈部分损坏，约占整个故障的70%；绝缘套管损坏、绝缘油劣等也是造成内部故障的主要原因。

②导体连接处接触不良、铁芯故障、系统故障、雷击、小动物接近引起短路，或外界火源造成的影响。

③人为破坏。

3. 开关设备危险性分析

（1）开关设备故障危险性分析。

电力系统中常用的开关设备有断路器和隔离开关。断路器事故主要有拖动、慢分、开断容量不够；隔离开关事故的主要原因有机械卡涩、触头过热、绝缘子断裂等，也有机械和电气闭锁失灵等问题，导致带负荷拉刀闸，造成人身伤亡、设备损坏。

(2) 火灾。

由于过载、短路等原因引起电气火灾。

4. 继电保护装置危险性分析

继电保护装置故障主要是拒动、误动,造成继电保护事故的原因除设备本身缺陷外,主要原因是运行适用不当造成的误碰在运设备、误接线、误整定(“三误”工作),且受电磁干扰而引起的保护事故也不容忽视。

5. 输配电线、电缆危险性分析

(1) 输电线倒杆、断线。

由于自然灾害及人工活动,可能使输电线倒杆、断线,发生触电及火灾事故。

(2) 电缆火灾。

电力电缆的绝缘层是由纸、麻、橡胶、塑料、沥青等各种可燃物质组成,因此电缆具有起火爆炸的可能性。导致电缆起火爆炸的原因如下:

① 绝缘损坏引起短路故障。

② 电缆长时间过载运行。

③ 中间接头盒绝缘击穿。

④ 电线头燃烧。

⑤ 外界火源和热源导致电缆火灾。

影响电气设备及系统安全的主要危险、有害因素的构成如图3-4所示。

3.3.2.3 金属结构设备缺陷危险性分析

涵闸金属结构设备主要指启闭机和钢闸门。涵闸大部分是手摇螺杆式启闭机或手电两用螺杆式启闭机,少部分为钢闸门。金属结构设备无论在布置、设计、制造、安装和运行管理哪个环节出现疏忽或差错,都将直接影响到涵闸的安全运行及工程效益的正常发挥,严重时可能造成不可估量的损失。

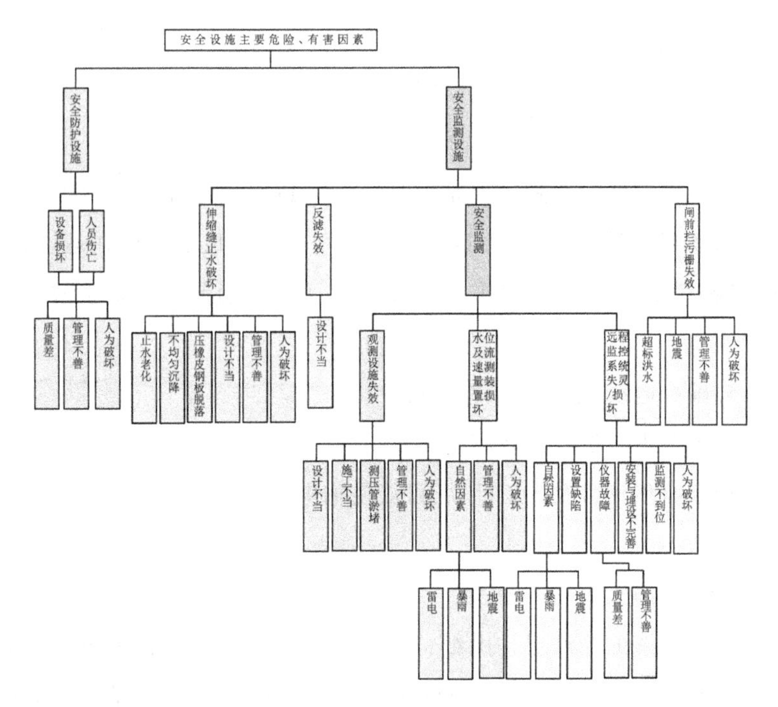

图 3-4 电气设备及系统主要危险、有害因素的构成

类比已建水电站闸门及启闭机的事故分析得知，金属结构出现安全事故的原因一般有以下方面。

1. 设计考虑不周

(1)总体布置不尽合理，水力设计欠佳，在水闸进出口或沿程出现空蚀、旋涡等不良现象。

(2)对金属结构设备的运行条件、操作方式、具体参数考虑得不全面、不细致，与实际情况和需要有较大的出入。

(3)门叶结构设计不合理，以致出现上托力和下吸力过大、结构强度不足、刚度太低、变形过大、闸门振动等不良现象。

(4)闸门零部件设计不周，以致出现应力集中、裂缝、转动不灵等不良现象。

2. 制作安装缺陷

(1)制作闸门、启闭机等金属结构设备所用材料质量低劣，未达到有关标准规定的要求,从而出现质量或破坏事故。

(2)闸门和启闭机的制造工艺、加工工艺和质量不符合规范、标准的规定,未达到设计提出的要求,从而引起质量或破坏事故。

(3)安装措施不合理。

3.运行管理不当

闸门和启闭机运行管理不善,保养与维修工作不到位,造成闸门启闭时卡阻、门槽锈蚀、止水断裂、钢丝绳锈蚀断裂及机座裂纹等。

以上问题往往给金属结构设备带来许多难以克服、无法弥补的缺陷,造成各种类型的故障或事故,如门体结构变形、严重锈蚀、构件断裂、焊缝裂纹、支撑行走部分有滚轮锈死、门槽被杂物阻塞、门体运行中产生强烈振动、埋固件脱落与变形等;启闭机保险片异常、电缆头漏油、制动器不准确、锁定装置不灵活、悬吊装置不牢靠等,并由此产生相关的安全事故。另外,目前涵闸使用的一些螺杆启闭机无有效的顶闸事故保护措施,即便在手电两用启闭机上安装了限位开关,也只能起限位作用,在启闭机运行过程中,由于非人为因素或人为因素,稍有不慎将会发生压弯螺杆、顶碎启闭机端盖,甚至造成人员伤亡,电动启闭机还会引起电动机过载而烧毁电机,严重影响工程的安全运用,威胁操作人员的人身安全。

3.3.2.4 安全设施危险性分析

1.安全防护设施危险性分析

安全防护设施主要指启闭机房操作平台、检修爬梯及人行便桥等是否设有安全护栏,电气设备、高压开关及线路、避雷设施等是否采取一定的安全防护措施。此外,由于黄河涵闸管理房紧邻大堤侧,还应考虑闸管人员出入的交通安全。安全防护措施失效往往会造成电气设备损坏及人员伤亡,究其原因主要有设施自身质量差、管理不善及人为破坏等。

另外,堤顶若超载,则有可能导致堤顶下方涵洞结构承载力不足,影响工程安全,因此涵洞堤顶附近应设立限载、限速标志。

2. 安全监测设施危险性分析

a. 伸缩缝止水

伸缩缝止水破坏,则可能导致涵闸在高水位时有效渗径得不到保证,进而导致渗径缩短,渗流比降增大,当超过允许渗流比降时,便会产生渗流破坏。伸缩缝止水破坏的主要原因有不均匀沉降、止水老化、压橡皮钢板脱落、设计不当(止水过简)、缺乏必要的维修养护及人为破坏等。

b. 反滤

反滤失效的主要原因是设计不当。

c. 安全监测

(1)观测设施。

涵闸工程在设计时未考虑对土石接合部变形和渗流进行有效监测,或测压管、沉降观测点损坏或布置不当,则不能正常观测垂直位移及渗压,从而无法判断其不均匀沉降情况及渗透稳定情况,影响涵闸安全运行。造成沉降观测设施失效的主要原因有:①设计或施工不当;②测压管淤堵;③人为破坏;④管理不善等。

(2)水位及流速测量装置。

主要指数字式水位综合测量装置、上下游水尺、流速仪等水位测量设备的损坏对水闸正常运行的影响。水位综合测量装置若损坏,则水位无法准确测量,无法估算及控制引水流量,不能保证下游灌区的正常引水需求。水位及流速测量装置不能正常使用的主要原因有人为破坏,管理不当,或遭遇暴雨、超标洪水、地震时装置冲毁或损坏等。

(3)远程监控系统。

远程监控系统因遭遇雷电、电压不稳或其他可能危及系统安全的异常情况等原因易造成设备失灵或损坏,或是人为操作不当等原因引起的设备操作故障,影响水闸的安全运行。

造成监控系统故障的主要原因如下:

①自然因素。如前所述，自动监控系统较易遭受雷电电磁脉冲的损坏，导致设备损坏。

②自动监控系统设置缺陷。自动测报系统如不能实时监测水量、水位、流量、闸门开度等的情况，以及不能实时采集、报送和处理信息系统数据，将会对工程的安全运行产生巨大的影响。

③监测仪器故障。仪器设备可靠性差，未定期维护等缺陷使安全监测不能有效开展。

④仪器设备安装和保护措施不完善，使监测仪器易发生故障；安装不及时，不能保证如期获得必要的监测成果。

⑤仪器监测工作不规范，得不到完整有效的数据资料。

⑥人为操作不当引起设备操作故障。

d. 闸前拦污栅

拦污栅失效将不能有效控制闸前污染物的排入。若引水污染物过多，则不能保证下游引水的水质安全。造成拦污栅失效的主要原因有超标洪水、地震等自然因素、管理不善及人为破坏等。

影响安全设施的主要危险、有害因素的构成如图 3-5 所示。

3.3.3　堤防涵闸土石接合部危险性分析

由前述可知，穿堤涵闸土石接合部由于其特殊的结构形式常常成为薄弱地带，容易形成渗漏通道。这种渗漏初期对堤防的破坏或许是渐进式的，但渗透破坏达到一定程度就会加速发展，尤其对于土石接合部接触冲刷的发展更为迅速，严重影响堤防安全。而土石接合部的渗透破坏大多与其存在的病害有关，其主要病害类型有接触面土体不密实、裂缝、脱空及止水失效等。究其病害原因，存在于勘测、设计、施工各个环节。因此，在安全预评价阶段应充分考虑其危险、有害因素。现主要表述如下。

3.3.3.1　勘测阶段

从目前土石接合部存在的病害类型及特征情况上看，在勘测方面，主要表现为对所建涵闸处土体性质勘测不到位，未发现土层中存在的易出现渗透破坏土体。

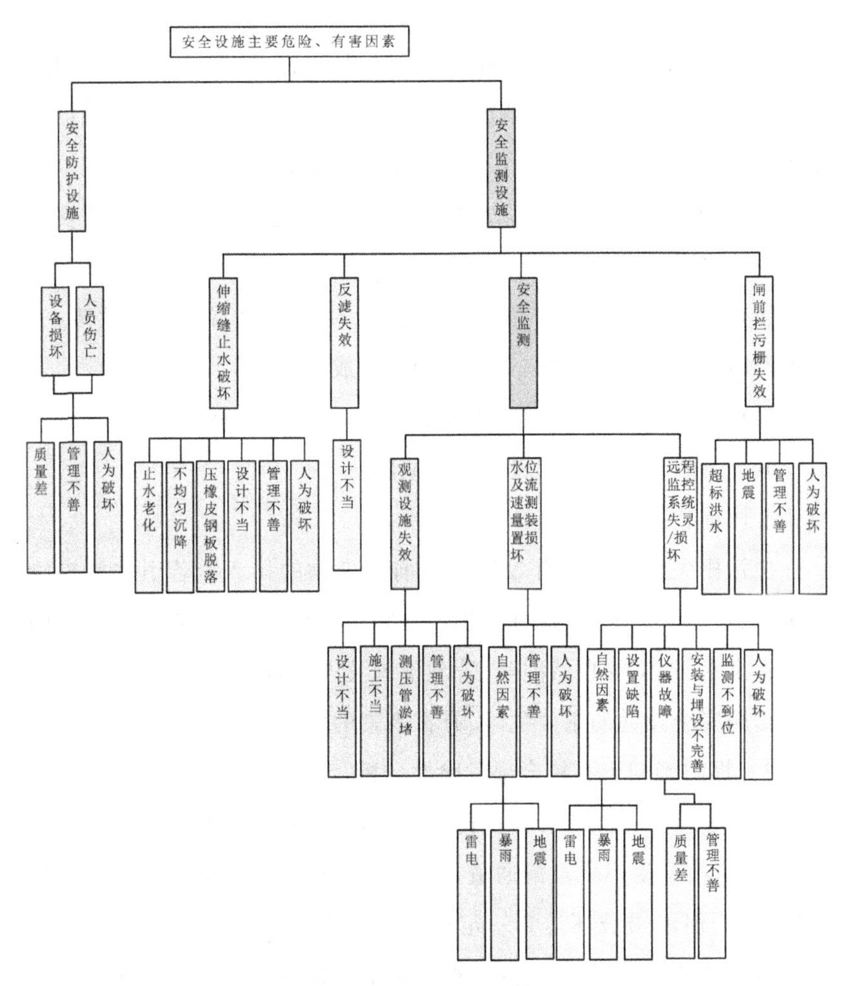

图 3-5　安全设施主要危险、有害因素的构成

1. 勘测不到位

(1)地质调查工作不深入,未全面掌握土体分层情况。

(2)勘探钻孔深度、钻孔布置不合理等易造成对持力层地基承载力或土层分布及性质估计不足(持力层中伴有黏土透镜体)。

2. 地基土质不良

(1)膨胀土、淤积或软弱夹层易造成不均匀沉陷引起接合部不紧密。

(2)土料级配不合理,堤基土中层间系数太大的地方,如粉砂与卵石间较易产生接触冲刷渗透破坏。

(3)地基土中存在粉土、砂土或粉砂等在地震作用下较易液化土体,则液化后如遇高水位易发生渗漏。

3.3.3.2 设计阶段

1.绕渗难定量分析

在设计方面,对涵闸侧向防渗的重视程度远不如闸基防渗。目前涵闸侧向防渗的设计,主要是根据已建工程的实践经验,当岸墙、翼墙墙后土层的渗透系数大于地基土的渗透系数时,按闸底有压渗流计算方法进行侧向绕流计算。然而,这种近似的设计方法并不能满足水闸侧向防渗的要求,对于复杂土质地基上水闸更是如此。因此,设计过程中,对于水闸侧向绕渗计算的忽视,使得侧向土体的抗渗稳定性存在很大的隐患。

2.反滤设计不当

反滤的设置主要是为了防止发生渗透破坏,虽然渗透破坏的形式是多样的,如流土、管涌、接触冲刷等,但这几种破坏都有一个共同点,即反滤的"滤水阻砂"作用失效,一旦反滤失效,则会造成土体结构削弱,土体流失,并最终导致水闸渗透破坏。但如果反滤在设计时反滤料的透水性比被保护土层的小,则不能通畅地排出渗透水流,致使被细粒土淤塞而失效。

3.伸缩缝止水设计不合理

涵洞接头止水设计也是一个比较重要的关键因素。目前,黄河下游的涵闸大多建于20世纪70年代和80年代,有的甚至建于50年代。由于当时技术条件有限,止水过简,企口衔接预留伸缩缝宽度仅1.0~1.5 cm,而涵洞则较长,两伸缩缝间涵洞大部分在10 m左右。此种情况下,若洞身填土不均引起地基不均匀沉陷,则易使接头顶部受挤压,底部被拉断,止水设备失效,进而在高水位时有效渗径得不到保证,进而导致渗径短路,致使沿洞、管壁渗漏。

4. 防渗结构设计不合理

(1)针对于早期修建的涵闸来说,渗透比降没有相应规范要求,仅对其基础防渗轮廓线进行了初步估算,未对其渗透比降进行计算。因此,导致其断面布置、防渗体结构采取相应措施不到位,较易造成土石接合部的渗流破坏而形成病害。

(2)涵闸如建在粉细砂基础上,而缺乏有效的加大渗径措施,在高水位时上下游水位差大,渗透压力大,在地基的薄弱处易发生渗漏。

5. 结构设计不合理

(1)涵洞分缝不合理,在不均匀沉降作用下致使结构产生裂缝。

(2)要表现在上部结构设计不合理,设计不当,上部结构不对称时较易引起不均匀沉陷而形成裂缝,或荷载过大承载力不足而引起结构受力裂缝等,严重时引起结构断裂,则造成渗透破坏。

(3)涵闸改建或除险加固时,若对新老涵洞接头伸缩缝不均匀沉陷预估不足,或新老涵洞若堤顶填土不均,也较易引起不均匀沉陷或结构破坏。

6. 监测手段缺乏

设计时,未考虑对土石接合部渗漏进行有效监测(位移、扬压力等);测压管或沉降观测点布置不当等。

7. 其他

未考虑大堤加高对涵闸结构和地基承载力的影响,易造成由于结构承载力不足或不均匀沉陷引起结构裂缝、止水破坏等。

3.3.3.3 施工阶段

1. 回填土质量差或不密实

靠近穿堤涵闸回填土质量不佳,回填土密实度达不到要求,抗渗强度得不到保证。回填土多采用机械化施工,大型机械上土、碾压,使填土与涵闸接触面很难压实,特别是一些拐角和狭窄处。采用人工填土受人为影响因素较大,尤其是翼墙处更难填实,遇水后将产生较大沉陷,引起土石接合部拉开、裂缝而发生渗漏。

2. 止水质量不佳

止水伸缩缝发生渗漏的原因很多,有设计、施工及材料本身的原因等,但绝大多数是由施工引起的。例如,止水伸缩缝质量不佳;由于施工质量问题,使得伸缩缝底、中止水有薄弱之处;预留作表止水混凝土槽面不平整,压橡皮钢板的刚度不足,造成钢板不易压紧橡皮等,在高水位下便会产生渗流破坏,形成土石接合部病害。因此,涵洞接头施工应严格按照规范要求的施工措施、工艺和施工方法进行施工,以避免止水伸缩缝渗漏现象的发生。

3. 监测仪器埋设不当

测压管、渗压计等埋设不当或质量不佳,不均匀沉降及渗透压力等观测不及时、不准确。

4. 清基不达标

施工时,地基浮土及淤泥清理不彻底,遇高水位时易发生渗漏。

3.3.4　工程施工过程中主要危险、有害因素辨识分析

主要从劳动安全方面考虑,工程施工过程中存在的主要危险、有害因素有机械伤害、电气伤害、高处坠落、淹溺、火灾、坍塌、起重伤害、车辆伤害、物体打击等。

3.3.4.1　机械伤害事故危险因素分析

通过对相关统计资料的整理与分析,发现机械伤害风险可以说是现阶段整个工程施工中最为常见、后果最为严重的风险因素之一。

涵闸施工过程中所涉及主辅机械及机械修理设备种类和数量多,例如挖掘机、推土机、自卸汽车、拖拉机、蛙式打夯机、钢筋调直机、电弧对焊机、塔式起重机、地质钻机、灌浆泵、泥浆搅拌机等设备,正常运行时自动操作的一些设备,例如泥浆搅拌机,设有防护罩,人员一般不会触及。但一些需要手控操作的机械及机电工具,例如电弧对焊机、塔式起重机等,均有可能造成工作人员机械伤害的危险。施工过程中使用的提升机械由于安全保护装置不全,常易发生卷扬机过卷、断绳

失控事故，造成人员伤亡。

且在施工结束后对涵闸设备的安装、维修和调试过程，如启闭闸门、拦污栅清污、电气设备检修等操作，这些需要手控操作的机械及机电工具，亦有可能造成工作人员机械伤害的危险。此外，这些机电设备在运行过程中，还应考虑对周边施工作业人员的安全，以免造成人身安全事故。

3.3.4.2 电气伤害危险因素分析

电流对人体的伤害是电气事故中最为常见的一种，它基本上可以分为电击和电伤两大类。另外，电气伤害事故还包括雷击事故、静电事故等。

由上可知，大量的电动建筑机械设备以及电动专用工具广泛应用于具体施工作业中。由于施工初期运行环境、接地设施、接地保护、安全电压、供电网络、照明等，均会因设置不当等造成人身安全伤害事故。其中发生最多的是触电事故，也是人员伤亡较多的事故类型，事故原因有：

（1）焊接、金属切割、冲击钻孔等施工电气设备漏电等易造成操作人员触电事故。

（2）电气设备检修时，会因安全组织措施或安全技术措施不完备而发生触电事故。

（3）施工区内架设的电力线路（包括明线线路和电缆线路等）多为临时施工设施，易受潮和雨淋，如线路架设和保护配置不规范，易造成漏电或触电，造成人员触电伤亡。

（4）施工过程中，安全防护装置不齐全、制度不严、工作人员违章作业、电气设备故障等原因，也可能发生触电或电气火灾的危险。

3.3.4.3 高处坠落危险性分析

据坠落高度基准面，最低坠落的着落点水平面高度在 2 m 以上时，属高处作业，需有防止人员坠落伤害的措施。涵闸工程在正常施工及检修工作中，超过 2 m 高度以上的工作平台较多，如机架桥、启闭机房平台(一般高度都在 5 m 以上)、闸门槽、上下游翼墙的工作平台等,这些部位易发生运行、检修作业人员高空坠落伤害事故。因此,预防高处坠落事故的发生是安全工作的重点之一。

造成高处坠落事故的主要因素如下:

(1) 未按要求使用安全带、安全帽等。

(2) 未采取防护措施或防护失效。

(3) 使用安全保护装置不完善或使用有缺陷的设备、设施进行作业。

(4) 作业人员主观原因。

(5) 安全管理不到位等。

3.3.4.4　淹溺危险性分析

涵闸引水口大部分紧邻黄河主流,或是从闸前渠道引水。工程施工时一般都在闸前修建围堰以保证工程安全施工。

施工过程中围堰周围无安全防护设施或安全防护设施损坏、无安全警示标志等,易导致施工作业人员或设备坠落水中,造成淹溺事故的危险。

3.3.4.5　火灾危险性分析

施工现场的电缆、供电线路等可能由于本身故障、遭遇雷击或外部火源引起的火灾,且火灾蔓延快,扑救困难,致使设备损坏和人员伤害。

电动机、变压器、配电设备及高压开关等电气设备,因运行环境受潮、设备内部故障、操作维护不当等,均有可能发生火灾甚至爆炸事故,施工机械用油(汽油或柴油)以及弃油等都属于可燃物质,有引发火灾的可能。

另外,工程中用到的木材,具有可燃性,也可能因外部火源引发火灾,产生有毒的烟雾,对施工作业人员造成伤害。

3.3.4.6　坍塌危险性分析

施工中发生的坍塌事故主要有土石方坍塌、现浇混凝土梁板的模板倒塌、拆除工程中的坍塌、施工现场的围墙及在建工程屋面板坍落等。其发生的主要原因为：

(1) 基坑开挖方式不正确，挖掘土方未从上而下施工，采用挖空底脚的操作方法发生事故。

(2) 坑、沟、槽土方开挖，未按规定放坡或支护；挖出的土方未按规定放置或外运，随意沿围墙或临时建筑堆放。

(3) 基坑、井坑的边坡和支护系统未随时检查，边坡发生坍塌。

(4) 基坑开挖、人工挖孔桩等施工降水，造成周围建筑物因地基不均匀沉降而倾斜、开裂、倒塌等意外事故。

(5) 模板支撑不符合要求，模板混凝土施工时坍塌。

3.3.4.7 起重伤害危险性分析

涵闸工程在闸门、启闭机、预制结构的安装过程中，起重荷载较大，起重对象的结构、外形、重量差异也很大，人(起重司机、起重工、起重指挥)、机(起重设备、吊具、起吊物)、环境(温度、照明等)等条件均不相同，若操作人员工作时精力不集中，吊索、吊具、起吊点选择不当，指挥失误、措施不力或违章操作，都有可能造成事故。在起重伤害事故中，多数为起吊物坠落伤人，例如：吊索从吊钩中脱出，起吊物从吊索中脱落，超载、斜吊引起提升钢丝绳断裂或吊索损坏，起重司机与起重工配合失误等。

3.3.4.8 车辆伤害危险性分析

车辆伤害危险指车辆在行驶中引起撞击、人员坠落、物体挤压等伤害的危险。施工过程中施工机械的主要进出道路为堤顶道路，比较狭窄；工程涵闸洞身结构也比较狭窄，不方便施工机械的进出。施工过程中土方、工程材料和设备运输量也较大，施工现场人员流动较为频繁，如果施工现场管理不善，较易引起交通事故和车辆伤害的危险。

3.3.4.9 物体打击危险性分析

涵闸工程在施工过程中，从事高处拆除模板支护等作业时，对拆卸下的物料、建筑垃圾未清理和运走而坠落引发物体打击事故；在设备调试过程中，潜在的物体打击事故主要会发生在转动机械在运行中的零部件脱落飞出砸伤人;在检修作业(高处作业)中,操作人员违反操作规程乱放工具或工具没放稳,工具落下而导致物体打击事故。

3.3.5 生产作业场所有害因素辨识与分析

从工业卫生方面考虑,影响作业人员健康的主要危险及有害因素有噪声,高低温,潮湿,采光、通风、照明不良,粉尘等。

3.3.5.1 噪声危害因素分析

施工区噪声主要来源于交通车辆噪声和施工机械动力噪声。主要是考虑噪声对施工作业人员及临近交通道路的居住区的影响。混凝土拌和系统及砂石料生产、破碎过程中产生的噪声均危害人体健康。交通车辆噪声主要发生于工程物料运输、大型作业机械在交通道路上运行时所产生的噪声。施工机械动力噪声主要发生于机械设备运转过程中由振动、摩擦、碰撞产生的噪声。

3.3.5.2 高低温危害因素分析

1. 高温危害

夏季高温作业人员受环境热负荷的影响,作业能力随温度的升高而明显下降。当环境温度为 35 ℃时,人的反应速度、运算能力、感觉敏感性及感觉运动协调功能只有正常情况下的 70%,高温环境还会引起中暑,长期高温作业会出现高血压、心肌受损和消化功能障碍等病症,影响施工作业人员的身体健康。

2. 低温危害

冬季低温作业人员受环境低温的影响,操作功能随温度的下降而明显下降,使注意力不集中,反应时间延长,作业失误率增多,甚至产生幻觉,对心血管系统、呼吸系统有一定影响。过低的温度会引起冻伤、体温降低甚至死亡。

3.3.5.3 潮湿危害因素分析

湿度过大会引起电气设备受潮、绝缘下降,对电气设备运行安全产生危害,并引起施工作业人员触电事故。

3.3.5.4 采光、通风、照明不良危害因素分析

光照的亮度、照明的照度不足及通风效果不佳，尤其是涵洞内作业及晚上施工时，会使操作人员作业困难，视觉分辨力下降，从而引起意外事故。

3.3.5.5 粉尘危害因素分析

施工过程中扬尘物质如水泥、石灰的装卸及使用和混凝土搅拌等均会产生大量的粉尘，如不采取防尘措施，将危害作业人员健康。

3.3.6 施工期对环境的影响

施工期对环境产生影响的主要因素包括废水排放、大气污染及生活垃圾等。

工程机械化施工过程中，废气、噪声、废水及施工人员生活垃圾排放等对环境均有一定的影响。

3.3.6.1 废水排放的影响因素分析

施工废水主要有施工生产废水和施工生活污水。施工生产废水影响源主要为施工机械冲洗废水和混凝土、砂浆拌和系统冲洗废水；施工生活污水影响源为施工人员日常生活、洗涤废水等。

1. 生活污水

涵闸工程施工期间的生活污水主要指施工作业人员及工程人员生活过程中产生的污水（洗涤废水和污水、粪便等），多为无毒的无机盐类，主要污染物为悬浮质、溶解质等，氮、磷、硫多，致病细菌多，且为间歇式排放，如不经处理随意排放，将对施工营地周围环境产生影响，污染附近水体。一旦污水排入河道，则会对水体质量造成影响，进而对下游人民群众的生活和生产用水构成一定威胁。

2. 生产废水

工程施工过程中的生产废水主要包括基础处理时的泥浆废水、混凝土废水、机械车辆检修冲洗废水等。

（1）泥浆废水。基础处理时的泥浆废水除泥沙含量较高，没有其他污染，但为避免直接排放对环境的影响，应经沉淀处理后排放。

（2）混凝土废水。工程施工所需混凝土量较大，但混凝土拌和系统在搅拌混凝土时基本不产生废水，只有在停工时冲洗搅拌罐才产生少量废水。混凝土废水除悬浮物含量高外，pH 值也较高，为间歇式排放，冲洗废水为碱性废水，虽废水量不大，但较易破坏水体的酸碱平衡，如不经处理任意排放，将会影响施工区水环境和土壤结构。因此，混凝土废水经沉淀处理后排放，沉淀池清挖的淤泥也应送垃圾场卫生填埋。

（3）机械车辆检修冲洗废水。工程施工以机械施工为主，施工过程中将会产生机械车辆维修冲洗废水，机械车辆检修冲洗废水为间接排放，除悬浮物含量高外，还含有石油类，石油类浓度一般为 50～80 mg/L，如直接排放，将会对附近的土壤及地下水造成污染，故废水排放前，应将场地硬化，设置排水渠收集废水，经沉淀地和油水分离器（或隔油板）处理后排放，废油应及时清理，并送至废油回收站回收利用。

3.3.6.2　大气污染影响因素分析

施工期大气污染主要来自道路扬尘，土料场的开挖、运输，以及机动车辆、施工机械排放的尾气，污染物主要为扬尘。扬尘中含有少量的 CO、SO_2、NO_x、C_nH_m 等。这些粉尘会对作业人员的身体健康有一定的影响。

3.3.6.3　生活垃圾影响因素分析

主要指施工作业人员及工程人员的日常生活垃圾，随意堆放不仅对施工环境造成影响，而且影响施工的正常有序进行。垃圾所发酵产生的有害气体对施工现场人员的健康有害。

3.3.6.4　生态环境影响因素分析

主要影响源为施工场地布置和施工人员活动，主要影响包括改变土地利用类型，施工人员活动对农田植被造成干扰。

3.3.7　卫生防疫

施工期间，施工人员居住密集，卫生条件较差，易造成老鼠、蚊蝇密度高，引起传染病的流行，影响施工作业人员的身体健康。

综上，黄河水闸安全预评价阶段所需考虑的主要危险、有害因素如图 3-6 所示。

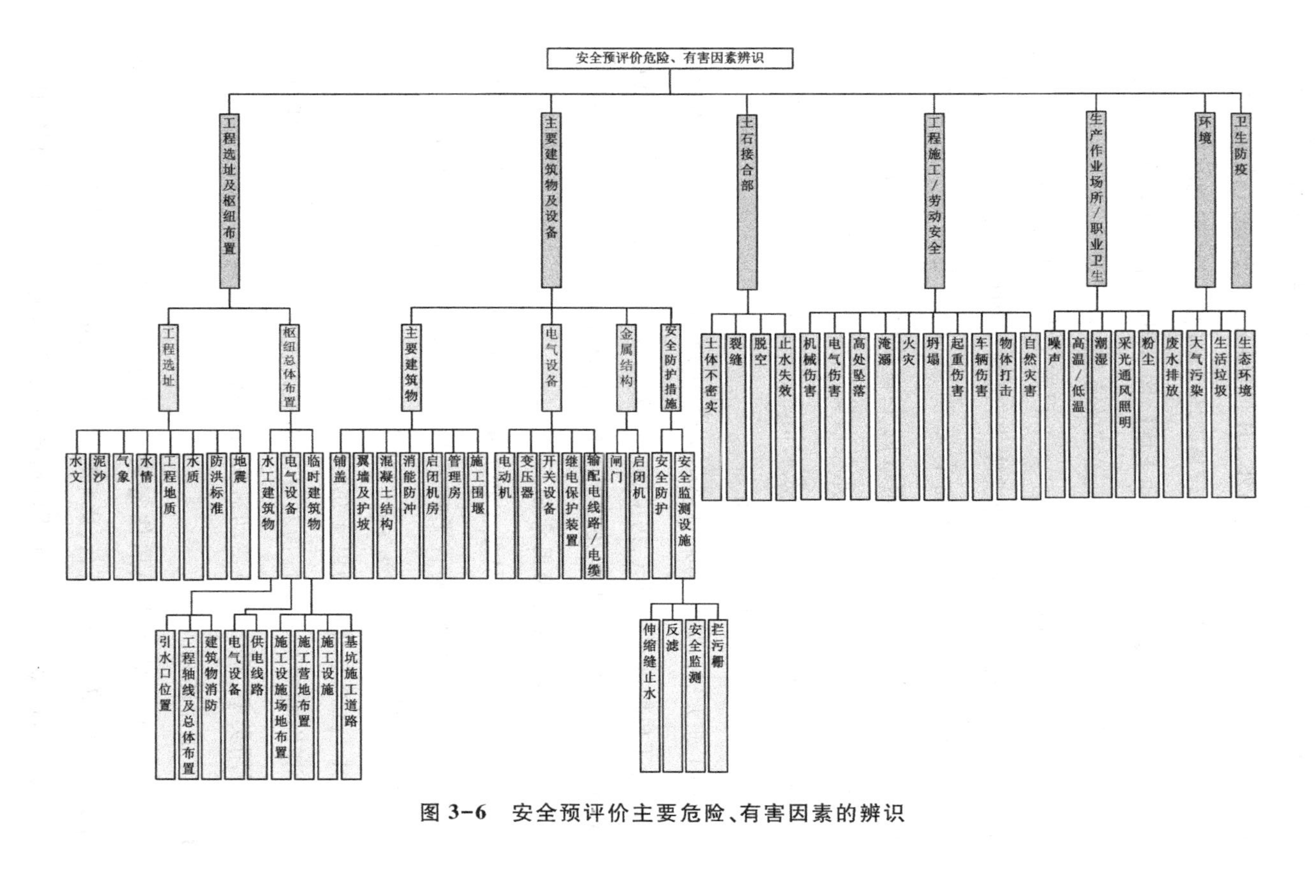

图 3-6　安全预评价主要危险、有害因素的辨识

3.4　安全管控措施及建议

相应地，在分析辨识各危险、有害因素的基础上，对照相关法规和标准，探讨安全技术及管理方面的主要安全管控措施，以期为水闸工程的设计、施工及运行管理提供一定的技术参考，以最大程度降低或消除各风险因素的影响，保证工程建设及运行各阶段安全运行和作业管理人员的人身安全。

3.4.1　安全管控措施与建议的基本要求

（1）能消除或减弱涵闸工程各阶段产生的危险、有害因素。

（2）处置危险和有害物，使其降低到国家规定的限值内。

（3）预防装置失灵和操作失误产生的危险、危害。

（4）能有效地预防重大事故和职业危害的发生。

3.4.2　安全管控措施与建议的主要原则

（1）当安全管控措施建议与经济效益发生矛盾时，应优先考虑安全管控措施建议的要求。

（2）确定安全管控措施建议等级顺序要求的具体原则为：消除、预防、减弱、隔离、联锁、警告。

（3）安全管控措施建议应具有针对性、可操作性和经济合理性。

（4）安全管控措施建议应符合国家有关法律、法规、标准、规范和行业标准的要求。

3.4.3　工程选址及枢纽总体布置安全设计管控措施

3.4.3.1　工程选址风险防范对策

1. 水文泥沙风险防范对策

黄河涵闸工程设计时应综合考虑泥沙因素的影响，应充分分析河段平均泥沙淤积情况，考虑设计水平年及河段洪水位年平均升高率，提高涵闸防御洪水及泥沙的能力，并在闸前设置拦污栅并定期清淤，以保证涵闸正常引水和降低泥沙对工程的破坏能力。

2. 气象风险防范对策

a. 暴雨、洪水

(1)制订可操作性强的施工度汛方案，并切实执行。

(2)对工程安全的影响。

为减少暴雨、洪水对涵闸工程的破坏，涵闸在设计时，防洪水位、校核洪水位除按照现有规程规范标准执行外(防洪水位的设计除考虑设计水平年及洪水位的年平均升高率外，还应考虑堤顶高程的安全超高)，还应考虑遭遇较大洪水时，对涵闸防洪安全的影响。

同时，汛期仍应加强观测，加强工程巡视，涵闸前后的水情、工情及河势水位观测，发现险情及时报告并采取一定的措施。另外，工程施工应严格按照设计方案进行，如需变更，则应重新设计论证。

(3)施工现场排水。

①根据施工总平面图、规划和设计排水方案及设施，利用自然地形确定排水方向，按规定坡度挖好排水沟。

②设置连续、通畅的排水设施和其他应急设施，防止泥浆、污水、废水外流或堵塞排水沟。

③汛前做好施工围堰的围护工作，防止滑坡、塌方和因洪水冲入而影响施工现场安全。

(4)施工现场运输道路。

①对路基易受冲刷部分，铺石块、焦渣、砾石等渗水防滑材料，或设涵管排泄，保证路基的稳固。

②汛期指定专人负责维修路面，对路面不平或积水现象应及时修复、清除。

(5)边坡基坑支护。

①汛期前应清除沟边多余弃土，减轻坡顶压力。

②雨后应及时对坑、槽、沟边坡和固壁支撑结构进行检查，并派专人对深基坑进行测量，观察边坡情况，如发现边坡有裂缝、疏松、支撑结构折断、走动等，立即采取措施解决。

③因雨水原因发生坡道打滑等情况时,应停止土石方机械作业施工。

④加强对基坑周边的监控,配备足够的潜水泵等排水设施,确保排水及时,防止基坑坍塌。

(6)脚手架工程。

①遇暴雨天气,停止脚手架搭设和拆除作业。

②暴雨天气后,组织人员检查脚手架是否有摇晃、变形情况,遇有倾斜、下沉、连墙件松脱、节点连接位移和安全网脱落、开绳等现象,应及时进行处理。

③落地式钢管脚手架立杆底端应当高于自然地坪 50 mm,并夯实整平,留出一定散水坡度,在周围设置排水措施,防止雨水浸泡脚手架。

④悬挑架和附着式升降脚手架在汛期来临前要有加固措施,将架体与建筑物按照架体的高度设置连接件或拉结措施。

⑤吊篮脚手架在汛期来临前,应予拆除。

(7)施工用电。

①严格按照《施工现场临时用电安全技术规范》(JGJ 46—2005)落实临时用电的各项安全措施。

②总配电箱、分配电箱、开关箱应有可靠的防雨措施,电焊机应加防护雨罩。

③汛前应检查照明和动力线有无混线、漏电现象,电杆有无腐蚀、埋设松动等,防止触电。

④汛前要检查现场电气设备的接零、接地保护措施是否牢靠,漏电保护装置是否灵敏,电线绝缘接头是否良好。

⑤暴雨等险情来临之前,施工现场临时用电除照明、排水和抢险用电外,其他电源应全部切断。

(8)宿舍、办公室等临时设施。

①工地宿舍设专人负责,进行昼夜值班。发现险情时,及时避险。

②施工现场宿舍、办公室等临时设施,在汛期前应整修加固完毕,保证不漏、不塌、不倒,周围不积水。暴雨过后,应当检查临时设施地基和主体结构情况,发现问题及时处理。

b.雷电

闸区所有电气设备均需可靠接地,并在雷电过后,及时进行主要建筑物及设备的检查、检修及恢复工作。

c.大气污秽

高压供电线路应采用抗污闪性能良好的绝缘子(防尘或硅橡胶合成绝缘子等)或采用各种放污闪涂料等,并做好施工阶段和运行阶段供电线路的日常检查工作。

3.工程地质及灾害风险防范对策

(1)基坑开挖时,需根据土层的内摩擦角选择合适的边坡坡度,防止边坡失稳,以保证工程安全和施工人员安全。

(2)水闸在初设阶段选址时,持力层应尽量避开软土地基或具有软弱夹层土体,或对地基土进行换填处理,抑或采用一定的措施(如灌浆、振冲加密、桩基础等)提高地基承载力。此外,施工期间应做好水闸沉陷观测工作。

4.水质风险防范对策

在工程可研阶段,应查明地下水埋藏条件、含水层类型及其主要特征,根据现状资料分析黄河水质状况,并采取相应的工程措施。

5.地震风险防范对策

对于位于动峰值加速度较大的强震区水闸,如液化地基可设置桩基,防止地基失稳;软土震陷可采用桩基础结合灌浆加以处理;且闸室及上部结构形式应合理设计及严格施工,以确保建筑物结构抗震安全。

3.4.3.2 总规划与平面布置风险防范对策

1.水工建筑物风险防范对策

(1)自然因素。

根据涵闸工程场区地质条件,采取砌石、喷锚防护等相应的防护和处理措施，使危害因素减少到最小程度或消失。

(2)引水口位置。

引水口位置的选择主要从涵闸工程自身的安全和对工业卫生的影响两方面考虑。

从涵闸工程自身安全角度考虑，引水口的位置应处在河道主流凹岸顶冲点的偏下游处，尽量减少泥沙淤积。如涵闸工程处于黄河游荡性河段，则应考虑引水口位置的选择是否会出现脱流现象。

若从引水口位置选择来看待工业卫生问题，则引水口位置应避开对人身健康产生有害影响的地区，以保证劳动者和下游用水安全。引水口位置应尽量避免附近污染工业(砖窑厂及造纸厂等)的排污口。

(3)工程轴线选择与总体布置。

工程轴线布置首先考虑各建筑物的防洪安全；其次，要求总距离较短，以尽可能降低水头损失和工程投资，还需保证轴线与黄河大堤正交。

(4)建筑物消防。

在涵闸总体规划设计中，应充分考虑防火间距、消防车道、疏散通道及消防水源等问题。

(5)安全防护措施。

人行便桥、启闭机房平台以及爬梯等部位等应设有防护栏杆和警示牌等防护措施。

2. 机电和金属结构风险防范对策

(1)电气设备。

应在易诱发事故的电气设备附近设一定的防护围栏或警示标志，并对管理人员进行相应的安全教育培训和操作培训。

(2)供电线路。

高压架空进出线路不宜跨越闸室及启闭机房等建筑。另外，开关站架空进出线初期投入运行时，工程尚未竣工，其他部位还需继续施工，工程区施工环境往往比较杂乱，容易发生电气伤害事故，需根据具体情况,采取强制限制相关大型施工设备工作范围等措施,以满足其施工安全的要求。

3.临时建筑物风险防范对策

(1)施工设施场地布置。

施工设施应尽量避开不良地段(当无法避开时,应设置必要的安全防护设施),且合理布局,统筹安排,确保各施工时段内的施工均能正常有序进行。同时,尽量少占滩区及耕地,对施工区及周围环境进行有效的保护。

(2)施工营地布置。

生产设施应布置在施工人员生活区和闸区全年最小频率风向的上风侧,且宜地势开阔、通风良好,以使得生产过程中的粉尘物质能尽快扩散,且避免或减少对周围其他设施的影响和污染。此外,施工营地应与生产区和生活区相对分开,并满足防火、安全、卫生和环保要求。

(3)施工设施噪声。

施工设施宜远离施工生活区和附近居民区,当受条件限制不能满足时,应采取相应的降噪措施。

(4)基坑施工。

在水闸施工期间,应首先填筑上游围堰,之后进行基坑施工排水(初期排水和经常性排水)。以基坑开挖施工方便为原则,采取合适的排水措施。此外,施工现场应设置限速等警示标志,不得超速、超载或人货混载,并安排专门的车辆疏导员。

3.4.4 主要建筑物、设备事故安全管控措施与建议

3.4.4.1 主要建筑物安全防范对策

(1) 严格按照设计施工,并严格施工过程,控制各分部工程施工质量。

(2) 做好工程日常管理工作。

(3) 管理房在技术设计时应予以重视,应妥善做好管理房的结构设计及消防设施的合理布置,提出安全可靠的设计方案,在配套设施

上应全面,以保证安全。

3.4.4.2　电气设备及系统安全防范对策

1. 电动机

为防止电动机起火,应采取以下措施:

(1) 设计阶段,应根据启闭机型式正确选择电动机的容量和机型。

(2) 施工阶段,应正确安装调试。

(3) 加强日常维护保养。

(4) 电动机的底座必须用不燃材料。

(5) 电动机周围不可堆放可燃物。

2. 输电线路、电缆

为降低和避免电气设备的运行风险,应有专业人员定期对电气设备进行定期的检修,并做好日常维护管理工作,严格执行和规范现场安全措施,对电气设备管理人员进行定期培训,并建立相应的安全操作和管理制度,防止误操作事故的发生。

3.4.4.3　金属结构安全防范对策

应根据涵闸的实际情况设计闸门,并做好启闭设备的选型工作;严格控制安装工艺,并做好闸门及启闭机的日常检修和管理工作,且在闸门试验和运行过程中,任何人不得接触设备的机械运转部位,头、手不得伸进机械行程范围内进行观测和探摸;系统发生故障时,应立即停机查明原因,严禁在设备运行情况下检查和调整。

3.4.4.4　安全设施防范对策

1. 安全防护设施

(1)启闭机房操作平台、检修爬梯及人行便桥等应设有安全护栏。

(2)电气设备、高压开关及线路、避雷设施等应采取一定的安全防护措施。

(3)涵洞堤顶附近应设立限载、限速标志。

2. 安全监测设施

(1)伸缩缝止水。

①合理设计。

②止水设施在施工过程中要严格按有关技术规范、规程、规定进行施工。尤其对止水工程要注意止水带在混凝土浇筑工程中的位置，要求准确，接头密封牢固并与混凝土表面紧密结合，要注意观测仪器埋设和安装精度。回填时要注意保护观测仪器，回填土时应避免受碾压机械的碰撞。

③做好日常养护管理工作。

(2)反滤。

①合理设计。

②严格施工工艺。

(3)观测设施。

①合理设计。

②严格施工工艺，保证埋设仪器精度，并做好施工期间的不均匀沉降观测。

③做好日常养护管理工作。

(4)自动监控系统。

施工期间除正确安装调试系统外，在今后系统的运行过程中，还应做好日常运行管理工作，多检查，勤检查。如遇雷雨天气、电压不稳或其他可能危及系统安全的异常情况，应及时采取关机断电、断开线路连接等安全防护措施，并将处理情况及时上报上级水调部门。待情况正常后，应及时重新开机运行。若系统出现故障，经逐级请示上级水调部门同意后，维修期间可暂时停止运行或停止部分功能设备运行。

3.4.5 堤防涵闸土石接合部风险防范管控措施与建议

穿堤涵闸土石接合部由于其特殊的结构形式，若接合部存在的裂缝、脱空等缺陷未被发现，在汛期高水位、长时间浸泡作用下，冲蚀形成陷坑，或使翼墙、护坡失去依托而蛰裂、塌陷，水流顺裂缝或脱空区集中渗漏，严重时在闸下游侧造成管涌、流土甚至漏洞，危及涵闸及堤防安全。根据土石接合部病害特点及成因，从勘测、设计、施工等方面探讨其风险的防范对策。

3.4.5.1 勘测阶段

（1）地质勘测前，做好区域地质的调查及详查等工作，准确全面地掌握地层土体分布情况。

（2）根据实际情况，合理布置钻孔位置及钻孔深度。

（3）地质勘测与无损探测方法（高密度电法、探地雷达检测等）结合，探明地层中的缺陷分布。

3.4.5.2 设计阶段

1. 妥善处理不良地基

地基内存在淤泥、软弱夹层或基础为粉细砂等较易液化土层时，应认真做好地基的处理工作（如采用桩基础等）。

2. 合理设计防渗排水

（1）合理设计涵洞止水。涵洞接头止水设计应采用多道止水（设底、外、中、表四道止水），尤其是涵闸除险加固过程中新老涵洞接头处要重点处理，以保证防渗止水系统的完整性。伸缩缝施工应严格按规范要求的施工措施、工艺和施工方法进行施工，以避免止水伸缩缝渗漏现象的发生。

（2）合理设计涵闸堤身和堤基渗透。

①主要是选用黏性土质，加大土质的密实度、边坡放缓、消除各种隐患等。

②涵闸如建在粉细砂基础上，采取合理有效的增加渗流流径、降低渗流出口坡降、降低渗流的破坏能力措施。一般采用在进口前面河底增加混凝土板，增加进水口两侧挡土墙的长度，所有接缝均做防水处理；在出水口两侧采取防渗措施，如增加防渗铺盖、布置防渗斜墙等措施。

3. 采用科学监测手段

设计时,除常规的不均匀沉降观测、渗压观测外,与现有监测手段结合,可在土石接合部预埋分布式光纤、反滤监测一体布等,以监测土石接合部渗漏情况,变检测为监测。

4. 结构合理设计

涵闸上部结构尽量采用对称结构,并合理预估大堤加高培厚对结构承载力及地基承载力的影响,以减小不均匀沉陷发生的可能性。

3.4.5.3 施工阶段

(1)接合部土质选择及夯实措施。

接合部填土尽量选用黏性含量较大土体,施工时确保接合部碾压密实,对于碾压不到或难以压实的地方,可采取一定的夯实措施(采用小型的手扶振动夯或手扶振动压路机薄层碾压等)。

(2)严格控制回填质量。

回填前,严格检查基底,对基底部分的施工垃圾、淤泥、积水以及腐殖土等杂物应彻底清理,并做好填前整平,压(夯)实后方可填筑。

(3)严格控制止水质量及施工工艺。

确保止水质量,止水施工应严格按照规范要求的施工措施、工艺和施工方法进行施工,以避免止水伸缩缝渗漏现象的发生。

(4)提高仪器埋设精度。

3.4.6 工程施工安全防范管控措施与建议

3.4.6.1 施工安全管理措施

(1) 建立健全各级、各岗位安全生产责任制,制定健全的安全生产规章制度,层层签订安全生产责任状。

(2) 制定完备的安全生产规章制度和安全操作规程,使安全生产工作制度化、规范化、标准化,以保证生产的正常运行和职工的人身安全与健康。

(3) 设置安全生产管理机构,按照国家有关规定配备专职安全生产管理人员。

(4) 加强教育培训,建立健全完善的安全管理考核制度和考核体系,实施多样性的职工安全教育。主要负责人、项目负责人、专职安全生产管理人员要经有关部门考核合格,特种作业人员应定期进行安全教育和培训。

(5) 建立设备、设施维修保养制度。施工现场的办公、生活区及作业场所和安全防护用具、机械设备、施工机具及配件要符合有关安全生产法律、法规、标准和规程的要求。

(6) 有生产安全事故应急救援预案、应急救援组织或者应急救援人员,配备必要的应急救援器材、设备。有对危险性较大的分部分项工程及施工现场易发生重大事故的部位、环节的预防、监控措施和应急预案。

(7) 建立现场安全检查制度,实施经常性的安全检查。

(8) 施工现场所有危险、有害场所均应当设立安全警示标志,指示危险点、危险事项、安全措施和事故应急程序和方法。

(9) 依法参加工伤保险,依法为施工现场从事危险作业的人员办理意外伤害保险,为从业人员交纳保险费。

(10) 制定职业危害防治措施,并为从业人员配备符合国家标准或者行业标准规定的劳动防护用品。

(11) 保证安全设施的资金投入。

3.4.6.2　施工安全防范管控措施与建议

1. 机械伤害风险防范对策

(1)在涵闸工程施工过程当中,针对各环节施工过程中潜在的机械性伤害风险源进行可靠性辨识,在此基础上,施工队伍还需要结合涵闸施工项目实际情况,制订危险控制计划与预防性措施,将危险控制责任落实到人。

(2)对进入工程施工现场的各项机械设备进行全面检查与验收,符合标准的机械设备才能予以准入。与此同时,各项机械设备的操作人员均应持证上岗。

(3)针对涵闸工程施工过程中各种频繁使用的机械设备,应当定期检查,并及时做好相关机械设备的养护与维修工作。

2. 电气伤害风险防范对策

(1)在涵闸工程施工项目开工作业之前,需要结合涵闸工程项目施工作业具体规范与标准,做好施工现场临时用电的设计与组织工作,配电线路布设符合要求,严格按照相关规定进行接地处理。

(2)在涵闸工程项目施工现场临时用电设施布置完毕之后,还需要安排专人对其使用性能进行全面验收处理。在此过程中,负责验收的工作人员需要配合操作人员进行可靠性安全技术交底工作。

(3)涵闸工程施工现场所涉及的各项电气设备及材料采购均应满足相关标准规范要求。

(4)施工过程中,操作人员应严格按照相关标准与规范,采取专门的绝缘手段,做好绝缘防护措施,安装好防雷、过流、接地、漏电保护系统。特别是在带电作业的状态下,应当安排专人对其进行必要的监督管理,确保施工过程中能够及时发现存在的安全隐患,并予以处理;拆除电器设备要彻底干净。

(5)建立完善必要的电气检修管理制度,认真做好电气设备的检修和维护工作,潮湿作业场所用电符合安全电压要求。

(6)做好作业人员日常用电教育和电工技术技能培训、考核、审验工作,禁止乱拉乱接电源线路和非电工从事电气作业、线路安装。

3. 高处坠落风险防范对策

(1)作业人员必须按规定配备劳动防护用品(戴安全帽、系安全带、穿软底鞋等)并正确使用。

(2)进行悬空高处作业时,脚手架平台设固定脚手板,临空一面必须张挂安全网,设置避雷设施。

(3)高处作业场所四周的沟道、孔洞井口等必须用固定盖板盖牢或设防护围栏。

(4)遇强风或大雨、雪、雾等恶劣天气,不得进行露天攀登与悬空高处作业。

(5)各闸门槽等均设混凝土盖板或栅条盖板,闸门检修时,其孔口设置临时护栏和标志。

(6)人行便桥及启闭机平台均需设有一定高度的防护围墙或栏杆,防止人员坠落。

4. 淹溺风险防范对策

(1)易发点(围堰)周围按需设置固定的围栏、专用通道、醒目的警示标志,且夜间照明良好。

(2)加强施工期间日常的安全巡视,禁止非工作人员进入易发区;确实有必要进出时,须按规定佩戴劳动保护用品和安全用具。

(3)大风、暴雨、汛期等特殊季节和时段,要特别加强安全防范工作,加强管理,提高认识。

5. 火灾风险防范对策

(1)施工现场要明确划分出禁火作业区(易燃、可燃材料的堆放场地)、仓库区(易燃废料的堆放区)和现场的生活区,各区域之间要按规定保持防火安全距离,并设醒目的安全警示标志。

(2)施工单位必须认真遵守消防法律法规,建立防火安全规章制度;按规定配备消防设施及器材。

(3)严格按照相应规范要求,编制临时用电专项施工方案和设置临时用电系统,不得随意乱拉乱扯电线、乱用电器,以避免引起电气火灾。

(4)焊接、切割中采取防火措施。

6. 坍塌风险防范对策

(1)工程土方施工,须单独编制专项施工方案及安全技术措施,防止土方坍塌。在施工中,应按土质的类别放坡或护坡。较浅的基坑,要采取放坡措施;对较深的基坑,要考虑采取护壁桩、锚杆等技术措施。

(2)基坑(槽)、边坡设置坑(槽)壁支撑时,施工单位应根据开挖深度、土质条件、地下水位、施工方法等情况设计支撑。拆除支撑时，应按基坑（槽）回填顺序自下而上逐层拆除，随拆随填，防止边坡塌方或相邻建（构）筑物产生破坏，必要时应采取加固措施。

（3）施工单位应防止地面水流入基坑（槽）内造成边坡塌方或土体破坏。基坑（槽）开挖后，应及时进行地下结构和安装工程施工，基坑（槽）开挖或回填应连续进行。在施工过程中，应随时检查坑（槽）壁的稳定情况。

（4）基坑边堆土要有安全距离，严禁在坑边堆放建筑材料，防止动荷载对土体的振动造成原土层内部颗粒结构发生变化。

（5）模板作业时，对模板支撑宜采用钢支撑材料作支撑立柱，不得使用严重锈蚀、变形、断裂、脱焊、螺栓松动的钢支撑材料和竹材作立柱。支撑立柱基础应牢固，并按设计计算严格控制模板支撑系统的沉降量。支撑立柱基础为泥土地面时，应采取排水措施，对地面平整、夯实，并加设满足支撑承载力要求的垫板后，方可用以支撑立柱。斜支撑和立柱应牢固拉接，形成整体。

（6）严格控制施工荷载，尤其是盖板上集中荷载不要超过设计要求。

7. 起重伤害风险防范对策

（1）施工起重机械和整体提升脚手架、模板等自升式架设设施在使用前应检查传动、制动、基础、吊索是否牢固、规范。

（2）做好日常检修维护工作，如发现钢丝绳、链条、吊钩、吊环等报废的应立即更换；检修维护时，应切断主电源，并设标志牌。

（3）起重机运行时，任何人不准上下；起重机的悬臂能够伸到的区域不得站人；起吊的东西不能在空中长时间停留。

（4）工作中突然断电时，应将所有控制器手柄扳回零位；重新工作前，应检查起重机是否工作正常。

8. 车辆伤害风险防范对策

（1）按规定对车辆进行安全检查，确保车辆处于安全状态。

(2)养护好施工道路,临时道路应满足车辆通行安全条件;在环境条件不利的情况下,应提高警惕,谨慎行车。

(3)驾驶人员持证上岗,合理安排作息时间,严禁疲劳及酒后驾驶。

(4)严禁超载、超重运输。

(5)暴雨、大雪、大雾等较恶劣天气应制定相应的安全防范措施。

9. 物体打击风险防范对策

(1)进入施工现场必须正确佩戴安全帽,以防止物体打击头部。

(2)合理组织交叉作业。进行交叉作业时,不得在同一垂直方向上同时操作下层作业的位置,必须处于依上层高度确定的可能坠落半径之外,不符合此条件,中间应设安全防护层。

(3)起重吊装作业应制定专项安全技术措施,高处作业应进行交底,工具入袋,严禁向下抛掷物体。

(4)严禁在吊物下穿行或停留。

(5)拆除作业要有监护措施、有施工方案、有交底。

(6)安全通道口、安全防护棚搭设双层防护,符合安全规范要求。

(7)模板作业有专项安全技术措施、有交底、有检查,严禁大面积撬落。

(8)合理控制材料堆放高度。

10. 自然灾害风险防范对策

汛期施工应采取以下措施,以确保施工现场安全度汛:

(1)防汛值班人员在值班期间,严守纪律,不得擅自离岗,发现汛情及时汇报,以便尽快采取各种防范措施,及时调动抢险人员到位。

(2)施工中如突遇天气变化,应停止施工,及时做好防护,并保护好已施工部分。

3.4.7　生产作业场所安全防范管控措施与建议

3.4.7.1　噪声防治措施

为了控制噪声污染,应采取以下措施:

(1) 施工设施布置应合理,宜远离施工生活区和附近居民区,并采取相应的降噪措施。

(2) 在设备选型时,优先选用噪声低、效率高的机电设备,且进场设备噪声必须符合环保标准。

(3) 合理安排工作时间,尽量减少夜间作业,临近居住区路段运输车辆限速行驶,禁止使用高音喇叭。

(4) 为高噪声环境下作业人员发放防噪用品,以减轻噪声对人体的危害,保证施工人员健康。

3.4.7.2 粉尘防治措施

(1) 加强对可能产生扬尘的物资的管理,袋装水泥、粉煤灰、石灰等在装卸及使用过程中,应避免从高处摔落,轻拿轻放。

(2) 对施工现场的道路、砂石等建筑材料堆场及其他作业区,在连续高湿地面干燥时,要经常洒水湿润,保持尘土不上扬。

(3) 在切割瓷砖等材料时采用湿作法。

(4) 散体物料、建筑垃圾必须按照规定实行车辆密闭化运输,装卸时严禁凌空抛撒。脚手架等设施要先除尘后拆除,并做到拆除时有人监控安全和环保。

(5) 有粉尘的作业场所,操作人员佩戴防尘口罩、防尘帽等防护用品作业。

3.4.8 施工期环境安全防范管控措施与建议

3.4.8.1 生活污水防范措施

生活营区应设污水排放源。办公生活营区外排污水采用化粪池和集水坑,修建简易生活污水处理池,经沉淀方法处理后通过污水管网对外排放。排污系统要保证各项外排指标满足《污水综合排放标准》(GB 8978—1996)中的三级排放标准要求。

3.4.8.2 大气污染防范措施

为减小或避免大气污染对环境造成的影响,应采取以下措施:

(1) 施工道路是连堤顶土路和临时施工道路,扬尘较大,特别是防护堤顶和下游临时道路临近村庄,要经常洒水。施工场地特别在防护堤、沉沙池开挖时也要根据情况洒水,减少粉尘污染。如施工期在冬季,为交通安全考虑,气温较低时,控制洒水量,以免道路结冰。

(2)进场机械设备尾气排放必须符合环保相关标准,应尽可能选用优质燃料,减少汽车尾气的排放。

(3)加强运输车辆管理,维护好车况,尽量减少因机械、车辆状况不佳造成的污染。

(4)土料运输时加强防护,避免漏撒。临近居住区路段车辆实行限速行驶,以防止扬尘过多。

(5)施工中的临时堆土,在大风大雨时应进行遮盖。

3.4.8.3　生活垃圾防范措施

为防止垃圾乱堆乱倒,污染周围环境,在施工办公生活区及临时居住区等处应设置足够的垃圾箱,在生活营地设置垃圾池,对垃圾进行定期收集,集中运往垃圾场卫生填埋。

3.4.9　卫生防疫安全防范管控措施与建议

卫生防疫安全防范主要考虑施工期间人员的医疗保健、意外事故的现场急救与治疗。由于施工作业环境大部分为室外环境,应加强流感、肝炎、痢疾等传染病的预防与监测工作,以保障施工人员的身体健康,保证工程的顺利进行。具体措施如下:

(1)施工人员要定期进行体检,施工单位应切实提高施工参与者的环境卫生意识,加强健康知识的宣传与普及,强化流感、肝炎、痢疾等传染性疾病疫情的预防与监测,控制传染病源并适时切断其传播途径。

(2)开展有计划、有组织的灭鼠、灭蚊蝇活动,可在某范围内同时投放毒饵消杀老鼠和蚊蝇。

(3)加强饮用水的管理,并加强对食品的卫生监督,集体食堂要做到严格消毒,并进行不定期抽检。重视疫情监测,尽早发现,及时采取措施,防止疫情蔓延。

3.5 安全预评价的组织实施

为充分发挥黄河水闸工程建设项目安全预评价的作用,除要明确工程存在的风险因素及其应对措施外,还应做好工程安全预评价的组织与实施工作。本节在借鉴其他工程建设项目安全预评价的基础上,根据黄河水闸工程建设的具体情况,初步探讨安全预评价的组织实施,提出一些粗浅的设想。

此外,安全预评价报告是安全预评价工作的主要成果,本节初步建立黄河水闸工程安全预评价报告的编制大纲,并对其中主要内容予以说明,为今后工作的顺利开展奠定基础。

3.5.1 安全预评价工作的组织管理

根据《水利水电建设项目安全风险评价管理办法(试行)》(水规计〔2012〕112 号)和《关于进一步做好大型水利枢纽建设项目安全风险评价工作的通知》(办安监〔2014〕53 号)的相关要求,主要对黄河水闸工程建设项目安全预评价工作如何组织做如下说明。

(1) 委托单位。

黄河水闸安全预评价工作由工程建设项目法人组织开展。

(2) 承担单位。

承担单位应具有工程设计水利行业甲级资质的设计单位或具有《安全风险评价机构资质证书》(业务范围为水利、水电工程业)甲级资质的机构,或承担过大型水利水电枢纽主体工程设计且工程已建或在建的。从事安全预评价活动的人员应具有安全风险评价师资格。

此外,承担安全预评价工作的机构应组织安全预评价从业人员深入了解工程实际情况、设计文件、相关审查和鉴定意见,以现行的法律、法规、规程、规范为依据,对照设计成果、工程施工状况,独立开展评价工作并对评价结果负责。

(3) 评价费用。

安全预评价发生的费用,根据评价工作量等实际情况,参照国家相关收费标准,由承担安全预评价工作的机构与委托单位双方协商,合理确定,并纳入项目建设费用。

3.5.2　安全预评价调查方法

前期资料收集和调查是安全预评价工作需做的一项重要内容,其中资料调查的方法和效率将直接影响到项目评价工作的进展与结论的正确性。资料调查须根据预评价的内容和目的、范围,确定调查目的与所需调查的信息。一般可采用以下几种方法:

(1) 阅读材料。根据安全预评价工作的需要,通过阅读由水闸管理单位、建设单位及设计单位提供的相关资料,从中发现问题,并根据水闸具体情况,拟订调查提纲。这种调查方式的优点是工作经费低,缺点是未亲临现场,缺乏实地考察感受。

(2) 实地考察和专题调查会议。这种方式主要通过预评价工作人员亲临水闸实际建设环境,直接观察,并结合工程特点,发现问题。并可安排召开专门的调查会议,由不同专业技术人员参加,可从多角度、多方面发现工程存在的危险、有害因素,有助于项目组人员全面了解实际情况。这种调查方法优点多,方式也较为灵活,但缺点是工作成本较高。

3.5.3　安全预评价的组织实施程序

安全预评价工作的组织实施主要包括以下3个阶段。

3.5.3.1　前期准备(评价策划)阶段

该阶段主要包括接受建设单位委托、前期准备工作、编写预评价工作方案等具体内容。

1. 接受建设单位委托

如前所述,安全预评价工作由建设单位委托具有一定资质的单位进行,且接受预评价工作的单位不得是水闸建设工程的项目建议书、可行性研究报告、初步设计文件的编制单位。根据安全预评价工作要求,签订评价合同,以明确各自在安全预评价工作中的权利和义务,并对安全风险评价合同进行评审。合同中应对评价对象、评价内容、评价方法、评价时间、工作深度、工作进度安排、质量要求、经费预算等有关内容进行详细描述。

2. 前期准备工作

根据承担安全风险评价的内容,明确评价项目负责人,组织落实安全风险评价人员和技术专家,制订安全风险评价工作计划。同时,评价项目负责人负责组建评价项目组,明确评价对象和评价范围,并与相关单位进行沟通,收集有关工程资料,进行现场危险源调查和类比工程调研,掌握工程特点和工程需求,识别和收集相关的法律、法规、资源及其他要求,并对收集的资料进行系统分析,完成评价项目策划等前期工作。

3. 编写预评价工作方案

在前期准备工作基础上,初步判断建设项目在建设和运行过程中可能存在的危险、有害因素,以及危险、危害特征,对需进行安全风险评价的水闸项目进行分析,并编制工作方案,内容应针对合同中所签订的具体方法、时间等内容具体细化,并根据《水电水利建设项目(工程)安全卫生评价工作管理规定》的相关要求,由委托单位组织有关专家对安全风险评价大纲进行评审;根据专家评审意见,编制单位对安全风险评价大纲进行修改和最终完善。

3.5.3.2 实施阶段

该阶段主要包括危险、有害因素辨识与分析及评价和评价结论并提出相应的安全管控及建议等具体内容。

1. 危险、有害因素的辨识与分析

在熟悉水闸工程项目资料(立项资料及可研报告)和预评价大纲基础上,分析和预测水闸工程建设期、运行期和汛期可能存在的危险、有害因素。

2. 危险、有害因素的评价

在深入分析危险、有害因素的基础上,确定评价单元,选定评价方法,进行定性或定量评价。

3. 评价结论

确定危险等级，提出相应的安全管控措施及建议，编制预评价报告。

3.5.3.3　报告编制及评审阶段

在以上工作的基础上，编制预评价报告初稿，并报送专家评审组进行技术评审，由专家评审组提出书面评审意见。评价单位根据专家评审组的评审意见，修改、完善后定稿。定稿后的报告应及时提交预评价委托部门，并根据需要上报上级有关主管部门。

安全预评价工作的具体组织实施程序如图 3-7 所示。

3.5.4　安全预评价的调查分析

根据安全预评价工作的需要，水闸工程建设项目安全预评价调查分析的主要内容分为以下几方面：

（1）水闸项目概况。主要了解水闸工程建设背景、建设缘由、建设任务及规模、社会效益及环境影响等基本情况。

（2）流域区域概况。主要指工程所在流域水文、泥沙，以及工程地质情况。

（3）各阶段工作情况。了解水闸工程建议书、相关批复文件，可行性研究、初步设计等情况。

（4）预评价依据。了解预评价所需主要的国家法律、行政法规，部、省及行业有关文件，相关的规程规范等。

3.6　安全预评价报告的编制

3.6.1　安全预评价报告的要求

安全预评价报告作为初步设计报告劳动安全与工业卫生设计专篇的编制依据，其评价结果与将来水闸工程的设计规划有直接联系。在编制报告时，应满足以下要求：

（1）安全预评价报告的内容应能反映安全预评价的任务，即水闸工程的主要危险、有害因素评价。

（2）重大危险、有害因素重点突出。

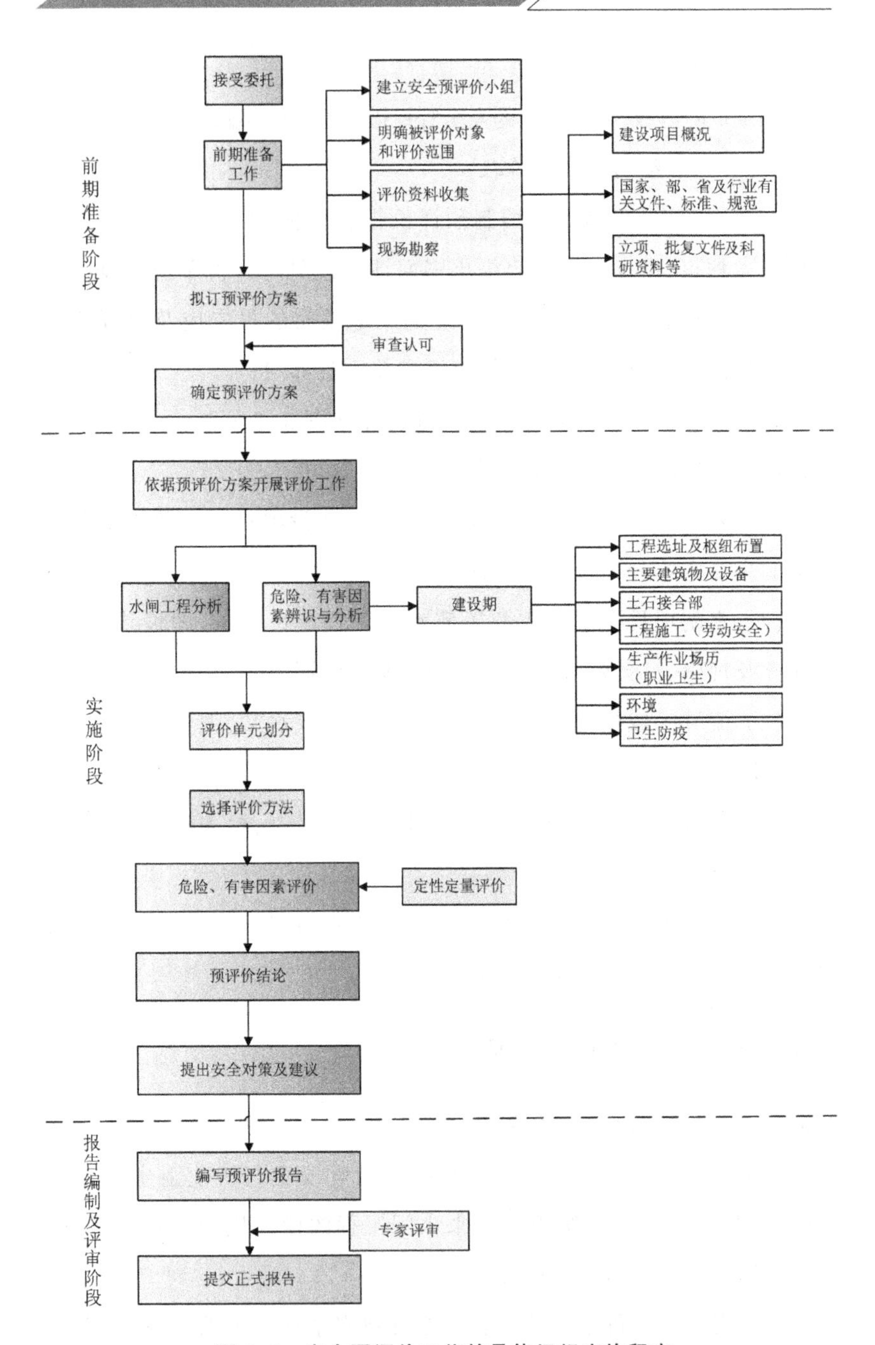

图 3-7　安全预评价工作的具体组织实施程序

（3）安全管控措施明确且具有可操作性。

（4）从安全生产和劳动卫生角度评价是否符合国家有关法律、法规、技术标准。

（5）内容全面，重点突出，取值合理，客观公正。

3.6.2 安全预评价报告的编制

3.6.2.1 编制说明

1. 评价目的和范围

明确说明评价的目的和预评价范围。预评价范围为设计文件包括的范围[水闸主体工程、辅助设施（管理房）、闸管区域等]；由于客观条件的限制，也可把合同规定的范围作为评价范围，但不得将重要危险、有害因素排除在评价范围之外。

2. 评价依据

编制安全预评价报告应依据可行性研究报告及审查意见、可行性研究报告中间成果和有关资料、批准文件、预评价工作合同，较详尽地列出水利水电工程尤其是水闸工程安全预评价所依据的国家法律、国家行政法规、地方法规、政府部门规章、政府部门规范性文件、国家标准、安全生产行业标准、水电水利行业主要技术标准、行业管理规定等，详见附件1。

3.6.2.2 水闸工程建设内容概况

1. 水闸工程概况

（1）对流域情况做简单概述。

（2）简述水闸工程建设背景、建设内容。

（3）简述水闸工程永久占地及临时占地情况。

2. 水闸工程自然条件

（1）对水闸工程所在地的地理位置及周边环境进行简单描述，明确是否存在影响工程安全的外界环境因素。

（2）简述工程区水文、气象及泥沙条件。

（3）简述区域地质概况、场址区地震动参数值及相应的地震基本烈度,水闸的主要工程地质问题。

3. 水闸工程设计情况

(1)简述水闸工程布置及主要建筑物形式。

(2)简述启闭机和其他主要机电设备的选型与布置;电气设备电气主接线、闸区用电、过电压保护与接地;电气二次调度控制方式、继电保护、通信、金属结构选型布置、采暖通风等。

(3)简述工程消防设计方案和主要设施。

(4)简述水闸工程安全监测的设计内容。

(5)简述施工条件、对外交通、主要建筑物施工方法、施工总布置、主要施工设施、加油站、料场、弃(料)渣场规划、施工进度及工期等。

(6)简述工程管理机构及人员定编、主要管理设施及管理保护范围等。

(7)简述工程投资概况。

(8)简述工程移民安置规划情况。

3.6.2.3 主要危险、有害因素辨识与分析

列出辨识与分析危险、有害因素的依据。按《生产过程危险和有害因素分类与代码》(GB/T 13861—2009)和类比工程、原有已建工程等积累的实际资料与公布的典型事故案例,参照前述相关内容,并根据工程设计方案,对水闸工程各阶段存在的固有或潜在的危险、有害因素进行辨识和分析,确定主要危险、有害因素的存在部位、方式;并明确生产、施工过程中是否存在重大危险源。对危险、有害因素辨识应准确、全面、无遗漏。

3.6.2.4 评价单元的划分和评价方法的选择

(1) 依据水闸工程存在的危险、有害因素并考虑安全预评价的特点,结合水闸工程特点和工程建设的具体情况,说明划分评价单元的原则并确定评价单元。由前述可知,水闸工程安全预评价单元一般可划分为工程选址及总平面布置单元、主要建筑物单元、金属结构及电气设备单元、安全监测系统单元、建筑施工单元、作业环境单元、安全管理单元。

（2）根据评价的目的、要求和工程特点，选择科学、合理、适用的安全风险评价方法，常用的安全风险评价方法详见前述，可根据新技术选择其他先进评价方法；对于不同的评价单元，可根据评价的需要和单元特征选择不同的评价方法。选定的评价方法应做简单介绍，并阐述选定此方法的原因。

（3）对各评价单元潜在的主要危险、有害因素的名称、部位及采用的评价方法进行汇总说明。

3.6.2.5　定性、定量评价

（1）根据危险、有害因素的辨识分析结果和确定的评价单元，参照有关资料和数据，用选定的评价方法对各评价单元存在的潜在危险、有害因素导致事故发生的可能性及其严重程度进行评价，真实、准确地确定事故可能发生的部位、频次、严重程度的等级及相关结果，并对得出的评价结果进行简单的总结和分析。

（2）对工程中存在的重大危险因素，应尽可能地采用定量化的安全风险评价方法。

（3）评价应包括但不限于以下内容：工程选址及枢纽布置、地震、洪水、泥沙淤积、主要建筑物、泄水建筑物、金属结构设备、特种设备（起重机械、专用机动车辆等）及特种作业、进水阀、电动机、主变压器、高压配电装置、消防工程、内外交通工程、安全监测系统、噪声、振动、照明、电磁辐射、有害气体、安全管理、施工作业等。

3.6.2.6　安全管控措施建议

（1）列出安全管控措施建议的依据、原则，以及安全技术措施应遵循的等级顺序原则（消除、预防、减弱、隔离、连锁、警告）。

（2）依据危险、有害因素辨识结果与定性、定量评价结果，遵循针对性、技术可行性、经济合理性的原则，提出消除或减弱危险、有害因素的技术和管理管控措施建议。安全管控措施建议应具体翔实、具有可操作性；按照针对性和重要性的不同，安全管控措施建议可分为应采纳和宜采纳两种类型。安全管控措施应与危险、有害因素的分析和评价相一致。

(3) 为保障水闸工程建成后能安全运行,安全管控措施应包括:从评价对象的选址和总体布置、功能分布、设施、设备、装置、施工期、正常运行期及汛期等方面提出安全技术管控措施;从工程的组织机构设置、人员配置、安全管理、应急预案的管理等方面提出安全管理管控措施;从保证工程安全运行的需要提出其他安全防护措施。

3.6.2.7 应急预案编制要求

针对黄河水闸,应急预案的编制主要包括事故应急预案和防汛预案两方面。

(1) 简要说明应急预案的体系构成及其主要内容。

(2) 说明应急预案的编制、评审、备案和演练、修订等相关要求。

(3) 水闸工程应编制的应急预案和现场处置方案的项目。

3.6.2.8 安全专项投资估算

针对防止或降低工程各风险而采取的有效措施所需要的工程安全与工业卫生专项工程投资。

(1) 简要说明安全专项投资概算编制的依据和价格水平年。

(2) 说明安全专项投资主要包括的内容,并列出安全专项工程量清单。

(3) 列出安全专项投资估算清单。

3.6.2.9 预评价结论

(1) 简要列出主要危险、有害因素及评价结果,指出水闸工程应重点防范的重大危险、有害因素。

(2) 明确工程中是否存在重大危险。

(3) 明确工程应重视的安全管控措施建议;明确工程潜在的危险、有害因素在采取安全管控措施后,能否得到控制及受控程度如何。

(4) 给出建设工程从安全生产角度是否符合国家有关法律法规、标准、规章、规范的要求。

第 4 章　黄河水闸工程建设项目安全验收评价

本章根据安全验收评价工作的具体要求和黄河水闸工程特性，明确黄河水闸工程建设项目安全验收评价的特点，探讨安全验收评价工作评价单元的划分及各单元评价方法，并采用安全检查表法对各评价单元进行了符合性评价；从自然地质、主要建筑物、金属结构及电气设备、安全设施、劳动安全、污染物排放、安全度汛、安全管理及突发安全事故等方面分析安全验收评价阶段的主要危险、有害因素，研判可能发生事故的原因及后果，探讨了各风险的应对措施；提出安全验收评价工作的组织管理及调查方法；最后，给出黄河水闸工程建设项目安全验收评价报告的编写要求及编制要点。

4.1　安全验收评价的特点

安全验收评价的目的主要是在项目完工后，根据工程试运行情况，对其设备装置的实际运行情况及管理状况进行分析，查找项目正式运行后尚存在的主要危险、有害因素，并提出合理可靠的安全技术调整方案和安全管理对策。因此，安全验收评价危险、有害因素更偏重于工程运行后的安全管理及安全生产。但与安全预评价不同，除根据黄河水闸工程的试运行情况来查找其正式运行后存在的主要危险、有害因素外，还需检查“三同时”的落实情况，即安全设施是否已与主体工程同时设计、同时施工、同时投入生产和使用；安全管理制度和事故应急预案等的建立与落实情况等内容。具体如下。

4.1.1 安全风险评价对象

4.1.1.1 工程主体

工程主体包括黄河水闸各分部工程——上游铺盖、上下游连接段、闸室、涵洞、消能防冲设施、金属结构(闸门、启闭机)、电气设备(电动机、变压器、开关设备、继电保护装置、输配电线路/电缆)、启闭机房及管理房等。

4.1.1.2 管护设施

(1) 黄河水闸工程管理范围和保护范围。

(2) 交通设施。

(3) 通信设施和生活设施。

4.1.1.3 安全设施

1. 安全防护设施

(1) 主要指启闭机房操作平台、检修爬梯及人行便桥等的安全护栏。

(2) 电气设备、高压开关及线路、避雷设施等的防雨、防电、防潮及防雷措施。

(3) 闸管人员出入的交通安全。

2. 安全监测设施

(1) 伸缩缝止水。

(2) 反滤。

(3) 安全监测设施。①观测设施:沉降观测点及测压管;②水位及流速测量装置;③上下游水尺;④远程监控系统;⑤闸前拦污栅。

3. 建筑物防火

(1) 启闭机房及管理房防火设施构造。

(2) 消防及安全疏散设施器材。

4.1.1.4 劳动安全方面

影响劳动安全的淹溺、火灾、爆炸、电气伤害事故及水闸工程检修过程中发生的高处坠落、物体打击等。

4.1.1.5　工业卫生方面

闸管人员的生活污水和生活垃圾。

4.1.1.6　安全度汛

(1) 防洪能力。

(2) 渗透破坏。

(3) 设备故障。

(4) 抢险失败。

(5) 超标洪水。

(6) 人为扒口。

4.1.1.7　安全管理

(1) 管理制度建设。

(2) 应急救援预案建立及落实。

(3) 工程设施保护。

(4) 运行管理。

(5) 特种作业人员管理。

(6) 日常安全管理。

(7) 消防安全。

(8) 用电安全。

(9) 安全资料管理。

4.1.1.8　突发安全事故

(1) 工程质量安全事故。

(2) 结构失稳安全事故。

4.1.2　符合性评价

4.1.2.1　设计文件的符合性评价

(1) 黄河水闸设计文件对法律法规的符合及执行情况。

(2) 工程建设对设计文件的符合性。

4.1.2.2　标准规范的符合性评价

工程的建设及安全设施是否符合国家有关安全生产的法律、法规和标准。

4.1.2.3 “三同时”的符合性评价

安全设施与主体工程同时设计、同时施工、同时投入生产和使用情况。

4.1.2.4 有效性评价

(1)安全预评价报告中各安全管控措施建议的落实情况。

(2)安全设施有效性及定检情况。

(3)黄河水闸防汛预案、抢险救援应急预案及安全生产应急预案等的建立及有效性等。

安全验收评价的符合性评价主要采用安全检查表,包含了黄河下游涵闸工程设计标准中关于水闸设计相关规定、结构选型及布置、标准化堤防与水闸安全超高要求、水闸管理范围及管理设计、通信设施、生产生活区建设等方面内容。

4.1.3 安全验收评价单元

黄河水闸工程建设项目安全验收评价单元主要划分为工程总体布置单元、主要建筑物单元、金属结构及电气设备单元、安全设施单元、安全管理单元。

4.1.4 安全验收评价依据

黄河水闸工程建设项目安全验收评价主要依据黄河水闸设计、建设及管理方面相关标准文件、相关安全生产法律、水利部及国务院相关安全生产规章及规范性文件、安全预评价报告等进行,详见附件2。

4.2 评价单元划分和评价方法

4.2.1 评价单元

结合安全验收评价的要求,按照单元划分的原则,黄河水闸安全验收评价单元划分为工程总体布置单元、主要建筑物单元、金属结构及电气设备单元、安全设施单元、安全管理单元。

4.2.2　评价方法

如前所述，安全验收评价主要进行危险、有害因素的危害程度评价及符合性评价。

各单元评价方法参照安全预评价。

4.3　符合性评价

参考类比工程，黄河水闸工程建设项目安全验收评价采用安全检查表法对各评价单元进行符合性评价，参照附件 2 安全预评价相关依据编制安全检查表。

4.3.1　工程总体布置单元

黄河涵闸大多是城市供水与灌溉供水的结合工程，也有分泄洪及排水功能的水闸，其总体布置单元符合性安全检查表相关内容见表 4-1。

4.3.2　主要建筑物单元

主要建筑物单元评价主要依据《水闸设计规范》(SL 265—2016)、《水闸工程管理设计规范》(SL 170—1996)、《黄河水闸技术管理办法(试行)》、《黄河下游引黄闸、虹吸工程设计标准的几项规定》(80[5]号文)、《黄河下游涵闸设计和施工管理暂行办法》、《黄河下游标准化堤防工程规范设计与管理标准》(2009 年 9 月试行)、《水电站引水渠道及前池设计规范》(SL 205—2015)、《灌溉与排水工程设计标准》(GB 50288—2018)等规程规范，以及设计文件和预评价的相关内容和要求，进行符合性检查评价。

主要建筑物单元符合性安全检查表见表 4-2。

表 4-1　工程总体布置单元符合性安全检查表

序号	检查项目及内容	评价依据	查证方式	实际情况	评价结果	备注
1	水闸工程建设项目应符合黄河流域整体发展规划，符合国家水利工程建设项目的相关政策	—	查阅设计报告	与规程规范的符合程度及检查项目现状	是否符合要求	
2	建设项目的安全设施必须与主体工程同时设计、同时施工、同时投入生产和使用，安全设施投资应纳入建设项目概算	《中华人民共和国安全生产法》第三十一条	查阅设计报告及安全监测自检报告	与规程规范的符合程度及检查项目现状	设计文件是否符合规范要求；评价项目与设计文件是否一致	
3	总体布置应全面考虑闸址地形、地质、水流等自然条件以及各建筑物的功能、特点、运用要求等，做到紧凑合理、协调美观	《水闸设计规范》（SL 265—2016）4.1.1 条	查阅设计报告、现场查看	与规程规范、设计文件的符合程度及检查项目现状	设计文件是否符合规范要求；评价项目与设计文件是否一致	
4	总体布置应尽量减小对黄河防洪的影响	设计报告	查阅设计报告	与设计文件的符合程度及检查项目现状	评价项目与设计文件是否一致	
5	总体布置应以引水输水流程为依据，顺流程布置，尽量避免出现交叉工程	设计报告	查阅设计报告、现场查看	与设计文件的符合程度及检查项目现状	评价项目与设计文件是否一致	

续表 4-1

序号	检查项目及内容	评价依据	查证方式	实际情况	评价结果	备注
6	总体布置要尽量紧凑，力求缩短流程，降低水头损失	设计报告	查阅设计报告、现场查看	与设计文件的符合程度及检查项目现状	评价项目与设计文件是否一致	
7	工程布置压缩工程占地面积，节约土地	设计报告	查阅设计报告、现场查看	与设计文件的符合程度及检查项目现状	评价项目与设计文件是否一致	
8	工程布置注意工程地质条件和水文地质条件，保证工程防洪安全	设计报告	查阅设计报告、现场查看	与设计文件的符合程度及检查项目现状	评价项目与设计文件是否一致	
9	工程布置时，采取一定措施，实现两水分离	设计报告	查阅设计报告、现场查看	与设计文件的符合程度及检查项目现状	评价项目与设计文件是否一致	
10	闸轴线布置：分泄洪闸的轴线宜与河（渠）道中心线正交；引水闸的中心线与河（渠）道中心线的交角不宜超过 30°；排（退）水闸中心线的交角不宜超过 60°	《水闸设计规范》（SL 265—2016）4.1.3 条、4.1.4 条	查阅设计报告、现场查看	与规程规范的符合程度及检查项目现状	设计文件是否符合规范要求；评价项目与设计文件是否一致	
11	泵站与水闸的相对位置，应能保证满足水闸通畅泄水及各建筑物安全运行的要求	《水闸设计规范》（SL 265—2016）4.1.6 条、《泵站设计规范》（GB 50265—2010）	查阅设计报告、现场查看	与规程规范的符合程度及检查项目现状	设计文件是否符合规范要求；评价项目与设计文件是否一致	

续表 4-1

序号	检查项目及内容	评价依据	查证方式	实际情况	评价结果	备注
12	各类水闸管理单位的生产、生活区建设,一般包括以下项目:①行政技术管理的公用设施;②生产和辅助生产设施;③职工的生活、文化福利设施	《水闸工程管理设计规范》(SL 170—1996)7.1.3条	查阅设计报告、现场查看	与规程规范的符合程度及检查项目现状	设计文件是否符合规范要求;评价项目与设计文件是否一致	
13	水闸管理单位生产、生活区以靠近水闸枢纽为宜。场地选择以土地平整、防护设施简单、工程量较小、少占或不占基本农田为原则	《水闸工程管理设计规范》(SL 170—1996)7.2.1条	查阅设计报告、现场查看	与规程规范的符合程度及检查项目现状	设计文件是否符合规范要求;评价项目与设计文件是否一致	
14	各级黄河河务部门应当按照国家规定,加强植树绿化等防护工程和生态建设,组织营造防护林,种植防护草	《河南省黄河工程管理条例》第31条	查阅设计报告、现场查看	与规程规范的符合程度及检查项目现状	设计文件是否符合规范要求;评价项目与设计文件是否一致	

表 4-2　主要建筑物单元符合性安全检查表

序号	检查项目及内容	评价依据	查证方式	实际情况	检查结果	备注
1	在临黄堤上建设的涵闸级别同堤防级别,属 1 级建筑物	《黄河下游涵闸虹吸工程设计标准的几项规定》(80[5]号文)、《黄河下游标准化堤防工程规范设计与管理标准》(2009 年 9 月试行)4.5.1 条	查阅设计报告	与规程规范的符合程度及检查项目现状	设计文件是否符合规范要求;评价项目与设计文件是否一致	
2	防洪标准以防御花园口站 22 000 m^3/s 的洪水为设计防洪标准,设计洪水位加 1 m 为校核防洪标准	《黄河下游涵闸虹吸工程设计标准的几项规定》(80[5]号文)、《黄河下游标准化堤防工程规范设计与管理标准》(2009 年 9 月试行)4.5.1 条	查阅设计报告	与规程规范的符合程度及检查项目现状	设计文件是否符合规范要求;评价项目与设计文件是否一致	
3	黄河水闸工程设计水平年、各河段洪水位年平均升高率满足相关要求	《黄河下游涵闸虹吸工程设计标准的几项规定》(80[5]号文)、《黄河下游标准化堤防工程规范设计与管理标准》(2009 年 9 月试行)4.5.1 条	查阅设计报告	与规程规范的符合程度及检查项目现状	设计文件是否符合规范要求;评价项目与设计文件是否一致	

续表 4-2

<table>
<tr><th>序号</th><th colspan="2">检查项目及内容</th><th>评价依据</th><th>查证方式</th><th>实际情况</th><th>检查结果</th><th>备注</th></tr>
<tr><td>4</td><td colspan="2">建筑物的挡水超高同黄河堤防超高值</td><td>《黄河下游标准化堤防工程规范设计与管理标准》(2009 年 9 月试行)4.5.1 条</td><td>查阅设计报告</td><td>与规程规范的符合程度及检查项目现状</td><td>设计文件是否符合规范要求;评价项目与设计文件是否一致</td><td></td></tr>
<tr><td>5</td><td colspan="2">地震区水闸结构选型布置尚应符合结构对称、降低工作桥排架高度、闸墩分缝、降低边墩后的填土高度等要求</td><td>《水闸设计规范》(SL 265—2016)4.2.23 条</td><td>查阅设计报告</td><td>与规程规范的符合程度及检查项目现状</td><td>设计文件是否符合规范要求;评价项目与设计文件是否一致</td><td></td></tr>
<tr><td rowspan="2">6</td><td rowspan="2">闸室</td><td>闸室布置应根据水闸挡水、泄水条件和运行要求,结合考虑地形、地质等因素,做到结构安全可靠、布置紧凑合理、施工方便、运用灵活、经济美观</td><td>《水闸设计规范》(SL 265—2016)4.2.1 条</td><td>查阅设计报告、现场查看</td><td>设计文件是否符合规范要求;评价项目与设计文件是否一致</td><td>设计文件是否符合规范要求;评价项目与设计文件是否一致</td><td rowspan="2"></td></tr>
<tr><td>开敞式闸室结构可选用整体式或分离式,涵洞式和双层式闸室结构不宜采用分离式</td><td>《水闸设计规范》(SL 265—2016)4.2.2 条、4.2.3 条</td><td>查阅设计报告、现场查看</td><td>设计文件是否符合规范要求;评价项目与设计文件是否一致</td><td>设计文件是否符合规范要求;评价项目与设计文件是否一致</td></tr>
</table>

续表 4-2

序号	检查项目及内容		评价依据	查证方式	实际情况	检查结果	备注
6	闸室	闸室结构垂直水流向分段长度及闸孔孔径、底板尺寸，闸墩、胸墙、工作桥、检修便桥、交通桥等的结构选型及布置应根据地基条件和结构构造特点，综合分析确定	《水闸设计规范》（SL 265—2016）4.2.11 条	查阅设计报告、现场查看	设计文件是否符合规范要求；评价项目与设计文件是否一致	设计文件是否符合规范要求；评价项目与设计文件是否一致	
		闸孔孔径应根据闸的地基条件、运用要求、闸门结构形式、启闭机容量以及闸门的制作、运输安装等因素综合分析确定；闸孔孔数少于 8 孔时，宜采用单数孔	《水闸设计规范》（SL 265—2016）4.2.7 条、《水利水电工程钢闸门设计规范》（SL 74—2019）、《灌溉与排水渠系建筑物设计规范》（SL 482—2011）8.0.4 条	查阅设计报告、现场查看	设计文件是否符合规范要求；评价项目与设计文件是否一致	设计文件是否符合规范要求；评价项目与设计文件是否一致	
		工作桥、检修便桥和交通桥的梁（板）底高程均应高出最高洪水位 0.5 m 以上	《水闸设计规范》（SL 265—2016）4.2.20 条	查阅设计报告、现场查看	设计文件是否符合规范要求；评价项目与设计文件是否一致	设计文件是否符合规范要求；评价项目与设计文件是否一致	

续表 4-2

序号	检查项目及内容		评价依据	查证方式	实际情况	检查结果	备注
7	涵洞	同一涵洞宜采用同一断面形式。在满足过流能力条件下其断面应优先选用单孔矩形断面，当流量较大或涵洞高度受限时宜选用相同的多孔断面。多孔涵洞应采取两孔一联或三孔一联布置，各联之间宜设通缝分析，且缝中应设置止水	《灌溉与排水渠系建筑物设计规范》(SL 482—2011)7.1.1条	查阅设计报告、现场查看	设计文件是否符合规范要求；评价项目与设计文件是否一致	设计文件是否符合规范要求；评价项目与设计文件是否一致	
		涵洞轴线宜为直线，其走向应有利于选择涵洞流态和形式、涵洞进出口水流平顺或交通通畅	《灌溉与排水渠系建筑物设计规范》(SL 482—2011)7.2.1条、《灌溉与排水工程设计规范》(GB 50288—2018)9.5条	查阅设计报告	设计文件是否符合规范要求；评价项目与设计文件是否一致	设计文件是否符合规范要求；评价项目与设计文件是否一致	

续表 4-2

序号	检查项目及内容		评价依据	查证方式	实际情况	检查结果	备注
7	涵洞	涵洞断面形式：小流量涵洞宜采用预制圆管涵；无压涵洞当洞顶填土高度较小时宜选用盖板涵洞或箱涵；涵顶填土高度较大时宜采用城门洞形、蛋形（高升拱）或管涵；有压涵洞应选用管涵或箱涵	《灌溉与排水渠系建筑物设计规范》（SL 482—2011）7.2.5 条	查阅设计报告、现场查看	设计文件是否符合规范要求；评价项目与设计文件是否一致	设计文件是否符合规范要求；评价项目与设计文件是否一致	
		涵洞纵向变形缝应设置在涵身和端墙，进出口翼墙及护底等结构的分段处，洞身纵向长度大于 8~12 m 处	《灌溉与排水渠系建筑物设计规范》（SL 482—2011）7.2.10 条	查阅设计报告、现场查看	设计文件是否符合规范要求；评价项目与设计文件是否一致	设计文件是否符合规范要求；评价项目与设计文件是否一致	
		涵洞内水不应外渗。涵身纵向变形通缝的缝宽宜为 20~30 mm，缝内应设止水	《灌溉与排水渠系建筑物设计规范》（SL 482—2011）7.2.11 条、《灌溉与排水工程设计规范》（GB 50288—2018）9.5.9 条	查阅设计报告、现场查看	设计文件是否符合规范要求；评价项目与设计文件是否一致	设计文件是否符合规范要求；评价项目与设计文件是否一致	

续表 4-2

序号	检查项目及内容		评价依据	查证方式	实际情况	检查结果	备注
8	铺盖	防渗排水布置(齿墙、铺盖、排水孔、反滤等)应根据闸基地质条件和水闸上下游水位差等因素,结合闸室、消能防冲和两岸连接布置进行综合分析确定	《水闸设计规范》(SL 265—2016)4.3.1条	查阅设计报告	设计文件是否符合规范要求;评价项目与设计文件是否一致	设计文件是否符合规范要求;评价项目与设计文件是否一致	
		地震区水闸上游防渗铺盖采用混凝土结构,并适当加筋	《水闸设计规范》(SL 265—2016)4.2.23条	查阅设计报告	设计文件是否符合规范要求;评价项目与设计文件是否一致	设计文件是否符合规范要求;评价项目与设计文件是否一致	
9	消能防冲	消能防冲布置应根据闸基地质情况、水力条件及闸门控制运用方式等因素,综合分析确定	《水闸设计规范》(SL 265—2016)4.4.1条	查阅设计报告	设计文件是否符合规范要求;评价项目与设计文件是否一致	设计文件是否符合规范要求;评价项目与设计文件是否一致	

续表 4-2

序号	检查项目及内容		评价依据	查证方式	实际情况	检查结果	备注
10	上下游连接段	两岸连接应能保证岸坡稳定,改善水闸进出水流条件,提高泄流能力和消能防冲效果,满足侧向防渗需要,减轻闸室底板边荷载影响,且有利于环境绿化,其布置应与闸室布置相适应;应考虑防渗、防冲及防冻等问题	《水闸设计规范》(SL 265—2016)4.5.1 条	查阅设计报告、现场查看	设计文件是否符合规范要求;评价项目与设计文件是否一致	设计文件是否符合规范要求;评价项目与设计文件是否一致	
		上下游翼墙宜与闸室及两岸岸坡平顺连接。翼墙分段长度应根据结构和地基条件确定。坚实或中等坚实地基上的翼墙分段长度可采用 15~20 m	《水闸设计规范》(SL 265—2016)4.5.4~4.5.6 条、《灌溉与排水渠系建筑物设计规范》(SL 482—2011)8.0.4 条	查阅设计报告、现场查看	设计文件是否符合规范要求;评价项目与设计文件是否一致	设计文件是否符合规范要求;评价项目与设计文件是否一致	

续表 4-2

序号	检查项目及内容		评价依据	查证方式	实际情况	检查结果	备注
11	通信设施	水闸工程的通信系统，应与邮电通信网连接。特别重要的水闸必须设置与有关防汛指挥中心以及当地政府联接的专用通信设备	《水闸工程管理设计规范》(SL 170—1996)6.2.2条	查阅设计报告、现场查看	设计文件是否符合规范要求；评价项目与设计文件是否一致	设计文件是否符合规范要求；评价项目与设计文件是否一致	
		水闸管理单位应根据水闸的等级、规模和性质，因地制宜地选取不同的通信方式。一般大型水闸和重要的中型水闸，特别是分蓄洪区的水闸，必须具有两种以上的通信方式，并应具备有线与无线的转接功能。通信电源一般布置于一楼或靠近通信室。电源设备的布置应符合有关专业规程要求	《水闸工程管理设计规范》(SL 170—1996)6.2.3条	查阅设计报告、现场查看	设计文件是否符合规范要求；评价项目与设计文件是否一致	设计文件是否符合规范要求；评价项目与设计文件是否一致	

续表 4-2

序号	检查项目及内容		评价依据	查证方式	实际情况	检查结果	备注
11	通信设施	通信设备机房一般布置在水闸管理单位办公楼专用房间内。无线电通信设备的机房位置应尽量靠近天线，并应尽可能与其他通信机房布置在一起	《水闸工程管理设计规范》（SL 170—1996）6.3.4 条	查阅设计报告、现场查看	设计文件是否符合规范要求；评价项目与设计文件是否一致	设计文件是否符合规范要求；评价项目与设计文件是否一致	
12	生产、生活区建设	水闸管理单位的生产和生活区的布局，以集中建设为宜。水闸管理单位生产、生活区以靠近水闸枢纽为宜。场地选择以土地平整、防护设施简单、工程量较小、少占或不占基本农田为原则	《水闸工程管理设计规范》（SL 170—1996）7.1~7.2 条	查阅设计报告、现场查看	设计文件是否符合规范要求；评价项目与设计文件是否一致		
		生产、生活区应具有良好的供排水设施	《水闸工程管理设计规范》（SL 170—1996）7.3.1 条	查阅设计报告、现场查看	设计文件是否符合规范要求；评价项目与设计文件是否一致	设计文件是否符合规范要求；评价项目与设计文件是否一致	

续表 4-2

序号	检查项目及内容		评价依据	查证方式	实际情况	检查结果	备注
12	生产、生活区建设	水闸管理单位应具有充足可靠的电源，并优先采用区域性电网供电。尚未实现电网供电的地区，应自备电源供电。防汛指挥调度系统、通信系统、闸门启闭设备的动力系统和现场照明，均属一级用电负荷，除正常供电电源外，应设置事故备用电源，以保证正常供电中断时继续供电	《水闸工程管理设计规范》（SL 170—1996）7.3.2 条、7.3.3 条	查阅设计报告、现场查看	设计文件是否符合规范要求；评价项目与设计文件是否一致	设计文件是否符合规范要求；评价项目与设计文件是否一致	
		创造舒适、安静、卫生和雅致的生活工作环境，水闸管理单位应在生产、生活区和保护范围内种草、植树，以保持水土，净化环境	《水闸工程管理设计规范》（SL 170—1996）7.3.5 条	查阅设计报告、现场查看	设计文件是否符合规范要求；评价项目与设计文件是否一致	设计文件是否符合规范要求；评价项目与设计文件是否一致	

4.3.3　金属结构及电气设备单元

水闸金属结构及电气设备是水闸正常引水及安全防汛度汛的重要保证,包括闸门(钢闸门)、启闭机、电动机、供电线路及辅助设施、设备,本单元依据《水利水电工程钢闸门设计规范》(SL 74—2019)、《水闸工程管理设计规范》(SL 170—1996)、《黄委安全生产通知》(黄安检〔2013〕586 号)等标准规范的规定和设计报告、安全预评价报告及安全自检报告的相关内容,编制安全检查表,根据现场检查情况,进行符合性评价。

金属结构及电气设备符合性安全检表见表 4-3。

4.3.4　安全设施单元

安全设施符合性评价是安全验收评价的重要内容,主要根据《水闸工程管理设计规范》(SL 170—1996)、《中华人民共和国安全生产法》、《小型水力发电站设计规范》(GB 50071—2014)、《水闸设计规范》(SL 265—2016)、《水利水电工程劳动安全与工业卫生设计规范》(GB 50706—2011)、《黄委安全生产通知》(黄安检〔2013〕586 号)对防电气、防坠落、交通安全等安全防护措施、安全监测措施以及防火消防设施等进行符合性评价,具体如表 4-4 所示。

4.3.5　安全管理单元

主要根据《水闸工程管理设计规范》(SL 170—1996)、《黄河水闸技术管理办法(试行)》、《河南省黄河工程管理条例》、《河南省黄河河道管理办法》、《黄委安全生产通知》(黄安检〔2013〕586 号)等进行符合性评价,见表 4-5。

4.4　尚存的危险、有害因素辨识与分析

安全验收评价主要针对黄河水闸在运行过程中所产生的影响工程安全、劳动安全及工业卫生的主要危险、有害因素,包括自然因素、工程结构自身因素及人为因素等。

表 4-3　金属结构及电气设备符合性安全检查表

序号	检查项目及内容		评价依据	查证方式	实际情况	检查结果	备注
1	钢闸门	两道闸门之间或闸门与拦污栅之间的最小净距应满足门槽混凝土强度与抗渗、启闭机布置与运行闸门安装与维修和水力学条件等因素的要求。一般不宜少于 1.5 m	《水利水电工程钢闸门设计规范》(SL 74—2019)2.1.4 条	查阅设计报告、现场查看	设计文件是否符合规范要求；评价项目与设计文件是否一致	设计文件是否符合规范要求；评价项目与设计文件是否一致	
		检修闸门或事故闸门的设置数量，应根据孔口数量工程和设备的重要性、施工安装条件和工作闸门的使用状况、维修条件等因素综合考虑。对水闸系统的检修闸门，10 孔以内可设 1～2 扇，10 孔以上每增加 10 孔可增设 1 扇	《水利水电工程钢闸门设计规范》(SL 74—2019)2.1.5 条	查阅设计报告、现场查看	设计文件是否符合规范要求；评价项目与设计文件是否一致	设计文件是否符合规范要求；评价项目与设计文件是否一致	

续表 4-3

序号	检查项目及内容		评价依据	查证方式	实际情况	检查结果	备注
1	钢闸门	启闭机室、闸门检修室和检修平台宜有足够的面积和高度。启闭机与机房墙面净距不少 800 mm;各台启闭机之间净距不少于 600 mm;闸门检修室或检修平台在闸门检修时四边净距均不少于 800 mm。此外,尚应设置栏杆或盖板以满足运行维修及安全的要求	《水利水电工程钢闸门设计规范》(SL 74—2019) 2.1.11 条	查阅设计报告、预评价报告、安全自检报告;现场查看	设计文件是否符合规范要求;评价项目与设计文件是否一致;预评价报告具体涉及内容	设计文件是否符合规范要求;评价项目与设计文件是否一致;预评价报告所提到的措施是否落实	
		启闭机室和闸门检修室的上下交通宜设置走梯	《水利水电工程钢闸门设计规范》(SL 74—2019) 2.1.11 条	查阅设计报告、预评价报告;现场查看	设计文件是否符合规范要求;评价项目与设计文件是否一致;预评价报告具体涉及内容	设计文件是否符合规范要求;评价项目与设计文件是否一致;预评价报告所提到的措施是否落实	

续表 4-3

序号	检查项目及内容		评价依据	查证方式	实际情况	检查结果	备注
1	钢闸门	闸门、拦污栅及其附属设备,应根据水质、运行条件、设置部位和结构形式,采取有效的防腐蚀措施	设计报告、《水利水电工程钢闸门设计规范》(SL 74—2019)2.1.12条	查阅设计报告、预评价报告;现场查看	设计文件是否符合规范要求;评价项目与设计文件是否一致;预评价报告具体涉及内容	设计文件是否符合规范要求;评价项目与设计文件是否一致;预评价报告所提到的措施是否落实	
2	启闭机	启闭机数量及运行条件是否符合要求	设计报告、《水利水电工程钢闸门设计规范》(SL 74—2019)8.2.1条	查阅设计报告;现场查看	设计文件是否符合规范要求;评价项目与设计文件是否一致	设计文件是否符合规范要求;评价项目与设计文件是否一致	
		是否设置有可靠的保护装置(避免螺杆超载压弯)	现场检查、《水利水电工程钢闸门设计规范》(SL 74—2019)8.2.2条	查阅设计报告、预评价报告、安全自检报告;现场查看	设计文件是否符合规范要求;评价项目与设计文件是否一致;预评价报告具体涉及内容	设计文件是否符合规范要求;评价项目与设计文件是否一致;预评价报告所提到的措施是否落实	

续表 4-3

序号	检查项目及内容		评价依据	查证方式	实际情况	检查结果	备注
2	启闭机	是否装有高度指示器和限位器	现场检查	查阅设计报告、预评价报告、安全自检报告；现场查看	设计文件是否符合规范要求；评价项目与设计文件是否一致；预评价报告具体涉及内容	设计文件是否符合规范要求；评价项目与设计文件是否一致；预评价报告所提到的措施是否落实	
		钢丝绳防腐措施是否符合要求	现场检查、《水利水电工程钢闸门设计规范》（SL 74—2019）8.2.7 条	查阅设计报告、预评价报告；现场查看	设计文件是否符合规范要求；评价项目与设计文件是否一致；预评价报告具体涉及内容	设计文件是否符合规范要求；评价项目与设计文件是否一致；预评价报告所提到的措施是否落实	
		启闭机组钢丝绳应符合《起重机械安全规程》（GB/T 6067）的有关规定	现场检查	查阅设计报告；现场查看	设计文件是否符合规范要求；评价项目与设计文件是否一致	设计文件是否符合规范要求；评价项目与设计文件是否一致	

续表 4-3

序号	检查项目及内容		评价依据	查证方式	实际情况	检查结果	备注
3	电气设备	防汛指挥调度系统、通信系统、闸门启闭设备的动力系统和现场照明，均属一级用电负荷，除正常供电电源外， 应设置事故备用电源	现场检查、《水闸工程管理设计规范》(SL 170—1996)7.3.3条	查阅设计报告、预评价报告、安全自检报告；现场查看	设计文件是否符合规范要求；评价项目与设计文件是否一致；预评价报告具体涉及内容	设计文件是否符合规范要求；评价项目与设计文件是否一致；预评价报告所提到的措施是否落实	
		水闸管理单位应具有充足可靠的电源，并优先采用区域性电网供电。尚未实现电网供电的地区，应自备电源供电	《水闸工程管理设计规范》(SL 170—1996)7.3.2条	查阅设计报告、预评价报告、安全自检报告；现场查看	设计文件是否符合规范要求；评价项目与设计文件是否一致；预评价报告具体涉及内容	设计文件是否符合规范要求；评价项目与设计文件是否一致；预评价报告所提到的措施是否落实	
		配电箱、开关箱符合三级配电两级保护	《黄委安全生产通知》(黄安检〔2013〕586号)	查阅设计报告、预评价报告、安全自检报告；现场查看	设计文件是否符合规范要求；评价项目与设计文件是否一致；预评价报告具体涉及内容	设计文件是否符合规范要求；评价项目与设计文件是否一致；预评价报告所提到的措施是否落实	

续表 4-3

序号	检查项目及内容		评价依据	查证方式	实际情况	检查结果	备注
4	供电线路	配电线路布设符合要求，电线无老化、破皮	《黄委安全生产通知》（黄安检〔2013〕586号）	查阅设计报告、预评价报告、安全自检报告；现场查看	设计文件是否符合规范要求；评价项目与设计文件是否一致；预评价报告具体涉及内容	设计文件是否符合规范要求；评价项目与设计文件是否一致；预评价报告所提到的措施是否落实	
		配电线路专用箱做到“一机、一闸、一漏、一箱”；严禁一闸多机	《黄委安全生产通知》（黄安检〔2013〕586号）	查阅设计报告、预评价报告、安全自检报告；现场查看	设计文件是否符合规范要求；评价项目与设计文件是否一致；预评价报告具体涉及内容	设计文件是否符合规范要求；评价项目与设计文件是否一致；预评价报告所提到的措施是否落实	

表 4-4　安全设施单元符合性安全检查表

序号	检查项目及内容	评价依据	查证方式	实际情况	检查结果	备注
1	是否贯彻“三同时”的原则，安全设施做到与主体工程同时设计、同时施工、同时投入生产和使用。安全设施投资是否纳入建设项目概算	《中华人民共和国安全生产法》第三十一条	查阅设计报告报告、安全监测自检报告	设计文件与安全监测自检报告是否一致	安全设施做到与主体工程同时设计、同时施工、同时投入生产和使用	
2	水工建筑物应根据其重要性、形式、结构特性及地基条件等，设置安全监测设施	《小型水力发电站设计规范》（GB 50071—2014）、《水闸工程管理设计规范》（SL 170—1996）4.4.1 条	查阅设计报告、安全监测自检报告；现场查看	设计文件是否符合规范要求；评价项目与设计文件是否一致	设计文件是否符合规范要求；评价项目与设计文件是否一致	
3	对于重要的大型水闸，可采用自动化观测手段	《水闸设计规范》（SL 265—2016）9.0.12 条	查阅设计报告、安全监测自检报告；现场查看	设计文件是否符合规范要求；评价项目与设计文件是否一致	设计文件是否符合规范要求；评价项目与设计文件是否一致	

续表 4-4

序号	检查项目及内容	评价依据	查证方式	实际情况	检查结果	备注
4	水闸工程观测设计应包括观测项目选定、观测设施布置、观测设备选型，提出观测设施的施工安装、观测方法和资料整理分析的技术要求	《水闸工程管理设计规范》（SL 170—1996）4.1.2条	查阅设计报告、安全监测自检报告；现场查看	设计文件是否符合规范要求；评价项目与设计文件是否一致	设计文件是否符合规范要求；评价项目与设计文件是否一致	
5	水闸工程观测设施的设计，应符合有关专业规范的相关规定	《水闸工程管理设计规范》（SL 170—1996）4.1.4条	查阅设计报告、安全监测自检报告；现场查看	设计文件是否符合规范要求；评价项目与设计文件是否一致	设计文件是否符合规范要求；评价项目与设计文件是否一致	
6	观测项目和测次应满足规范要求	《水闸工程管理设计规范》（SL 170—1996）4.2条、4.3条；《黄河水闸技术管理办法》（试行）4.3.2条	查阅设计报告、安全监测自检报告；现场查看	设计文件是否符合规范要求；评价项目与设计文件是否一致	设计文件是否符合规范要求；评价项目与设计文件是否一致	

续表 4-4

序号	检查项目及内容	评价依据	查证方式	实际情况	检查结果	备注
7	独立避雷针不应设在人经常通行的地方，避雷针及其冲击接地装置与道路或出入口等的距离不应小于3 m；否则，应采取均压等防护措施	《水利水电工程劳动安全与工业卫生设计规范》（GB 50706—2011）4.2.12条	查阅设计报告、预评价报告、安全自检报告；现场查看	设计文件是否符合规范要求；评价项目与设计文件是否一致；预评价报告具体涉及内容	设计文件是否符合规范要求；评价项目与设计文件是否一致；预评价报告所提到的措施是否落实	
8	高压开关柜应具有以下功能：①防带负荷分、合隔离开关；②防误分、合断路器；③防带电挂地线、合接地开关；④防带地线合隔离开关和断路器；⑤防误入带电间隔	《水利水电工程劳动安全与工业卫生设计规范》（DL 5061—1996）4.2.13条	查阅设计报告、预评价报告、安全自检报告；现场查看	设计文件是否符合规范要求；评价项目与设计文件是否一致；预评价报告具体涉及内容	设计文件是否符合规范要求；评价项目与设计文件是否一致；预评价报告所提到的措施是否落实	
9	对于误操作可能带来人身触电或伤害事故的设备或回路应设置电气联锁装置或机械联锁装置，或采取其他防护措施	《水利水电工程劳动安全与工业卫生设计规范》（DL 5061—1996）4.2.12条	查阅设计报告、预评价报告、安全自检报告；现场查看	设计文件是否符合规范要求；评价项目与设计文件是否一致；预评价报告具体涉及内容	设计文件是否符合规范要求；评价项目与设计文件是否一致；预评价报告所提到的措施是否落实	

续表 4-4

序号	检查项目及内容	评价依据	查证方式	实际情况	检查结果	备注
10	电力设备外壳应接地或接零；安全用电供电电路中的电源变压器，严禁采用自耦变压器	《水利水电工程劳动安全与工业卫生设计规范》(GB 50706—2011)4.2.7条和4.2.11条	查阅设计报告、预评价报告、安全自检报告；现场查看	设计文件是否符合规范要求；评价项目与设计文件是否一致；预评价报告具体涉及内容	设计文件是否符合规范要求；评价项目与设计文件是否一致；预评价报告所提到的措施是否落实	
11	工程楼梯和坠落高度超过 2 m 的平台周围，均应设置防护栏杆或盖板；楼梯、平台均应采取防滑措施	《水利水电工程劳动安全与工业卫生设计规范》(GB 50706—2011)4.3.2条	查阅设计报告、预评价报告、安全自检报告；现场查看	设计文件是否符合规范要求；评价项目与设计文件是否一致；预评价报告具体涉及内容	设计文件是否符合规范要求；评价项目与设计文件是否一致；预评价报告所提到的措施是否落实	
12	闸门的门槽、吊物孔等处，应在孔口设置盖板或防护栏杆	《水利水电工程劳动安全与工业卫生设计规范》(GB 50706—2011)4.3.3条	查阅设计报告、预评价报告、安全自检报告；现场查看	设计文件是否符合规范要求；评价项目与设计文件是否一致；预评价报告具体涉及内容	设计文件是否符合规范要求；评价项目与设计文件是否一致；预评价报告所提到的措施是否落实	

续表 4-4

序号	检查项目及内容	评价依据	查证方式	实际情况	检查结果	备注
13	室外楼梯、外廊等临空处，应设置女儿墙或固定式防护栏杆	《水利水电工程劳动安全与工业卫生设计规范》（GB 50706—2011）4.3.4条	查阅设计报告、预评价报告、安全自检报告；现场查看	设计文件是否符合规范要求；评价项目与设计文件是否一致；预评价报告具体涉及内容	设计文件是否符合规范要求；评价项目与设计文件是否一致；预评价报告所提到的措施是否落实	
14	平面交叉应设置标志和必需的交通安全设施	《水利水电工程劳动安全与工业卫生设计规范》（GB 50706—2011）4.7.3条	查阅设计报告、预评价报告、安全自检报告；现场查看	设计文件是否符合规范要求；评价项目与设计文件是否一致；预评价报告具体涉及内容	设计文件是否符合规范要求；评价项目与设计文件是否一致；预评价报告所提到的措施是否落实	
15	通信设备选型时应根据上级通信规划提出的制式要求，采用定型设备或经论证许可的设备，未经按规定鉴定合格的设备不得采用。选用的设备应技术先进、运行可靠、使用简便、维护方便	《水闸工程管理设计规范》（SL 170—1996）6.3.1条	查阅设计报告、预评价报告、安全自检报告；现场查看	设计文件是否符合规范要求；评价项目与设计文件是否一致；预评价报告具体涉及内容	设计文件是否符合规范要求；评价项目与设计文件是否一致；预评价报告所提到的措施是否落实	

续表 4-4

序号	检查项目及内容	评价依据	查证方式	实际情况	检查结果	备注
16	通信电源一般布置于一楼或靠近通信室。电源设备的布置应符合有关专业规程要求	《水闸工程管理设计规范》(SL 170—1996)6.3.3条	查阅设计报告、预评价报告、安全自检报告;现场查看	设计文件是否符合规范要求;评价项目与设计文件是否一致;预评价报告具体涉及内容	设计文件是否符合规范要求;评价项目与设计文件是否一致;预评价报告所提到的措施是否落实	
17	水闸管理单位的通信用房,一般包括以下部分:①电话交换机房(包括机房和值班室);②无线通信机房;③通信电源设备室;④夜班休息室	《水闸工程管理设计规范》(SL 170—1996)6.3.5条	查阅设计报告、预评价报告、安全自检报告;现场查看	设计文件是否符合规范要求;评价项目与设计文件是否一致;预评价报告具体涉及内容	设计文件是否符合规范要求;评价项目与设计文件是否一致;预评价报告所提到的措施是否落实	
18	配电箱、开关箱有防尘、防雨措施,并设有警示标志	《黄委安全生产通知》(黄安检〔2013〕586号)	查阅设计报告、预评价报告、安全自检报告;现场查看	设计文件是否符合规范要求;评价项目与设计文件是否一致;预评价报告具体涉及内容	设计文件是否符合规范要求;评价项目与设计文件是否一致;预评价报告所提到的措施是否落实	

续表 4-4

序号	检查项目及内容	评价依据	查证方式	实际情况	检查结果	备注
19	启闭机房、管理房的耐火等级是否符合相关规范要求	《建筑设计防火规范》(GB 50016—2014)3.2 条、《水利水电工程设计防火规范》(SDJ 278—2005)2.0.2 条	查阅设计报告、预评价报告	设计文件是否符合规范要求;评价项目与设计文件是否一致;预评价报告具体涉及内容	设计文件是否符合规范要求;评价项目与设计文件是否一致;预评价报告所提到的措施是否落实	
20	设置在丁、戊类厂房中的通风机房,应采用耐火极限不低于 1.00 h 的防火隔墙和 0.50 h 的楼板与其部位分割	《建筑设计防火规范》(GB 50016—2014)6.2.7 条	查阅设计报告、预评价报告	设计文件是否符合规范要求;评价项目与设计文件是否一致;预评价报告具体涉及内容	设计文件是否符合规范要求;评价项目与设计文件是否一致;预评价报告所提到的措施是否落实	
21	消防设施配置是与规程规范符合程度	《建筑设计防火规范》(GB 50016—2014)8.2 条、《水利水电工程设计防火规范》(SDJ 278—2005)4.3 条	查阅设计报告、预评价报告	设计文件是否符合规范要求;评价项目与设计文件是否一致;预评价报告具体涉及内容	设计文件是否符合规范要求;评价项目与设计文件是否一致;预评价报告所提到的措施是否落实	

表 4-5　安全管理安全检查表

序号	检查项目及内容	评价依据	查证方式	实际情况	检查结果	备注
1	水闸的管理范围为水闸工程各组成部分的覆盖范围，上游防冲槽至下游防冲槽后 100 m 和渠道两侧各 25 m 的范围，水闸两侧土石接合部外至少各 50 m 的范围。水闸管理范围必须进行确权划界，并设置明显界桩。在此范围内禁止挖洞、建窑、打井、爆破等危害工程安全的活动	《水闸工程管理设计规范》（SL 170—1996）2.0.1~2.0.3 条、《黄河水闸技术管理办法（试行）》6.1.2~6.1.3 条、《河南省黄河工程管理条例》第 21 条、《河南省黄河河道管理办法》第 18 条	查阅设计报告；现场查看	与规程规范的符合程度及检查项目现状	设计文件是否符合规范要求；评价项目与设计文件是否一致	
2	水闸工程管理设计是水闸工程设计的组成部分，应与主体工程设计同步进行	《水闸工程管理设计规范》（SL 170—1996）1.0.1 条	查阅设计文件；现场查看	与规程规范的符合程度及检查项目现状	设计文件是否符合规范要求；评价项目与设计文件是否一致	
3	黄河涵闸、虹吸、提灌站工程管理单位应当制定管理规范、操作规程和控制运用办法等制度	《河南省黄河工程管理条例》第 22 条	查阅相关文件、预评价报告	与规程规范的符合程度及检查项目现状	是否符合规程规范要求	

续表 4-5

序号	检查项目及内容		评价依据	查证方式	实际情况	检查结果	备注
4	不准在涵闸、虹吸、提灌站工程管理范围内垦植、放牧。严禁在涵闸、虹吸、提灌站工程周围 200 m 范围内进行爆破及其他有碍建筑物安全的活动		《河南省黄河工程管理条例》第 25 条	现场查看	与规程规范的符合程度及检查项目现状	是否符合规程规范要求	
5	严格操作规程，安全标记齐全，电器设备周围应有安全警戒线，易燃、易爆、有毒物品的运输、储存、使用应按有关规定执行。办公室、启闭机房、发电机房、变电所、配电间、控制室及仓库等重要场所应配备灭火器具		《黄河水闸技术管理办法（试行）》6.2.3 条	查阅安全自检报告、预评价报告	与规程规范的符合程度及检查项目现状	是否符合规程规范要求；预评价报告是否涉及措施落实情况	
6	安全生产管理机构和人员	水闸管理单位的安全生产小组由单位负责人、技术负责人及生产安全员等组成，负责安全生产的监管，监督操作规程和各项安全责任制度的执行情况，检查本单位的各项安全措施是否落实到位	《黄河水闸技术管理办法（试行）》6.2.1 条	查阅安全自检报告、预评价报告	与规程规范的符合程度及检查项目现状	是否符合规程规范要求；预评价报告是否涉及措施落实情况	

续表 4-5

序号	检查项目及内容		评价依据	查证方式	实际情况	检查结果	备注
6	安全生产管理机构和人员	机构、人员编制及规章制度是否合理健全	《中华人民共和国安全生产法》第四条	查阅安全自检报告、预评价报告；现场查看	与规程规范的符合程度及检查项目现状	是否符合规程规范要求；预评价报告是否涉及措施落实情况	
		水闸正式运行前是否制定严格的安全规程和切合实际的岗位操作规程	《黄委安全生产通知》（黄安检〔2013〕586号）	查阅安全自检报告、预评价报告；现场查看	与规程规范的符合程度及检查项目现状	是否符合规程规范要求；预评价报告是否涉及措施落实情况	
7	安全生产管理制度	完善安全管理机构，按照国家有关安全生产的要求，制定安全管理制度和安全管理措施	《黄委安全生产通知》（黄安检〔2013〕586号）	查阅安全自检报告、预评价报告；现场查看	与规程规范的符合程度及检查项目现状	是否符合规程规范要求；预评价报告是否涉及措施落实情况	
		是否建立健全安全生产责任制度：①负责人岗位安全责任制；②安全管理人员岗位责任制；③各操作岗位（闸门、启闭机）安全责任制	《黄委安全生产通知》（黄安检〔2013〕586号）	查阅安全自检报告、预评价报告；现场查看	与规程规范的符合程度及检查项目现状	是否符合规程规范要求；预评价报告是否涉及措施落实情况	

续表 4-5

序号	检查项目及内容		评价依据	查证方式	实际情况	检查结果	备注
7	安全生产管理制度	是否制定完善各项安全生产管理制度:①安全生产检查制度;②防火防爆管理制度;③安全生产教育培训管理制度;④电气安全管理制度;⑤特种设备安全管理制度;⑥生产安全事故管理制度;⑦安全生产奖惩制度;⑧事故隐患整改制度;⑨消防安全管理制度	《黄委安全生产通知》(黄安检〔2013〕586号)	查阅安全自检报告、预评价报告;现场查看	与规程规范的符合程度及检查项目现状	是否符合规程规范要求;预评价报告是否涉及措施落实情况	
8	事故应急救预案	是否编制详细的事故应急救援预案	《黄委安全生产通知》(黄安检〔2013〕586号)	查阅安全自检报告、预评价报告;现场查看	与规程规范的符合程度及检查项目现状	是否符合规程规范要求;预评价报告是否涉及措施落实情况	

续表 4-5

序号	检查项目及内容		评价依据	查证方式	实际情况	检查结果	备注
8	事故应急救预案	是否编制详细的防洪预案,并从以下几方面考虑落实情况:①防汛组织机构、抢险队伍是否落实;②防汛物资、设备是否落实到位;③水文、水情预报是否正常,人员、制度是否落实到位;④汛期交通、通信、后勤、医疗保障是否落实到位	《黄委安全生产通知》(黄安检〔2013〕586号)	查阅安全自检报告、预评价报告;现场查看	与规程规范的符合程度及检查项目现状	是否符合规程规范要求;预评价报告是否涉及措施落实情况	
		是否有险情预计及应急处理计划	《黄委安全生产通知》(黄安检〔2013〕586号)	查阅安全自检报告、预评价报告;现场查看	与规程规范的符合程度及检查项目现状	是否符合规程规范要求;预评价报告是否涉及措施落实情况	
9	特种作业人员管理	特种作业人员是否持证上岗,证书是否有效	预评价报告、《黄河水利委员会安全生产检查办法》	查阅安全自检报告、预评价报告;现场查看	与规程规范的符合程度及检查项目现状	是否符合规程规范要求;预评价报告是否涉及措施落实情况	

续表 4-5

序号	检查项目及内容		评价依据	查证方式	实际情况	检查结果	备注
9	特种作业人员管理	特种设备是否按规定进行检验	《黄委安全生产通知》(黄安检〔2013〕586号)	查阅安全自检报告、预评价报告;现场查看	与规程规范的符合程度及检查项目现状	是否符合规程规范要求;预评价报告是否涉及措施落实情况	
10	日常安全管理	是否制定了各岗位安全操作规程	《中华人民共和国安全生产法》	查阅安全自检报告、预评价报告;现场查看	与规程规范的符合程度及检查项目现状	是否符合规程规范要求;预评价报告是否涉及措施落实情况	
		安全操作规程是否上墙	《黄委安全生产通知》(黄安监〔2013〕586号)	查阅安全自检报告、预评价报告;现场查看	与规程规范的符合程度及检查项目现状	是否符合规程规范要求;预评价报告是否涉及措施落实情况	
		是否对电动机、启闭机等设施设备进行定期维修养护	《黄委安全生产通知》(黄安检〔2013〕586号)	查阅安全自检报告、预评价报告;现场查看	与规程规范的符合程度及检查项目现状	是否符合规程规范要求;预评价报告是否涉及措施落实情况	

续表 4-5

序号	检查项目及内容		评价依据	查证方式	实际情况	检查结果	备注
10	日常安全管理	安全标志是否齐全醒目	《黄委安全生产通知》(黄安检〔2013〕586号)	查阅安全自检报告、预评价报告;现场查看	与规程规范的符合程度及检查项目现状	是否符合规程规范要求;预评价报告是否涉及措施落实情况	
		是否按有关规定对作业场所职业危害进行检测	《黄委安全生产通知》(黄安检〔2013〕586号)	查阅安全自检报告、预评价报告;现场查看	与规程规范的符合程度及检查项目现状	是否符合规程规范要求;预评价报告是否涉及措施落实情况	
		安全防护设施和装置是否齐全	《黄委安全生产通知》(黄安检〔2013〕586号)	查阅安全自检报告、预评价报告;现场查看	与规程规范的符合程度及检查项目现状	是否符合规程规范要求;预评价报告是否涉及措施落实情况	
		是否配备有劳动防护用品并正确使用	《黄委安全生产通知》(黄安检〔2013〕586号)	查阅安全自检报告、预评价报告;现场查看	与规程规范的符合程度及检查项目现状	是否符合规程规范要求;预评价报告是否涉及措施落实情况	

续表 4-5

序号	检查项目及内容		评价依据	查证方式	实际情况	检查结果	备注
11	消防安全	是否配备专业管理人员进行专业培训	《黄委安全生产通知》(黄安检〔2013〕586号)	查阅安全自检报告、预评价报告;现场查看	与规程规范的符合程度及检查项目现状	是否符合规程规范要求;预评价报告是否涉及措施落实情况	
		消防器材有无清册,是否符合消防规范,是否定期检查	《黄委安全生产通知》(黄安检〔2013〕586号)	查阅安全自检报告、预评价报告;现场查看	与规程规范的符合程度及检查项目现状	是否符合规程规范要求;预评价报告是否涉及措施落实情况	
		消防设施是否符合设计要求和安全的要求	《黄委安全生产通知》(黄安检〔2013〕586号)	查阅安全自检报告、预评价报告;现场查看	与规程规范的符合程度及检查项目现状	是否符合规程规范要求;预评价报告是否涉及措施落实情况	
		消防通道是否畅通	《黄委安全生产通知》(黄安检〔2013〕586号)	查阅安全自检报告、预评价报告;现场查看	与规程规范的符合程度及检查项目现状	是否符合规程规范要求;预评价报告是否涉及措施落实情况	

续表 4-5

序号	检查项目及内容		评价依据	查证方式	实际情况	检查结果	备注
12	用电安全	线路布设是否合理	《黄委安全生产通知》（黄安检〔2013〕586 号）	查阅安全自检报告、预评价报告；现场查看	与规程规范的符合程度及检查项目现状	是否符合规程规范要求；预评价报告是否涉及措施落实情况	
		是否设有警示标志	《黄委安全生产通知》（黄安检〔2013〕586 号）	查阅安全自检报告、预评价报告；现场查看	与规程规范的符合程度及检查项目现状	是否符合规程规范要求；预评价报告是否涉及措施落实情况	
13	安全资料管理	安全资料管理是否规范	《黄委安全生产通知》（黄安检〔2013〕586 号）	查阅安全自检报告、预评价报告；现场查看	与规程规范的符合程度及检查项目现状	是否符合规程规范要求；预评价报告是否涉及措施落实情况	
14	其他	试运行存在的问题及处理情况	—	查阅安全自检报告、安全监测报告	检查项目现状	是否合理处理	

4.4.1 自然地质灾害危险性分析

主要考虑突发性暴雨、超标洪水及较强地震等自然地质灾害对水闸工程安全运行的影响。例如,在较强持续暴雨和超标洪水作用下,上下游连接段坍塌或冲毁,地震造成的混凝土结构裂缝、倾斜甚至坍塌等。虽近年来黄河未出现较大流量洪峰,未曾遭遇大地震的破坏,但不排除此类地质灾害的可能。尤应注意突发性暴雨使得闸前引渠水位暴涨,冲毁上下游连接段的可能。

此外,还应考虑泥沙淤积对水闸工程安全运行的影响,详见3.3节。

4.4.2 主要建筑物危险、有害因素分析

主要考虑对象为涵闸主体工程上游铺盖、翼墙、护坡、闸室、涵洞、铺盖、消力池、启闭机房以及管理房等,但此阶段主要分析和预测由于自然因素、运行管理不善等所造成的影响工程安全的主要因素,在3.2.2节中已作具体阐述。

4.4.3 金属结构及电气设备危险、有害因素分析

参照3.3.2.3节和3.3.2.4节相关内容,重点考虑自然因素及运行管理因素对金属结构及电气设备的影响。

4.4.4 安全设施危险、有害因素分析

分析对象主要为安全防护设施、安全监测设施、建筑物防火及消防设施等。安全防护设施及安全监测设施主要危险、有害因素详见3.3.2.5节。现就建筑物防火及消防设施、器材危害因素分析如下:

4.4.4.1 建筑防火设施构造危险因素识别与分析

对于涵闸工程来说,建筑防火主要考虑启闭机房和生产生活管理用房。对于建筑防火设施构造,其主要危险因素有以下几个:

(1) 建筑物本身防火缺陷。主要为建筑物本身的防火设计如耐火等级、疏散设置、建筑构造、装修等不符合《水利水电工程设计防火规范》(SDJ 278—1990)、《建筑内部装修设计防火规范》(GB 50222—2017)等相关标准、规范的要求。

（2）建筑施工、装修质量低劣，不按相关部门审批合格的设计图纸施工，施工中擅自更改。

4.4.4.2　消防及安全疏散设施、器材

启闭机室内布置有启闭机、电气控制盘柜、摄像机等装置，是水闸较为重要的操作控制场所，而管理房是闸管人员主要的生产生活场所。因此，启闭机房及管理房建筑物消防及安全疏散设施、器材的合理设置和完好有效是非常重要的。如建筑消防及安全疏散设施、器材有效合理布置，即可保证火灾事故发生时，火源被及时熄灭，火情被及时控制，被困人员迅速安全疏散转移，从而减少人员伤亡和财产损失。

根据黄河水闸设计情况，黄河水闸一般临近大堤，中部设一个消防疏散口，不设消火栓，灭火器材一般选用磷酸铵盐干粉灭火器。因此，重点对安全疏散设施、消防器材等可能出现的危险、有害因素进行识别与分析。

1. 安全疏散设施

根据黄河水闸实际建设情况，安全疏散设施主要由疏散楼道、疏散走道、安全出口、应急照明系统（包括事故应急照明、应急出口标志及指示灯）和疏散指示标志等组成。安全疏散设施存在的安全隐患主要有以下几类：

（1）杂物占据消防疏散通道。

（2）疏散指示标志安装不符合规范要求、种类不符合场所要求、数量不足、疏于日常维护等。

（3）应急照明系统不完善，事故发生时不能起到应急照明作用。如应急照明系统供电控制方式、接线方式不合理，应急照明设备选型、安装不符合要求，都会直接影响到应急照明系统作用的发挥，加大事故后果的严重性。

2. 消防器材

（1）未按规定配备消防器材。

（2）消防器材质量不符合国家相关标准要求。

（3）对消防器材未按规定进行定期检查检验。

4.4.5 劳动安全主要危险、有害因素分析

本节主要指在涵闸工程运行过程中所产生的淹溺、火灾、爆炸、电气伤害等影响劳动安全的有害因素，与前述施工过程中稍有区别。

4.4.5.1 淹溺危险性分析

涵闸大都临河或闸前设置引渠，与闸后渠道相接，且黄河含沙量较大，且检修爬梯及机架桥工作平台属高空作业，上下游连接段翼墙也较高，若这些设施无防护设施或管理不到位，有造成人员坠落、发生淹溺的可能。

（1）遭遇强降雨、暴雨天气，易造成闸前水位升高，可能发生洪水灾害，导致人员淹溺伤亡。

（2）闸前水位较深，引水渠道较长，上下游翼墙及整个渠道不可能全部设置防护围栏，存在巡视人员及其他人员坠入、滑入渠内，造成淹溺伤亡的危险。

（3）在人员巡视、清理杂物或检修闸门时，如果操作不当或未采取必要的防护措施或违章作业等，也有造成人员坠落、发生淹溺的危险。

4.4.5.2 火灾危险性分析

火灾可危及人身安全，致人伤残或死亡；同时可导致设备设施损坏或报废。可能发生火灾的设备主要为电气设备。引起火灾的主要原因有以下几个：

（1）电气设备使用不当、缺乏必要检查维修或线路老化等引起的火灾事故。

（2）电气线路和用电设备不符合国家有关电气设计安装的标准和规定，或电气设备老化、电源短路、电线负荷过重造成火灾。

（3）设备接地不良、雷击引起火灾。

（4）未按照国家规定标准配置消防设施和器材，未实行定期维修保养，消防设施被损坏、挪用、拆除或者停用。

（5）环境因素如高温或潮湿情况下，致绝缘下降短路起火。

（6）长期过负荷运行，或保护（开关）装置不能及时切除负载。

（7）闸管人员在检修中使用电、气焊，取暖使用电炉等，如使用不当或防护措施不到位，都可能引发火灾。

（8）人为故意纵火等。

4.4.5.3　爆炸危险性分析

火灾、爆炸有一定的因果关系，火灾如果处理不当就会发生爆炸，例如变压器、高压开关等如果操作和维护不当，都可能发生火灾爆炸事故，甚至引起人身伤亡。

4.4.5.4　电气伤害危险性分析

触电事故也是涵闸管理中常见的安全事故之一。触电安全事故的显著特点是：发生安全事故的预兆性不直观、不明显，事故的危害性大。一旦发生触电事故，可在短时间内致人窒息甚至危及生命。涵闸工程在运行过程中存在电气危害，包括电气设备漏电、雷电、静电、电火花等，均可能引发电气伤害事故。

1.触电事故

运行过程中如果安全防护措施不齐全、故障，作业环境不良，维护管理不善等，可能发生触电危险。特别是接地保护、安全电压、供电网络、照明等，均会因设置不当及管理不善等造成人身安全触电伤害事故。

初步分析，涵闸工程可能发生触电事故的主要原因有以下几个：

（1）电气设备或供电线路老化。

（2）电源布置不合理，线路裸露、绝缘损坏，电动工具接线不符合要求或漏电。

（3）使用前检查不细，隐患长期未能消除。

(4) 配电箱(柜)使用、维护不善,不正确使用劳动保护用品。

(5) 未严格执行操作规程,安全措施不完善。

(6) 低压线路中接零与接地混用。

(7) 人员缺乏电气安全知识,自我保护意识不强。

2. 雷击事故

雷电是一种自然放电现象,危害大,可以导致设备损坏、人员伤亡、建筑物损坏或电气系统故障,严重者还可导致火灾和爆炸。涵闸工程的架空线路、变压器和建筑物突出在地面,当雷电来临时,可能造成设备、建筑物损坏和人员伤亡;另外,接地电阻过高,也会使电气设备、建筑物等遭受雷击危害。

4.4.5.5 检修工作危险性分析

涵闸工程的维修养护过程中,经常实施高悬空作业,在实施高悬空作业时,存在很多安全隐患和危险因素,较易发生高处坠落、机械伤害或物体打击等事故。此类伤害事故在3.3.4节中已详细分析,此处不再赘述。

4.4.6 污染物排放

涵闸运行期间的污染物主要为闸管人员的生活污水和生活垃圾。如前所述,在生活营地设置足够的垃圾箱,并对垃圾进行定期收集,集中运往垃圾场卫生填埋。

4.4.7 安全度汛危险、有害因素分析

汛期影响引黄涵闸安全的主要危险、有害因素既有涵闸工程自身原因,也有人为因素,具体如下。

4.4.7.1 防洪能力不足

防洪能力不足主要由涵闸设计不合理造成,涵闸堤顶高程与涵闸设防标准未满足超高要求。

4.4.7.2 渗透破坏

涵闸渗透破坏是影响工程安全的重要因素之一,究其原因主要有以下几方面。

1. 土石接合部渗水或漏洞

（1）涵闸止水工程遭破坏，在高水位时渗径不够，致使沿洞、管壁渗漏。为满足涵闸沉陷和施工等要求，沿水流方向要设温度缝或沉陷缝，这些缝要靠止水设备保证不渗水。一旦止水设备失效，就会使有效渗径得不到保证，进而导致渗径短路，使渗流比降加大，当超过允许渗流比降时，便会产生渗流破坏。

（2）由于涵闸各部的地基承载力不一样，在涵闸自重力作用下，基础产生较大的不均匀沉陷，引起接合部土体不紧密。

（3）涵闸与土体接合部位有生物活动。

（4）穿堤建筑物的变形引起接合部位不密实或破坏等。

（5）监测设备损坏未及时修复，使得接合部渗漏得不到有效监测。

2. 结构裂缝

涵闸结构发生裂缝，通常会使工程结构的受力状况恶化和工程整体性的丧失，对建筑物稳定、强度、防渗能力等产生不利影响，严重时，可能导致工程失事。究其原因主要有以下几方面：

（1）超载（堤防加高培厚或堤顶道路经常有超载车通行）或受力分布不均，造成结构承载力超过设计安全限值。

（2）地基承载力不一或地基土体遭到渗透破坏，出逸区土体发生流土或管涌，冒水冒沙，使地基产生较大的不均匀沉陷，造成结构裂缝或断裂。

（3）地震作用下，造成结构断裂、错动和地基液化。

3. 伸缩缝止水问题

涵闸洞身间的伸缩缝止水也是防渗的重要环节，若出现问题，同样影响涵闸的渗透稳定性，主要有以下危险因素：

（1）止水质量不佳。

（2）止水老化。

(3) 承载力不均引起的地基不均匀沉陷,造成伸缩缝接头顶部受挤压,底部被拉断。

(4) 涵闸改建或除险加固时,对新老涵洞接头伸缩缝不均匀沉陷预估不足。

4.4.7.3 设备故障

1. 闸门失控

按照黄河防汛要求,如遇大洪水,下游涵闸大多封堵,如在封堵过程中遭遇闸门变形、丝杆扭曲、启闭装置故障或机座损坏、地脚螺栓失效以及卷扬机钢丝绳断裂等,或闸门底部或门槽内有石块等杂物卡阻,使闸门难以关闭或关闭不及时,危及涵闸本身的安全。

2. 闸门漏水

闸门止水安装不善或失效,造成较严重漏水。

3. 启闭机螺杆弯曲

目前,黄河涵闸大部分是手电两用螺杆式启闭机。对于这类涵闸,由于开度指示器不准确,或限位开关失灵,电机接线相序错误、闸门底部有石块等障碍物,致使闭门力过大,超过螺杆许可压力而造成纵向弯曲。

4.4.7.4 抢险失败

1. 抢险不力

抢险不力主要表现为汛期抢险救灾组织不到位、防汛物资储备不充分、险情抢护不及时等造成工程损坏或冲毁。

2. 未抢险

汛期遭遇水位快速上升,未及时抢险而造成工程损坏或冲毁。

4.4.7.5 超标洪水

黄河下游涵闸防洪水位设计基本以工程修建时前三年黄河防总颁发的设计防洪水位的平均值作为新修引黄涵闸的设计防洪水位的起算水位,并考虑小浪底运用后的河道淤高。但如遇超标洪水,则易造成涵闸防洪标准不足而引起工程损坏或冲毁。

4.4.7.6 其他

汛期工程遭到人为破坏，例如人为扒口等。

4.4.8 安全管理危险、有害因素分析

安全管理是涵闸安全运行的重要保障，对防止发生安全事故、充分发挥工程效益具有重要意义。但在涵闸管理中，若存在诸如管理制度不健全、安全设施保护不到位等问题，则会对水闸的安全运行造成一定的影响。现主要对涵闸工程安全管理状况，包括制度建设及落实情况、应急预案及安全操作规程等尚存的危险及有害因素进行辨识。主要从以下几方面进行。

(1) 管理制度不健全。

① 水闸工程管理范围和保护范围不明确。

② 安全生产责任制未建立，人员安全职责不明确。

③ 安全生产规章制度（教育培训、隐患排查治理、应急管理、事故管理等内容）不健全、不明确，可操作性不强，未按规定落实。

④ 安全生产管理机构和安全管理人员不明确，未成立专门的安全生产领导小组。

⑤ 安全生产教育培训资料不齐全，未按照相关制度落实。

(2) 事故应急救援预案未落实。

① 隐患排查。水闸隐患排查、登记、治理、复查等管理制度不健全，资料不完整；未建立隐患台账。

② 应急预案。未建立防洪预案、安全生产应急预案及抢险救援应急预案等各项制度，或可操作性不强。

(3) 工程设施保护不到位。

① 涵闸管理范围内存在爆破、取土、埋葬、建窑、倾倒垃圾或排放有毒有害污染物等危害工程安全与水质安全的活动。

② 对涵闸管理与保护范围内的生产活动未进行安全监管。

③ 机电设备、水文、通信、观测设施未妥善保护而受到人为破坏；

非工作人员未经允许进入工作桥、启闭机房。

④ 涵闸土石接合部堤身及挡土墙后填土区上堆置超重物料。

⑤ 涵闸上下游未设立安全警戒标志,警戒区内有船只停泊;上下游水面有游泳、钓鱼等情况。

(4) 运行管理不到位。

① 未定期对防火、防爆、防冻等措施及其落实情况进行安全检查。

② 操作规程不严格,安全标记不齐全;电器设备周围未设安全警戒线,易燃、易爆、有毒物品的运输、储存及使用未按有关规定执行;办公室、启闭机房、发电机房、变电所、配电间、控制室及仓库等重要场所未配备灭火器具。

③ 未按规定定期对消防用品、安全用具、扶梯、栏杆、检修门槽盖板等进行检查、检验。

④ 水上作业未配齐救生设备;高空作业未采取安全措施——穿防滑靴(鞋)、系安全带、佩戴安全帽等。

⑤ 电气设备安装和操作时,未按规定穿着和使用绝缘用品、用具等。

⑥ 避雷设施及各类报警装置未定期检查维修。

⑦ 采用自动监控系统的水闸未区分工作岗位,对运行和管理人员的操作权限未明确规定。

(5) 特种作业人员管理不严。

特种作业人员未持证上岗,或资格证无效。

(6) 日常安全管理不到位。

① 水闸、启闭机等各项安全操作规程不齐全,可操作性不强或未有效执行。

② 运行与管理中,未按规定对工程进行有效观测(沉降观测及渗压观测等);电动机、启闭机等设施设备未定期维修养护;特种设备未按规定进行检验;作业场所不整洁,操作运行规范、安全标志不齐全醒

目;未按有关规定对作业场所职业危害进行检测;安全防护设施和装置不齐全;未配备有劳动防护用品或使用不正确。

(7) 消防安全管理不到位。

① 防火部位不明确,防火标志不齐全醒目。

② 消防检查未有记录。

③ 未按规定配备消防器材,或摆放不合理。

④ 消防通道不畅通等。

(8) 用电安全管理不到位。

① 配电线路布设不符合要求,电线有老化、破皮现象。

② 电力检修人员未持证上岗或作业时未佩戴绝缘防护用品。

③ 配电箱、开关箱等未设防尘、防雨措施,未有警示标志。

(9) 安全资料管理及各项记录不规范、不齐全。

4.4.9　突发安全事故

突发安全事故主要指由于涵闸施工质量不良或运用过程中由于结构失稳而造成的伤亡事故。

4.4.9.1　工程质量安全事故

工程质量安全事故主要指由于水闸工程施工质量不过关而引起的工程损坏甚至坍塌事故,进而对工作人员人身或工程安全可能造成威胁,究其原因,有以下几方面:

(1) 未按图纸施工或对施工质量进行有效控制。

(2) 进场原材料不合格。

(3) 对较易出现安全事故的部位,未编制施工方案,或未严格按施工方案的要求施工。

4.4.9.2　结构失稳安全事故

结构失稳指水闸主体结构由于不均匀沉陷、混凝土劣化、承载力不足等引起混凝土结构裂缝、倾斜甚至断裂等或渗透破坏,主要原因有以下几方面:

(1) 设计不合理。

(2) 施工变更时(如更换配筋),未重新进行结构复核计算。

(3) 地基不良或存在软弱夹层,不均匀沉陷不稳定引起结构裂缝。

(4) 混凝土劣化引起结构裂缝。

(5) 堤防加高造成结构承载力不足。

(6) 洞身伸缩缝止水破坏。

(7) 暴雨、洪水或地震等自然灾害对水闸工程结构造成的破坏(上下游连接段、主体结构、启闭机房等)。

安全验收评价所需考虑的主要危险、有害因素如图 4-1 所示。

4.5 安全补救措施及建议

4.5.1 正常运行期安全防范管控措施与建议

4.5.1.1 日常检查与观测

1. 加强日常检查

工程运行过程中,定期对工程进行观察检查及保养工作,消除一切可能引起事故的隐患。具体如下。

a. 土石方工程

(1) 检查岸墙及上下游翼墙分缝是否错动,护坡有无坍滑、错动迹象,上游左岸护坡竖向裂缝有无发展。

(2) 检查土石接合部——上下游翼墙与附近土堤接合处有无裂缝、蛰陷等损坏现象。

(3) 堤岸顶面有无塌陷、裂缝,背水坡及堤脚有无破坏。

(4) 黏土铺盖有无沉陷、塌坑、裂缝,排水孔有无淤堵,排水量、浑浊度有无变化。

b. 混凝土结构

(1) 检查混凝土结构有无裂缝及其发展情况,并实时记录上报。

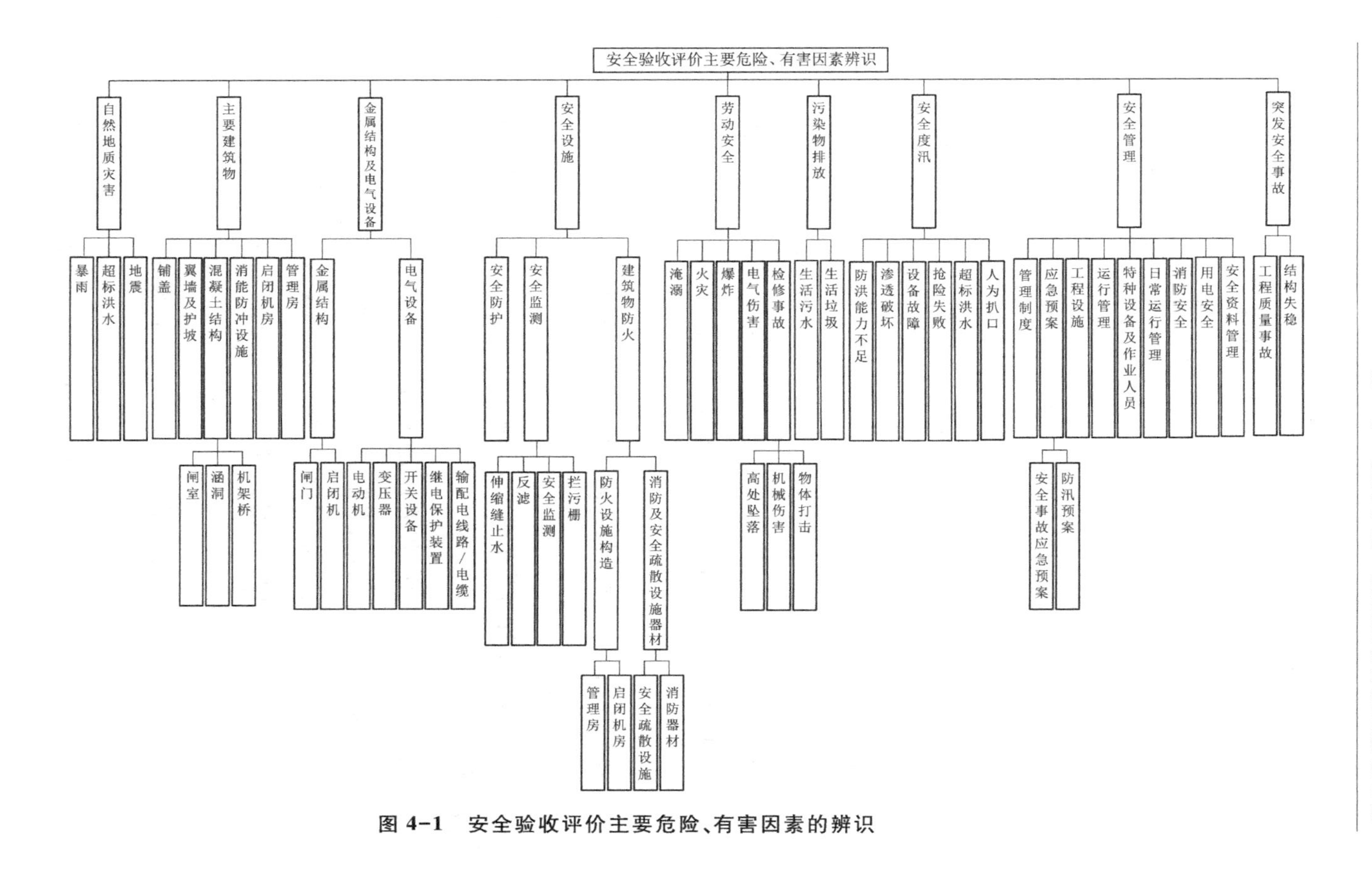

图 4-1　安全验收评价主要危险、有害因素的辨识

(2) 检查伸缩缝止水有无老化,压橡皮钢板有无变形,固定螺丝有无脱落,金属埋件是否锈蚀,并注意及时更换。

(3) 检查闸门止水是否老化、变形,有无漏水情况,闸门是否有偏斜、卡阻现象,门槽是否堵塞,压橡皮钢板、螺栓等闸门附属结构是否锈蚀,并注意及时更换。

(4) 严格遵守闸门、启闭机操作规程,启闭前检查上下游河道有无漂浮物等行水障碍,观察上下游水位、流态,检查闸门启闭状态有无卡阻,冰冻期应先消除闸门周边冻结,当闸门启闭高度较大时,应分次启闭,且每次启闭高度不超过0.5 m,并需待下游水位平稳后再进行下次启闭。

(5) 加强闸门运行观测,并尽量减少闸门的频繁启闭。

(6) 在闸门启闭过程中安排两人操作,一人负责操作启闭机,一人负责观测,发现问题及时通知操作人员停止启闭。

c. 金属结构

压橡皮钢板、螺栓等闸门附属结构是否锈蚀。

d. 启闭设备

(1) 启闭设备运转是否灵活、制动可靠,传动部件润滑状况、有无异常声响。

(2) 机架有无损伤、焊缝开裂、螺栓松动。

(3) 钢丝绳有无断丝、卡阻、磨损、锈蚀、接头不牢。

(4) 零部件有无缺损、裂纹、压陷、磨损,螺杆有无弯曲变形。

(5) 油路是否通畅、泄漏,油量、油质是否符合要求等。

e. 电气设备

(1) 电气设备运行是否正常;外表是否整洁,有无涂层脱落、锈蚀。

(2) 安装是否稳固可靠;电线、电缆绝缘有无破损,接头是否牢固。

(3) 开关、按钮动作是否准确可靠。

(4) 指示仪表是否指示正确;接地是否可靠,绝缘电阻值是否满足规定要求。

(5) 安全保护装置是否可靠。

(6) 防雷设施是否安全可靠。

(7) 备用电源是否完好可靠。

(8) 检查电源、线路是否正常,是否处于备用状态;配电线路有无老化、破皮等,保证用电安全。

(9) 漏电保护措施是否安全。

f. 观测设施

沉降观测点有无损坏,测压管是否淤堵。

g. 其他

(1) 对测流仪进行定期校测。

(2) 实时检查远程监控系统的运行情况。

(3) 检查管理范围内有无违章建筑和危害工程安全的活动;检查闸前闸后及涵洞内是否有影响安全度汛的障碍物,环境是否整洁,并及时清理,保持通畅。

(4) 河床及岸坡冲刷和淤积变化,过闸水流流态。

(5) 日常检查人员在检查时应做到认真负责,对所检查情况应逐一排查,做好与上次检查结果的对比、分析和判断,发现问题应及时报告并做好记录工作。

h. 关于检查次数

经常检查由水闸管理单位负责,应着重加强检查较易发生问题的部位,具体如下:

(1) 涵闸值班人员每天进行一次日常检查,检查管理范围内有无违章建筑和危害工程安全的活动,岸墙及上下游翼墙、护坡、堤岸顶面等缺陷情况。

(2) 每月由涵闸管理(班)负责人组织对建筑物各部位、闸门、启闭机、机电设备、输电线路、沉降观测设施、观测仪器等进行一次全面检查。

2. 加强工程观测

涵闸的不均匀沉降将影响涵闸自身的安全运行。

(1) 对闸前水位及流量等进行观测。

(2) 观测工作由专人负责(固定2~3名闸管人员),沉陷位移观测一年不少于两次;闸前水位及流量观测每天不少于两次。汛前,则由3人昼夜值班观测上游水位及流量。

(3) 观测资料应及时整编,并编写观测分析报告。

3. 加强人员管理与培训

明确规定闸门的控制运行办法及相应的管理人员,并对闸管人员定期进行操作业务培训,启闭闸门时必须按照操作规程进行作业。

4.5.1.2 闸门及启闭机安全运用措施

1. 启闭前的准备工作

启闭前应做好下列准备工作:

(1) 检查闸门启闭状态,有无卡阻。

(2) 检查启闭设备和机电设备是否符合安全运行要求。

(3) 观察上下游水位和流态,核对流量与闸门开度。

(4) 检查启闭机械,闸门的位置、电源、动力设备等的安全可靠性。

(5) 正式操作前必须对启闭机进行瞬间试运行,以检查运行方向是否正确和运转是否正常,发生异常必须及时处理。

(6) 观察河道内是否有较大的漂浮物,下游渠道是否有人活动及严重淤积。

2. 闸门及启闭机操作规定

闸门及启闭机操作应遵守下列规定:

(1) 启闭机操作时应由专职人员进行操作,固定岗位,明确责任。

(2) 根据闸前水位和放水量,由测流设施校核检查。

(3) 开启闸门要均匀、稳定、先慢后快,当闸门达到全开时,关掉驱动机器,改用手摇。

(4) 开闸后,要注意上下游水流形态,发现闸门振动,折冲水流、回流、旋涡等,应调整闸门的开启高度。

(5) 闸门启闭过程中,如发现异常现象,应立即停止启闭,待检查处理完毕后再启闭。

(6) 启闭机运行中,如需反向运行,必须先按正在运行的指示按钮,待运行停止后再进行反向操作;启闭机严禁超载运行。

(7) 关闭闸门时,当闸门达到全关时,关掉驱动机器,改用手摇;严禁强行顶压。

3. 填写相关启闭记录

闸门启闭结束后应填写相关启闭记录:启闭依据、操作人员、启闭孔数、闸门开度、启闭顺序及历时、启闭设备运行状况,上下游水位、流量,异常事故处理情况等。

4.5.1.3　远程监控系统安全运用措施

(1) 引水期间,水闸远程监控系统水位、流量自动监测设备在正常工作时间必须开机运行。

(2) 抗旱应急响应期间或当所在河段出现小流量突发事件期间,水闸远程监控系统必须 24 h 开机运行。

(3) 遇预报有雷雨天气、电压不稳或其他可能危及系统安全的异常情况时,应及时采取关机断电、断开线路连接等安全防护措施,并将处理情况及时上报上级水调部门。情况正常后,应及时重新开机运行。

(4) 系统出现故障时,经逐级请示上级水调部门同意后,维修期间可暂时停止运行或停止部分功能设备运行。

(5) 远程监控系统定期联调检查时间,不论引水与否,均应开机运行。

(6) 水闸远程监控系统应每月定期(4~6 月,半个月 1 次;其他时段,1 个月 1 次)配合系统远程联调检查,对硬件设备和软件功能状况及运行维护质量、开机应用情况等进行检查分析,发现异常和问题,及时督促相关单位进行维护处理。

4.5.1.4　安全管理措施

1. 制度建设

根据《黄河水闸技术管理办法(试行)》的相关要求,水闸管理单位应根据有关法律法规、技术标准,对水闸管理范围内的水事活动进行安全监管,维护正常的管理秩序,应建立相应的安全管理制度,并确定管理责任人。具体如下:

(1) 健全安全监督机构和人员。

① 成立安全生产领导小组或安委会。

② 按规定设置或明确安监管理机构。

③ 按规定配备专(兼)职安监管理人员。

(2) 健全安全生产责任制。

① 建立安全生产责任制度。

② 明确有关部门、人员安监职责明确。

③ 签订有针对性的安全生产承诺书。

(3) 健全安全生产规章制度。

① 制定有针对性和可操作性的各项制度,至少包括隐患排查治理、应急管理、事故管理等内容,并落实全面,执行有效。

② 定期召开安全生产会议。

(4) 做好安全生产教育培训工作。

严格按有关规定对各类人员进行培训、教育和考核,特种作业人员持证上岗,其他作业人员应严格按有关规定进行教育培训。

(5) 制定安全操作规程。

① 各操作规程齐全、有针对性,如《启闭机操作规程》《涵闸运行操作规范》《涵闸检修规程》等,并具有可操作性。

② 操作规程上墙,并有效执行。

(6) 特种作业人员、特种设备作业人员管理

① 持证上岗。

② 资格证有效。

③ 安全防护设施和装置齐全、有效。

④ 按规定配备劳动防护用品并正确使用。

（7）安全资料管理规范、齐全完整。

2. 管理范围内工程设施的保护

（1）严禁在涵闸管理范围内进行爆破、取土、埋葬、建窑、倾倒垃圾等危害工程安全的活动。

（2）对涵闸管理与保护范围内的生产活动进行安全监督。

（3）妥善保护机电设备、通信设备、观测设施、测流仪等，防止人为破坏；非工作人员未经允许不得进入工作桥、启闭机房。

（4）严禁在涵闸土石接合部堤身上堆置超重物料。

（5）漏电保护设施应设立警示标志。

（6）水闸上下游应设立安全警戒标志，禁止在水闸上下游水面游泳、钓鱼。

3. 安全运行管理

（1）定期组织安全检查，检查防火、防爆等措施落实情况，并及时消除运行过程中发生的安全隐患。

（2）严格操作规程，安全标记齐全，电气设备周围应有安全警戒线；办公室、启闭机房、控制室等重要场所应配备灭火器具。

（3）定期对消防用品、安全用具进行检查、检验，保证其齐全、完好、有效；扶梯、栏杆、防洪闸板等安全可靠。

（4）设备检修高空作业必须穿防滑靴（鞋）、系安全带；在存在物品易坠落的场所工作，必须佩戴安全帽。

（5）电气设备要定期检查维修，确保完好、可靠。

（6）应区分自动监控系统的工作岗位，对运行人员和管理人员分别规定其操作权限；无操作权限的人员禁止对自动监控系统进行操作。

（7）每年至少举行一次安全生产培训，请专家就防洪抢险、消防等专业知识进行有的放矢的辅导；每年至少举行一次实战演练，以防洪抢险、消防灭火等为内容锻炼闸管人员的实战能力。

4. 建筑物防火及消防安全防范措施

(1) 启闭机房、管理房等建筑物的构造及内部装修必须严格遵守《建筑设计防火规范》《建筑内部装修设计防火规范》等的规定。在施工过程中要严格按照相关部门审核合格的设计图纸进行施工,严禁擅自更改。

(2) 搞好消防设施建设,建筑物内消防、疏散设施设备的设计、配置、安装要符合《建筑设计防火规范》《建筑灭火器配置设计规范》等相关规范的要求。

(3) 保证建筑施工质量。竣工后严格按国家相关规定进行验收。

(4) 购置消防产品要执行行业准入标准,实行强制认证,要经质量检测部门认可后方可使用。

(5) 消防设施、器材平时要注意维护,并按规定进行检查检验。

(6) 按规定配备消防器材,合理摆放。

(7) 明确重点防火部位,防火标志齐全、醒目。

(8) 定期开展消防检查,并实时记录。

(9) 消防通道保持畅通。

5. 设备安全防范措施

a. 用电安全

(1) 加强安全管理,严禁任何单位、个人在输电线路上私自乱拉、乱接电线;严禁乱用电器。

(2) 配电线路布设符合要求,电线无老化、破皮。

(3) 线路的安装、改造、维修必须由正式电工按规程作业,作业时应佩戴绝缘防护用品,严禁无证人员上岗操作。

(4) 定期对电气线路、设备进行全面检修,若发现隐患,及时处理。

b. 防护安全

(1) 交通桥附近应设立醒目的限载、限速标志。

（2）启闭机房平台及人行便桥应设护栏，且栏杆不应采用易于攀登的花格。

（3）爬梯应设有安全防护措施，且完整可用。

（4）按《建筑物防雷设计规范》（GB 50057—2010）的要求设置避雷设施。

（5）配电箱、开关箱应用防尘、防雨措施，并设有警示标志。

4.5.1.5　污染物防治

在生活营地设置足够的垃圾箱，并对垃圾进行定期收集，集中运往垃圾场卫生填埋。

4.5.1.6　突发安全事故防范措施

制定有效且具有可操作性的安全事故应急预案，对组织指挥体系及职责、预防和预警、应急响应、应急保障、信息发布和后期处置、培训及演练等内容进行详细规定，且与度汛方案衔接合理，并定期演练，实时记录；配备应急救援设备和物资。

4.5.1.7　其他

（1）当涵闸遭受特大洪水、地震、持续较强降雨或其他自然灾害时，发现较大不均匀沉降、土石接合部集中渗漏等较大隐患或缺陷时，水闸管理单位应及时报请上级主管部门，并组织开展特殊检查，对发现的问题及时进行分析，制订修复方案和计划。

（2）引水高峰期每周至少开展一次水量调度网上督查，抗旱预警响应和小流量突发事件期间，应每天开展水量调度网上督查，及时发现和制止违规引水行为。

（3）在调整引水计划当日，要运用系统对水闸启闭操作和引水情况进行检查；在大河流量变化较大时，应检查闸门开度是否及时调整，严格按计划指标引水。

4.5.2　安全度汛防范管控措施与建议

4.5.2.1　防汛工作

当大河流量接近涵闸闸址处设防流量时，关闭闸门，停止引水。

1. 汛前工作

(1) 开展汛前工程检查观测,对工程各部位和设施进行详细检查,并对闸门、启闭机、备用电源等进行试运行,对检查中发现的问题及时进行处理,做好设备保养工作。

(2) 制定汛期工作制度,明确责任分工,落实各项防汛责任制。

(3) 结合当地防汛指挥部制定的防洪预案,根据水情、工情预估,对可能发生的险情,拟订应急抢险方案。

(4) 检查机电设备,补充备品备件、防汛抢险器材和物资。

(5) 检查通信、照明、备用电源、起重设备等是否完好。

(6) 清除管理范围内上游河道、下游渠道的障碍物,保证水流畅通。

(7) 按批准的整修计划,完成度汛应急项目。

2. 汛期工作

(1) 严格防汛值班,落实水闸防汛抢险责任制。

(2) 确保水闸通信畅通,密切注意水情,特别是洪水预报工作,严格执行上级主管部门的指令。

(3) 严格请示、报告制度,贯彻执行上级主管部门的指令与要求。

(4) 严格请假制度,管理单位负责人未经上级主管部门批准不得擅离工作岗位。

(5) 加强水闸工程的检查观测,掌握工程状况,发现问题及时处理。

(6) 引放水时,应有专人昼夜值班,并加强对水闸和水流状况的巡视检查;引放水后,应对水闸进行全面检查,发现问题及时上报并进行处理。

(7) 对影响运行安全的重大险情,应及时组织抢修,并向上级主管部门汇报。

3. 汛后工作

(1) 开展汛后工程检查观测,做好设备保养工作。

(2) 检查水闸工程、启闭设备度汛运用状况及损坏情况,防汛抢险器材和物资消耗情况,编制物资补充计划。

(3) 根据汛后检查发现的问题,编制下一年度水闸养护修理计划。

(4) 按批准的水毁修复项目,如期完成工程整修。

(5) 及时进行防汛工作总结,研究制订下一年度工作计划。

4.5.2.2　检查次数

汛前检查由引黄涵闸管理单位组织技术人员开展,建议汛前4月和5月每月检查两次;汛后检查一般结合年度检查进行,由上级河务局组织技术人员开展,建议汛后11月和12月每月检查两次。

4.6　安全验收评价的组织实施

黄河水闸工程建设项目安全验收评价工作的组织管理及调查方法同安全预评价。

4.6.1　安全验收评价的组织实施程序

安全验收评价工作也可分为前期准备阶段、实施阶段和报告编制及评审阶段,但各阶段的具体实施内容较安全预评价又有所不同,具体如下。

4.6.1.1　前期准备(评价策划)阶段

该阶段主要包括接受建设单位委托、前期准备工作、编写验收评价工作方案等具体内容。

1.接受建设单位委托

根据安全验收评价工作要求,签订评价合同,以明确各自在安全验收评价工作中的权利和义务,并对安全风险评价合同进行评审。合同中应对评价对象、评价内容、评价方法、评价时间、工作深度、工作进度安排、质量要求、经费预算等有关内容进行详细描述。

2.前期准备工作

前期准备工作包括:明确被评价对象和范围,进行现场调查,收集国内外相关法律、法规、技术标准及建设项目的资料等。

a. 评价对象和范围

确定安全验收评价范围可界定评价责任范围,特别是除险加固改建的一些项目,可依据初步设计及除险加固设计划分,并写入工作合同。

b. 现场调查

安全验收评价现场调查包括前置条件检查和工况调查两个部分。

(1) 前置条件检查。

前置条件检查主要是考察水闸工程建设项目是否具备申请安全验收评价的条件,其中最重要的是进行安全"三同时"程序完整性的检查,可以通过核查安全"三同时"过程证据来完成。这些证据一般包括:①水闸建设项目批复相关文件;②安全预评价报告及评审意见;③初设文件;④安全生产监督管理部门对建设项目安全"三同时"审查文件;⑤试运行及仪器设备调试记录;⑥安全自查报告或记录;⑦安全"三同时"过程中其他证据文件。

(2) 工况调查。

工况调查主要了解水闸工程的基本情况、项目规模和记录管理单位自述等。

① 基本情况,包括闸址、设计单位、安全预评价机构、施工单位、总投资额等。

② 项目规模,包括自然条件、水闸工程主要设计指标、功能、主要建筑物结构、生产组织结构、主要原(材)料耗量、物料的储运等。

③ 管理单位自述,主要指水闸施工过程中的设计变更(例如结构配筋)、工程试运行中已发现的安全问题是否已提出相应整改方案。

c. 资料收集及核查

对水闸管理单位提供的自检报告、监测资料分析报告等文件资料进行详细核查,对资料缺项提出增补资料的要求,对未完成专项检测的单位提出补测要求。文件核查的资料一般包括以下内容:

(1) 法规标准收集。

水闸工程设计、建设及运行过程中涉及的法律、法规、规章及规范性文件。

(2) 安全管理及工程技术资料收集。

①项目的基本资料:初步设计(变更设计)、安全预评价报告、各级批准(批复)文件,若实际施工与初步设计不一致,应提供设计变更文件或批准文件、项目平面布置简图、项目配套安全设施投资表等。

② 水闸管理单位编写的资料。水闸工程应急救援预案、防洪预案、安全管理机构、安全管理制度、安全责任制、岗位(设备)安全操作规程等。

③ 专项检测、检验或取证资料。特种设备取证资料、避雷设施检测报告、电气设备检验报告、生产环境及劳动条件检测报告、操作人员取证、特种作业人员取证汇总资料等;安全设施的施工质量情况,施工前后的检验、检测情况及有效性情况,试生产(使用)前的调试情况。

3. 编制安全验收评价工作方案

编制安全验收评价工作方案是在前期准备工作的基础上,根据工程试运行情况,分析项目建成后存在的危险、有害因素分布情况,安全验收评价工作方案的编制与预评价相似。

4.6.1.2　实施阶段

该阶段主要包括符合性评价、危险有害因素分析评价、评价结论,并提出相应的安全管控及建议等具体内容。

(1) 符合性评价。

① 设计文件的符合性评价。设计文件的符合性评价主要指设计文件相关设计是否符合现行规程规范要求,以及水闸建设过程中是否符合设计文件中的相关要求。

② 标准规范的符合性评价。水闸工程的建设是否符合有关国家法律法规的要求。

③ "三同时"的符合性评价。安全设施与水闸主体工程是否同设计、同施工、同投产。并编制相应的安全检查表,说明安全预评价报告中所提到的应对措施的落实情况。

(2) 危险有害因素分析评价。

① 危险有害因素的辨识与分析。在分析水闸工程安全自检报告的基础上,分析水闸工程在正常运行期可能存在的危险、有害因素。

② 危险有害因素的评价。选定评价方法,对各评价单元的危险、有害因素进行定性或定量评价。

(3) 评价结论。

确定危险等级,提出相应的安全管控措施及建议,编制验收评价报告。

4.6.1.3 报告编制及评审阶段

具体实施同安全预评价。

安全验收评价工作的具体组织实施程序如图 4-2 所示。

4.6.2 安全验收评价的调查分析

水闸工程建设项目安全验收评价的调查分析主要涵盖前期准备工作中前置条件检查、工况调查和资料收集及核查中法规标准、安全管理与工程技术所列的相关资料内容。

4.7 安全验收评价报告的编制

4.7.1 安全验收评价报告的要求

安全验收评价报告应明确以下内容:

(1) “三同时”要求。初步设计中安全设(措)施,是否已按设计要求与主体工程同时建成并投入使用。

(2) 安全设(措)施,是否符合国家有关安全规定或标准。

(3) 主要危险、有害因素分析全面且重点突出。

(4) 安全管控措施准确、合理且具有可操作性。

(5) 是否建立了安全生产管理机构、健全了安全生产规章制度和安全操作规程,是否配备了必要的检测仪器、设备,是否组织进行劳动安全卫生培训教育和作业人员培训、考核及取证。

(6) 是否制定了防汛预案、抢险救援应急预案及安全生产应急预案等。

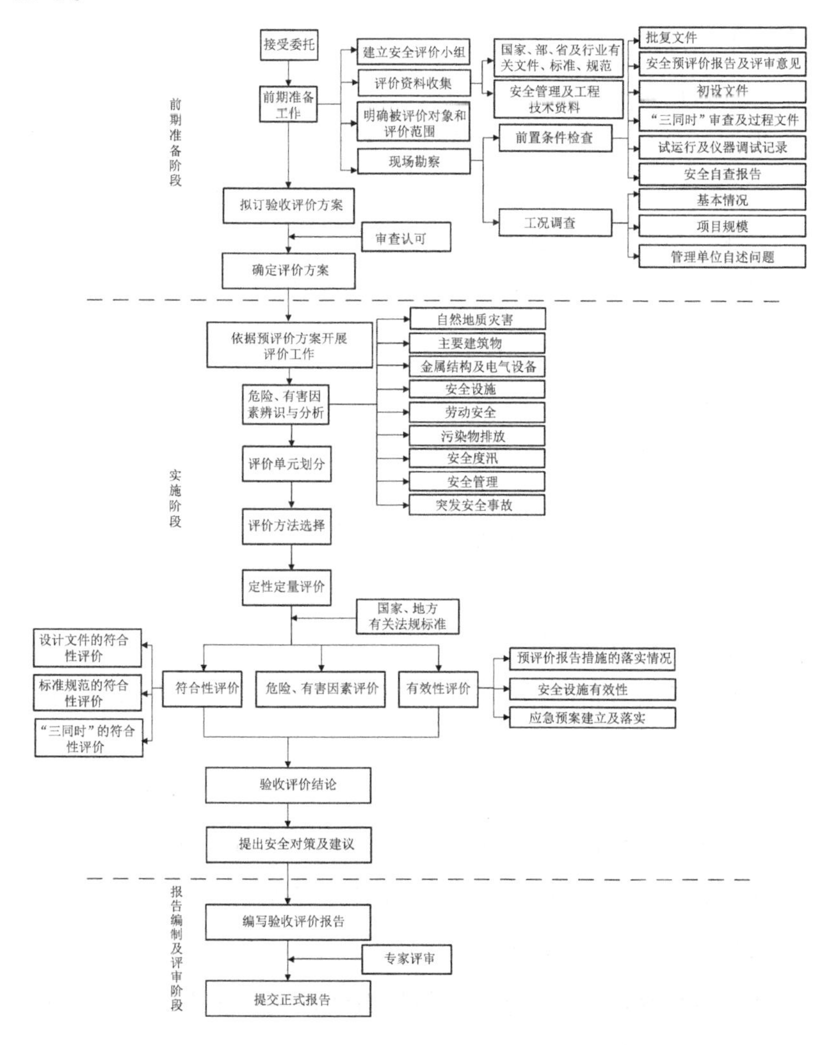

图 4-2　安全验收评价工作的具体组织实施程序

4.7.2　安全验收评价报告的编制

4.7.2.1　编制说明

1. 评价目的和范围

参照预评价报告，但与安全预评价报告不同的是，安全验收评价报告范围除包含水闸主体工程外，增加了符合性检查评价、预评价报告里具体措施的落实情况以及安全管理措施、安全管理组织机构、安全管理制度的落实健全情况。

2. 评价依据

编制安全预评价报告依据安全自检报告、安全监测资料分析报告、现场调查情况、试运行情况、预评价工作合同等相关内容，较详尽地列出水利水电工程尤其是水闸工程安全风险评价所依据的国家法律、国家行政法规、地方法规、政府部门规章、政府部门规范性文件、国家标准、安全生产行业标准、水电水利行业主要技术标准、行业管理规定等，详见附件2。

4.7.2.2 水闸工程建设内容概况

1. 水闸工程概况

(1) 对流域情况做简单概述。

(2) 简述水闸工程建设背景、建设内容等。

2. 水闸工程自然条件

与预评价报告相似，主要包括工程厂区水文、气象、泥沙以及地质情况。

3. 水闸工程设计情况

与预评价报告相比，安全验收评价报告少了施工情况、工程投资及移民安置情况，但增加了施工中的设计变更情况。

4. 安全设施及措施情况

安全设施及措施情况主要包括伸缩缝止水、拦污栅、安全监测设施、消防设施以及电气保护等基本情况。

5. 安全生产管理情况

各岗位安全生产责任制、安全生产管理制度、安全操作规程等制度建设情况。

4.7.2.3 主要危险、有害因素辨识与分析

根据前期资料查询、现场检查、工程试运行情况等，工程设计方案，对水闸工程各阶段生产运行过程中存在的固有或潜在的危险、有

害因素进行辨识和分析。

4.7.2.4　评价单元的划分和评价方法的选择

评价单元与评价方法的选择原则同安全预评价报告。

4.7.2.5　定性、定量评价

1. 符合性评价

根据安全验收评价要求,主要对以下内容进行符合性评价:

(1) 检查各类安全生产相关证件是否齐全,审查、确认水闸工程建设是否满足安全生产法律法规、标准、规章、规范的要求。

(2) 检查安全设施、设备、装置是否已与主体工程同时设计、同时施工、同时投入生产和使用。

(3) 检查安全预评价中各项安全管控措施建议的落实情况。

(4) 检查安全生产规章制度是否健全。

(5) 检查安全生产管理各项制度及措施是否到位。

(6) 检查是否建立了安全生产救援预案及防汛预案。

(7) 安全预评价报告所提安全措施的落实情况。

2. 主要危险、有害因素评价

参照安全预评价报告的相关要求执行,增加了安全设施存在的危险、有害因素分析。

4.7.2.6　安全管控措施建议

编写要求同安全预评价报告。

4.7.2.7　安全验收评价结论

安全验收评价结论主要包含以下内容:

(1) 水闸工程安全状况综合评述。

(2) 工程主要危险、有害因素的分析结果并提出存在的问题及改进建议。

(3) 符合性评价结果(包含安全设施“三同时”的执行情况)。

(4) 安全验收评价结论,是否符合安全要求。

第5章　黄河水闸工程建设项目安全现状评价

本章根据安全现状评价工作的具体要求,总结提炼黄河水闸工程建设项目安全现状评价的特点,探讨分析黄河水闸建设项目安全现状评价的评价重点、危险有害因素的辨识、评价单元的划分、评价方法、安全管控措施及建议、安全现状评价的组织实施以及安全现状评价报告的编制等,为黄河水闸工程建设项目安全现状评价工作的顺利开展奠定基础。

5.1　安全现状评价的特点

安全现状评价是在工程正式运行后进行的,是针对工程现状所进行的一种改进性评价,是对设计文件及法律法规的适应性验证,验证安全生产条件是否满足现行法律、法规及标准规范要求,而不同于安全验收评价的符合性验证。安全现状评价主要对工程现有的安全设施及安全管理情况进行评价。

根据《水闸安全鉴定管理办法》(水建管〔2008〕214号),水闸首次安全鉴定应在竣工验收后5年内进行,以后应每隔10年进行一次全面安全鉴定。考虑到水闸安全鉴定工作对水闸安全运行具有重要作用,在黄河水闸工程建设项目现状评价时还应考虑水闸安全鉴定情况。

此外,根据《水闸安全鉴定管理办法》(水建管〔2008〕214号)和《水利部建安中心关于黄河水利委员会水闸运行管理督察整改意见的通知》(建安〔2013〕77号)的要求,水闸主管部门及管理单位对鉴定为

三、四类的水闸,应采取除险加固、降低标准运用或报废等相应处理措施,在此之前必须制定保闸安全应急措施,并限制运用,确保工程安全。因此,黄河水闸工程的现状评价还应包含除险加固情况及三、四类水闸安全控制运用情况。

根据黄河水闸日常运行管理要求,安全现状评价还应包含注册登记、确权划界及工程检查等内容。具体如下。

5.1.1　安全现状评价阶段评价对象

安全现状评价阶段评价对象与安全验收评价类似,主要考虑洪水、地震、泥沙等自然地质灾害,水闸自身结构,金属结构及电气设备,安全设施,检修工作,污染物排放,安全度汛,安全管理等方面存在影响工程安全及劳动安全的主要危险、有害因素,详见 4.4 节。但对于安全鉴定类别为三、四类的病险水闸,根据黄河水闸管理要求,水闸上下游各设一道围堤,因此此阶段安全风险评价还应考虑围堤存在的风险。

5.1.2　符合性评价

(1) 安全生产条件。指水闸工程的安全生产条件是否满足法律、法规及标准规范的要求。

(2) 安全管理现状。

① 各安全管理制度,包括安全管理制度的建立情况、安全管理制度的执行情况。

② 工程管理情况,包括控制运用情况、检查观测情况、维修养护情况、资料管理情况。

③ 安全鉴定及除险加固情况,包括安全鉴定情况、除险加固情况、安全控制运用情况。

④ 注册登记情况。

⑤ 确权划界情况。

⑥ 工程管理和保护范围管护情况。

⑦ 安全生产应急管理情况。

⑧ 管理设施配备及管理情况。

5.1.3 安全现状评价单元

黄河水闸工程建设项目安全现状评价单元划分同安全验收评价，包括工程总体布置单元、主要建筑物单元（增加围堤）、金属结构及电气设备单元、安全设施单元、安全管理单元。

5.1.4 安全现状评价依据

根据黄河水闸工程管理情况选择安全现状评价依据：黄委关于印发《黄河水利委员会安全生产检查办法（试行）》的通知（黄安监〔2013〕586号）；《黄委安全生产通知》（黄安检〔2013〕586号）；《黄河水闸技术管理办法（试行）》（2013年10月）；《黄河工程管理考核标准》（黄建管〔2008〕7号）；《防汛物资储备定额编制规程》（SL 298—2004）；《引黄涵闸远程监控系统技术规程》（试行）（SZHH 01—2002）；《水利部办公厅关于印发水利水电工程（水库、水闸）运行危险源辨识与风险评价导则（试行）的通知》（办监督函〔2019〕1486号）等，详见附件3。

5.2 评价单元划分和评价方法

5.2.1 评价单元

安全现状评价单元划分同安全验收评价单元划分，仅对工程现状运行情况中存在的危险、有害因素进行评价，因此考虑4个评价单元：①主要建筑物单元；②金属结构及电气设备单元；③安全设施单元；④安全管理单元。

5.2.2 评价方法

安全现状评价主要包含危险、有害因素的评价，安全生产条件及安全管理现状的符合性评价等内容。

各单元评价方法参照安全验收评价。

5.3　符合性评价

参考类比工程，黄河水闸工程建设项目安全验收评价采用安全检查表法对各评价单元进行符合性评价，依据国家相关法律、法规、标准、规范及黄河水闸管理要求编制安全检查表。

（1）主要建筑物单元。与验收评价不同，现状评价主要建筑物单元的安全检查表主要从影响工程本身质量安全及安全运行的一些不安全因素来分析其与现行规程规范要求的符合程度，其安全检查表主要依据《河南省黄河工程管理条例》、《黄河水闸技术管理办法（试行）》、《黄河工程管理考核标准》（黄建管〔2008〕7 号）等进行编制，相关内容如表 5-1 所示。

（2）金属结构及电气设备单元。金属结构及电气设备单元安全检查表具体内容如表 5-2 所示。

（3）安全设施单元。主要从影响安全设施正常运行和危及安全生产的因素方面进行评价，如表 5-3 所示。

（4）安全管理单元。主要根据《中华人民共和国安全生产法》、《中华人民共和国水法》、《中华人民共和国防汛条例》、《水利部建安中心关于黄河水利委员会水闸运行管理督察整改意见的通知》（黄建管〔2013〕77 号）、《关于进一步加强水利安全生产监督管理工作的意见》（水人教〔2006〕593 号）、《防汛物资储备定额编制规程》（SL 298—2004）、《黄河水闸技术管理办法（试行）》、《水闸注册登记管理办法》（水建管〔2005〕263 号）、《水闸注册登记管理办法》（水建管〔2005〕263 号）、《河南省黄河工程管理条例》、《河南省黄河河道管理办法》、《黄河工程管理考核标准》（黄建管〔2008〕7 号）、《黄委安全生产通知》（黄安检〔2013〕586 号）等编制安全管理单元安全检查表，见表 5-4。

表 5-1　主要建筑物单元符合性安全检查表

序号	检查项目及内容		评价依据	查证方式	实际情况	检查结果	备注
1	上下游连接段	岸墙及上下游翼墙分缝无错动,止水完好;翼墙排水管有无堵塞,排水量及浑浊度无变化	《黄河水闸技术管理办法(试行)》4.2.2 条	现场查看	检查项目现状描述	是否符合规程规范要求	
		干砌石工程应保证砌块完好、砌缝紧密,无松动、塌陷、隆起、底部垫层流失	《黄河水闸技术管理办法(试行)》5.3.2 条、《黄河工程管理考核标准》	现场查看	检查项目现状描述	是否符合规程规范要求	
		浆砌石护坡、护底表面的杂草、杂物应及时清除,无变形、裂缝、松动及勾缝脱落等现象	《黄河水闸技术管理办法(试行)》5.3.3 条、《黄河工程管理考核标准》	现场查看	检查项目现状描述	是否符合规程规范要求	
		混凝土护坡无裂缝、空洞、麻面等现象	《黄河工程管理考核标准》	现场查看	检查项目现状描述	是否符合规程规范要求	

续表 5-1

序号	检查项目及内容		评价依据	查证方式	实际情况	检查结果	备注
1	上下游连接段	上下游岸坡无冲沟、空洞及坍塌现象	《黄河工程管理考核标准》	现场查看	检查项目现状描述	是否符合规程规范要求	
		上下游翼墙与涵闸土石接合部无渗水现象	《黄河工程管理考核标准》	现场查看	检查项目现状描述	是否符合规程规范要求	
		铺盖无裂缝、冲蚀以及不均匀沉降等现象	《黄河水闸技术管理办法(试行)》5.4.2 条、《黄河工程管理考核标准》	现场查看	检查项目现状描述	是否符合规程规范要求	
2	闸室	混凝土结构无裂缝、剥落、露筋、蜂窝麻面等现象	《黄河水闸技术管理办法(试行)》4.2.2 条、《黄河工程管理考核标准》	现场查看	检查项目现状描述	是否符合规程规范要求	
		混凝土闸门吊耳、门槽、弧形门支铰及结构夹缝等部位无杂物,闸前无漂浮物	《黄河水闸技术管理办法(试行)》5.6.1 条、《黄河工程管理考核标准》	现场查看	检查项目现状描述	是否符合规程规范要求	

续表 5-1

序号	检查项目及内容		评价依据	查证方式	实际情况	检查结果	备注
2	闸室	混凝土闸门局部无明显变形、裂纹、断裂现象	《黄河工程管理考核标准》	现场查看	检查项目现状描述	是否符合规程规范要求	
		闸门止水应密封可靠，无老化、渗漏现象；闭门状态时无翻滚、冒流现象	《黄河水闸技术管理办法（试行）》5.6.7 条、《黄河工程管理考核标准》	现场查看	检查项目现状描述	是否符合规程规范要求	
		闸门运行无偏斜、卡阻及异常振动现象	《黄河工程管理考核标准》	现场查看	检查项目现状描述	是否符合规程规范要求	
		交通桥、工作桥和检修桥等应维持结构完整，定期清扫，无涂料老化、局部损坏、脱落、起皮等现象	《黄河水闸技术管理办法（试行）》5.2.4 条、《黄河工程管理考核标准》	现场查看	检查项目现状描述	是否符合规程规范要求	
3	涵洞	伸缩缝无渗漏现象，止水无老化、脱落等现象，压橡皮钢板无锈蚀现象	《黄河水闸技术管理办法（试行）》5.4.4 条、《黄河工程管理考核标准》	现场查看	检查项目现状描述	是否符合规程规范要求	

续表 5-1

序号	检查项目及内容		评价依据	查证方式	实际情况	检查结果	备注
3	涵洞	混凝土结构无裂缝、剥落、露筋、蜂窝麻面等现象	《黄河水闸技术管理办法(试行)》4.2.2 条、《黄河工程管理考核标准》	现场查看	检查项目现状描述	是否符合规程规范要求	
4	消能防冲设施	消力池、防冲槽、海漫等无明显磨损、冲蚀及结构破损现象	《黄河水闸技术管理办法(试行)》4.2.2 条、《黄河工程管理考核标准》	现场查看	检查项目现状描述	是否符合规程规范要求	
		排水孔无淤塞现象	《黄河水闸技术管理办法(试行)》5.11.2 条、《黄河工程管理考核标准》	现场查看	检查项目现状描述	是否符合规程规范要求	
5	启闭机房	启闭机房墙壁、门窗、地面无裂缝及破损等现象;无漏雨现象	《黄河工程管理考核标准》	现场查看	检查项目现状描述	是否符合规程规范要求	

续表 5-1

序号	检查项目及内容		评价依据	查证方式	实际情况	检查结果	备注
5	启闭机房	与两侧桥头堡无不均匀沉陷现象	—	现场查看	检查项目现状描述	危害程度分析	
6	管理房	无裂缝、破损、漏雨现象	—	现场查看	检查项目现状描述	危害程度分析	
7	围堤	上下游围堤无冲沟、空洞及坍塌现象	《黄河工程管理考核标准》	现场查看	检查项目现状描述	是否符合规程规范要求	
8	其他	堤岸顶面无塌陷、裂缝，背水坡及堤脚无渗流、破坏等	《黄河水闸技术管理办法（试行）》5.5.5 条、《黄河工程管理考核标准》	现场查看	检查项目现状描述	是否符合规程规范要求	

表 5-2　金属结构及电气设备单元符合性安全检查表

序号	检查项目及内容		评价依据	查证方式	实际情况	检查结果	备注
1	闸门	钢闸门无表面涂层剥落、门体变形、锈蚀等现象	《黄河水闸技术管理办法(试行)》4.2.2 条、《黄河工程管理考核标准》	现场查看	检查项目现状描述	是否符合规程规范要求	
		门槽埋件无锈蚀、松动、缺失	《黄河水闸技术管理办法(试行)》5.6 条、《黄河工程管理考核标准》	现场查看	检查项目现状描述	是否符合规程规范要求	
2	启闭机	卷扬启闭机:金属结构表面无铁锈、氧化皮、焊渣、油污等;齿轮箱无漏油、渗油现象;启闭时无冲击声或异常杂音;钢丝绳无油污、锈蚀、断丝等缺陷	《黄河水闸技术管理办法(试行)》5.7.1 条、《黄河工程管理考核标准》	现场查看	检查项目现状描述	是否符合规程规范要求	

续表 5-2

序号	检查项目及内容		评价依据	查证方式	实际情况	检查结果	备注
2	启闭机	移动式启闭机：行走机构的转动部件（含夹轨器）润滑、灵活；行走轨道不应松动；扫轨板、行程开关、锚定装置等安全装置应灵活、可靠	《黄河水闸技术管理办法（试行）》5.7.1 条	现场查看	检查项目现状描述	是否符合规程规范要求	
		螺杆式启闭机：金属结构表面无油污、灰尘、铁锈、油漆脱落等；手摇部分转动灵活、无卡阻现象；行程开关动作灵敏，闸门开启高度指示器指示准确；机箱无漏油、渗油现象；启闭时机械部件无冲击声或异常杂音	《黄河水闸技术管理办法（试行）》5.7.2 条、《黄河工程管理考核标准》	现场查看	检查项目现状描述	是否符合规程规范要求	
3	电动机	电动机外壳无尘、无污、无锈蚀；电机运转无异常杂音；接线盒有防潮设施；压线螺栓无松动现象	《黄河水闸技术管理办法（试行）》5.8.2 条、《黄河工程管理考核标准》	现场查看	检查项目现状描述	是否符合规程规范要求	

续表 5-2

序号	检查项目及内容		评价依据	查证方式	实际情况	检查结果	备注
4	变压器	应按供电部门规定定期维护和检验	《黄河工程管理考核标准》	现场查看	检查项目现状描述	是否符合规程规范要求	
		放油门和密封垫应保持完好；引出线接头应保持紧固；防爆管薄膜无缺损	《黄河水闸技术管理办法（试行）》5.7.2 条、《黄河工程管理考核标准》	现场查看	检查项目现状描述	是否符合规程规范要求	
5	操作设备	动力柜、照明柜、启闭机操作箱、检修电源箱等应清洁，箱内整洁；所有电气设备金属外壳均有明接地，并定期检测接地电阻值	《黄河水闸技术管理办法（试行）》5.8.3 条、《黄河工程管理考核标准》	现场查看	检查项目现状描述	是否符合规程规范要求	
		各种开关、继电保护装置应保持干净，触点良好、接头牢固，无老化、动作失灵；热继电器整定值应符合规定	《黄河水闸技术管理办法（试行）》5.8.3 条、《黄河工程管理考核标准》	现场查看	检查项目现状描述	是否符合规程规范要求	

续表 5-2

序号	检查项目及内容		评价依据	查证方式	实际情况	检查结果	备注
5	操作设备	主令控制器及限位开关装置应经常检查、保养和校核，触点无烧毛现象；上下限位装置应分别与闸门最高、最低位置一致	《黄河水闸技术管理办法（试行）》5.8.3条、《黄河工程管理考核标准》	现场查看	检查项目现状描述	是否符合规程规范要求	
		熔断器的熔丝规格必须根据被保护设备的容量确定，严禁使用其他金属丝代替	《黄河水闸技术管理办法（试行）》5.8.3条、《黄河工程管理考核标准》	现场查看	检查项目现状描述	是否符合规程规范要求	
		各种仪表（电流表、电压表、功率表等）应按规定定期检验，保证指示正确灵敏	《黄河水闸技术管理办法（试行）》5.8.3条、《黄河工程管理考核标准》	现场查看	检查项目现状描述	是否符合规程规范要求	

续表 5-2

序号	检查项目及内容		评价依据	查证方式	实际情况	检查结果	备注
6	其他	各种电力、电缆、照明线路无漏电、短路、断路等现象；架空线路无树障	《黄河水闸技术管理办法（试行）》5.8.4条、《黄河工程管理考核标准》	现场查看	检查项目现状描述	是否符合规程规范要求	
		自备发电机应按规定定期维护、检修，油质应合格，绝缘电阻应符合规定，发电机转子、风扇与机罩间无卡阻，若有，应修复；机旁控制屏的各种开关动作灵活、接触良好	《黄河水闸技术管理办法（试行）》5.8.6条、《黄河工程管理考核标准》	现场查看	检查项目现状描述	是否符合规程规范要求	
		照明及应急照明系统运行正常	《黄河水闸技术管理办法（试行）》5.8.6条、《黄河工程管理考核标准》	现场查看	检查项目现状描述	是否符合规程规范要求	

表 5-3　安全设施单元符合性安全检查表

序号	检查项目及内容		评价依据	查证方式	实际情况	检查结果	备注
1	通信设施	通信设备及设施无故障或损坏；电源等辅助设施无故障或损坏	《黄河水闸技术管理办法（试行）》5.9.1 条	现场查看	检查项目现状描述	是否符合规程规范要求	
		通信专用塔（架）防腐涂层无脱落，接地系统良好	《黄河水闸技术管理办法（试行）》5.9.1 条	现场查看	检查项目现状描述	是否符合规程规范要求	
2	远程监控系统	现地查询、运行控制正常	《黄河工程管理考核标准》	现场查看	检查项目现状描述	是否符合规程规范要求	
		水位实现计算机实时记录；水量达到实时计量	《黄河工程管理考核标准》	现场查看	检查项目现状描述	是否符合规程规范要求	
3	观测设施	观测基点表面无锈蚀或缺损；保护盖及螺栓开启通畅；沉陷点、测压管、测流设施完好可用	《黄河工程管理考核标准》	现场查看	检查项目现状描述	是否符合规程规范要求	

续表 5-3

序号	检查项目及内容		评价依据	查证方式	实际情况	检查结果	备注
3	观测设施	引水闸应安装在线安全监测系统	《黄河工程管理考核标准》	现场查看	检查项目现状描述	是否符合规程规范要求观	
		观测仪器、设备(包括自动化观测及其传输设备)正常可用	《黄河水闸技术管理办法(试行)》5.10.1 条、《黄河工程管理考核标准》	现场查看	检查项目现状描述	是否符合规程规范要求	
		各观测设施的标志、盖锁、围栏或观测房完好可用	《黄河水闸技术管理办法(试行)》5.10.1 条	现场查看	检查项目现状描述	是否符合规程规范要求	
4	防汛抢险设备应保持完好无损，处于备用状态		《黄河水闸技术管理办法(试行)》5.10.2 条	现场查看	检查项目现状描述	是否符合规程规范要求	

续表 5-3

序号	检查项目及内容		评价依据	查证方式	实际情况	检查结果	备注
5	安全防护设施	电动机接线盒应有防潮设施	《黄河水闸技术管理办法(试行)》5.8.2 条、《黄河工程管理考核标准》	现场查看	检查项目现状描述	是否符合规程规范要求	
		扶梯、栏杆、检修门槽盖板等应安全可靠	《黄河水闸技术管理办法(试行)》6.2.3 条	现场查看	检查项目现状描述	是否符合规程规范要求	
6	避雷设施	避雷器及部件完好可用，接地可靠	《黄河水闸技术管理办法(试行)》5.8.7 条、5.9.2 条，《黄河工程管理考核标准》	现场查看	检查项目现状描述	是否符合规程规范要求	
7	消防安全	办公室、启闭机房、发电机房、变电所、配电间、控制室及仓库等重要场所应配备灭火器具	《黄河水闸技术管理办法(试行)》6.2.3 条	现场查看	检查项目现状描述	是否符合规程规范要求	

续表 5-3

序号	检查项目及内容		评价依据	查证方式	实际情况	检查结果	备注
7	消防安全	消防器材完备有效，应按规定检验、更新	《黄河水闸技术管理办法（试行）》5.10.3 条、《黄河工程管理考核标准》、《黄委安全生产通知》（黄安检〔2013〕586 号）	现场查看	检查项目现状描述	是否符合规程规范要求	
		消防器材摆放合理，防火标志齐全、醒目	《黄委安全生产通知》（黄安检〔2013〕586 号）	现场查看	检查项目现状描述	是否符合规程规范要求	
		消防通道畅通	《黄委安全生产通知》（黄安检〔2013〕586 号）	现场查看	检查项目现状描述	是否符合规程规范要求	
8	用电安全	配电线路布设符合要求，电线无老化、破皮	《黄委安全生产通知》（黄安检〔2013〕586 号）	现场查看	检查项目现状描述	是否符合规程规范要求	

续表 5-3

序号	检查项目及内容		评价依据	查证方式	实际情况	检查结果	备注
8	用电安全	电工作业应佩戴绝缘防护用品，持证上岗	《黄河水闸技术管理办法（试行）》6.2.3 条、《黄委安全生产通知》（黄安检〔2013〕586 号）	现场查看	检查项目现状描述	是否符合规程规范要求	
		配电箱、开关箱应有防尘、防雨措施，设有警示标志	《黄委安全生产通知》（黄安检〔2013〕586 号）	现场查看	检查项目现状描述	是否符合规程规范要求	
9	标志标牌	水闸上下游及围堤应设立安全警戒标志	《黄委安全生产通知》（黄安检〔2013〕586 号）、《黄河水闸技术管理办法（试行）》6.2.1 条、《黄河工程管理考核标准》	现场查看	检查项目现状描述	是否符合规程规范要求	

续表 5-3

序号	检查项目及内容		评价依据	查证方式	实际情况	检查结果	备注
9	标志标牌	边界桩标注完好	《黄河工程管理考核标准》	现场查看	检查项目现状描述	是否符合规程规范要求	
		通信塔、变压器等设置警示标志	《黄河工程管理考核标准》	现场查看	检查项目现状描述	是否符合规程规范要求	
10	定期对有关人员进行安全生产教育培训;各岗位操作人员持证上岗，且证书有效		《黄委安全生产通知》(黄安检〔2013〕586号)	现场查看	检查项目现状描述	是否符合规程规范要求	

表 5-4　安全管理单元安全检查表

序号	检查项目及内容		评价依据	查证方式	实际情况	检查结果	备注
1	安全管理制度建立及落实	工程运用:调度运用、操作运行、工程检查、维修养护、工程观测等管理制度是否落实到位	《水利部建安中心关于黄河水利委员会水闸运行管理督察整改意见的通知》附件 4、《黄河工程管理考核标准》	现场查看、文件查阅	检查项目现状描述	是否符合规程规范要求	
		责任制:安全管理责任制、责任追究制、事故报告及处理制度的落实情况		现场查看、文件查阅	检查项目现状描述	是否符合规程规范要求	
		安全情况:近三年工程安全事故发生及处理情况		现场查看、文件查阅	检查项目现状描述	是否符合规程规范要求	
		及时发现并积极排除故障和险情;发生事故后应迅速采取措施组织抢护,防止事故扩大,并按规定向上级主管部门报告	《黄河水闸技术管理办法(试行)》6.1.6 条	文件查阅	检查项目现状描述	是否符合规程规范要求	

续表 5-4

序号	检查项目及内容			评价依据	查证方式	实际情况	检查结果	备注
1	安全管理制度建立及落实		水闸管理单位的安全生产小组由单位负责人、技术负责人及生产安全员等组成，负责安全生产的监管	《黄河水闸技术管理办法（试行）》6.2.1 条	文件查阅	检查项目现状描述	是否符合规程规范要求	
			机构、人员编制及规章制度是否合理健全	《中华人民共和国安全生产法》第四条	文件查阅	检查项目现状描述	是否符合规程规范要求	
2	工程管理情况	控制运用	细则编修：是否结合工程实际，编制或修订水闸技术管理实施细则	《水利部建安中心关于黄河水利委员会水闸运行管理督察整改意见的通知》附件 4、《水闸技术管理规程》（SL 75—2014）1.0.4 条	文件查阅	检查项目现状描述	是否符合规程规范要求	

续表 5-4

序号	检查项目及内容			评价依据	查证方式	实际情况	检查结果	备注
2	工程管理情况	控制运用	运用计划:是否按规定编制运用计划	《中华人民共和国防汛条例》(国务院令第86号)第十四条、《水利部建安中心关于黄河水利委员会水闸运行管理督察整改意见的通知》附件4	文件查阅	检查项目现状描述	是否符合规程规范要求	
			调度计划:是否根据控制运用计划和上级防汛机构的指令进行调度	《水利部建安中心关于黄河水利委员会水闸运行管理督察整改意见的通知》附件4、《水闸技术管理规程》(SL 75—2014)2.1.3条	文件查阅	检查项目现状描述	是否符合规程规范要求	

续表 5-4

序号	检查项目及内容			评价依据	查证方式	实际情况	检查结果	备注
2	工程管理情况	控制运用	根据水资源量及用水需求，有计划地进行引水；配置远程监控系统的水闸，应加强运用远程监控系统实施引水控制	《黄河水闸技术管理办法(试行)》3.2.2条	文件查阅	检查项目现状描述	是否符合规程规范要求	
			引黄水闸的闸上最高水位因河床淤积抬高，超过设计运用指标时，应停止引水，并采取必要的安全防护措施	《黄河水闸技术管理办法(试行)》3.2.2条	文件查阅	检查项目现状描述	是否符合规程规范要求	
			引水时应密切关注水质变化情况，当水质不能满足用水单位要求或可能形成污染时，应及时报告，并按上级部门指令减少引水流量直至停止引水	《黄河水闸技术管理办法(试行)》3.2.2条	文件查阅	检查项目现状描述	是否符合规程规范要求	

续表 5-4

序号	检查项目及内容			评价依据	查证方式	实际情况	检查结果	备注
2	工程管理情况	控制运用	黄河涵闸、虹吸、提灌站工程,必须在确保工程和防洪安全的情况下进行运用。汛期闸前水位超过设计运用水位或不符合工程安全运用标准的,一律关闸停水,加强防守和维修,以保安全	《河南省黄河工程管理条例》23 条	文件查阅	检查项目现状描述	是否符合规程规范要求	
			操作规程:闸门及启闭设备操作规程是否明示	《水闸技术管理规程》(SL 75—2014)2.4.5 条	现场查看	检查项目现状描述	是否符合规程规范要求	
			持证上岗:起重机械、电工等特种作业人员是否持证上岗	《水闸技术管理规程》(SL 75—2014)2.4.5 条	现场查看	检查项目现状描述	是否符合规程规范要求	

续表 5-4

序号	检查项目及内容			评价依据	查证方式	实际情况	检查结果	备注
2	工程管理情况	检查观测情况	检查内容：工程检查内容、频次是否满足规程要求	《水闸技术管理规程》(SL 75—2014) 3.1.2 条、《水利部建安中心关于黄河水利委员会水闸运行管理督察整改意见的通知》附件 4	文件查阅	检查项目现状描述	是否符合规程规范要求	
			检查记录：检查记录是否规范、完整、真实可靠		文件查阅	检查项目现状描述	是否符合规程规范要求	
			工程现状：建筑物各部位、闸门、启闭机、机电设备、通信等主要设施，并对照巡视检查记录、汛前汛后安全检查报告等资料，检查各资料中反映的问题是否与现场查看的一致		文件查阅、现场查看	检查项目现状描述	是否符合规程规范要求	

续表 5-4

序号	检查项目及内容			评价依据	查证方式	实际情况	检查结果	备注
2	工程管理情况	检查观测情况	观测设施：观测项目是否满足规范要求	《水闸技术管理规程》（SL 75—2014）3.1.2 条、3.3.1～3.3.5 条、《水利部建安中心关于黄河水利委员会水闸运行管理督察整改意见的通知》附件 4	文件查阅	检查项目现状描述	是否符合规程规范要求	
			观察分析：工程观测记录是否完整规范，是否具有初步分析意见	《水闸技术管理规程》（SL 75—2014）3.3.11 条、《水利部建安中心关于黄河水利委员会水闸运行管理督察整改意见的通知》附件 4	文件查阅	检查项目现状描述	是否符合规程规范要求	

续表 5-4

序号	检查项目及内容			评价依据	查证方式	实际情况	检查结果	备注
2	工程管理情况	维修养护情况	工程养护:土石方工程及混凝土工程养护修理计划制订情况	《水闸技术管理规程》(SL 75—2014)4.2~4.4 条	文件查阅	检查项目现状描述	是否符合规程规范要求	
			实际效果:闸门、启闭机、机电设备、防雷设施、自动监控系统是否完好可用及养护情况	《水闸技术管理规程》(SL 75—2014)4.5~4.7 条	文件查阅、现场查看	检查项目现状描述	是否符合规程规范要求	
		资料管理	内业资料的收集、整理应与水闸管理工作过程同步,并进行有次序、有联系的编排,字迹清晰、图面整洁,数据翔实准确,签署手续完备,符合档案管理的相关要求	《水闸技术管理规程》(SL 75—2014)7.1.2 条、7.1.4 条	文件查阅	检查项目现状描述	是否符合规程规范要求	

续表 5-4

序号	检查项目及内容			评价依据	查证方式	实际情况	检查结果	备注
2	工程管理情况	资料管理	水闸管理单位应明确专人负责工作记录,水闸管理与维护过程中同一项工作形成的资料应协调一致、相互印证,资料之间应衔接与闭合,不得相互矛盾	《黄河水闸技术管理规程(试行)》7.1.3条	文件查阅	检查项目现状描述	是否符合规程规范要求	
			水闸管理单位应建立完整的内业资料档案	《黄河水闸技术管理规程(试行)》7.2.2条、《水闸技术管理规程》第1.0.5条	文件查阅	检查项目现状描述	是否符合规程规范要求	
			操作记录:闸门操作是否有专人负责,是否有专门记录,记录内容是否完整	《水闸技术管理规程》(SL 75—2014)2.4.6条	文件查阅	检查项目现状描述	是否符合规程规范要求	

续表 5-4

序号	检查项目及内容			评价依据	查证方式	实际情况	检查结果	备注
2	工程管理情况	资料管理	水闸平、立、剖面图，电气主接线图、启闭机控制图，主要技术指标表、主要设备规格、检修情况等完备	《黄河工程管理考核标准》	文件查阅、现场查看	检查项目现状描述	是否符合规程规范要求	
3	安全鉴定及出险加固情况		安全鉴定：是否全面开展安全鉴定及存在的主要问题	《水闸安全鉴定管理办法》（水建管〔2008〕214 号）第三条、第八条和第十二条	文件查阅	检查项目现状描述	是否符合规程规范要求	
			除险加固：病险水闸是否纳入除险加固规划		文件查阅	检查项目现状描述	是否符合规程规范要求	
			控制运用：病险水闸是否制定有保闸应急措施，是否限制运用		文件查阅	检查项目现状描述	是否符合规程规范要求	

续表 5-4

序号	检查项目及内容		评价依据	查证方式	实际情况	检查结果	备注
4	注册登记	注册登记:注册登记信息是否完整、规范	《水闸注册登记管理办法》(水建管〔2005〕263 号)第六条	文件查阅	检查项目现状描述	是否符合规程规范要求	
		信息变更:工程管理信息发生变化时,是否及时变更	《水闸注册登记管理办法》(水建管〔2005〕263 号)第十条	文件查阅	检查项目现状描述	是否符合规程规范要求	
		注册复验:注册登记是否准时复验	《水闸注册登记管理办法》(水建管〔2005〕263 号)第十三条	文件查阅	检查项目现状描述	是否符合规程规范要求	

续表 5-4

序号	检查项目及内容		评价依据	查证方式	实际情况	检查结果	备注
4	确权划界	管理范围:检查水闸工程管理范围是否划界	《中华人民共和国水法》(主席令第 74 号)第四十三条、《水闸工程管理设计规范》(SL 170—1996)2.0.2 条	现场查看	检查项目现状描述	是否符合规程规范要求	
		保护范围:检查水闸工程保护范围是否划界		现场查看	检查项目现状描述	是否符合规程规范要求	
		界桩标志:工程管理和保护范围界桩、标志是否完好		现场查看	检查项目现状描述	是否符合规程规范要求	
5	工程管理和保护范围管护	工程管护:工程管理和保护范围内是否存在爆破、打井、采石、取土、挖洞、建窑等危害工程安全的活动	《中华人民共和国水法》(主席令第 74 号)第四十三条、《水闸工程管理设计规范》(SL 170—1996)2.0.3 条	现场查看	检查项目现状描述	是否符合规程规范要求	
		警示标牌:是否设立有警示标牌并完好可用		现场查看	检查项目现状描述	是否符合规程规范要求	
		管理范围内有无违章建筑和危害工程安全的活动,是否有影响水闸安全运行的障碍物,环境是否整洁	《黄河水闸技术管理办法(试行)》4.2.2 条	现场查看	检查项目现状描述	是否符合规程规范要求	

续表 5-4

序号	检查项目及内容		评价依据	查证方式	实际情况	检查结果	备注
7	安全生产应急管理	应急预案：安全生产应急预案是否落实到位	《关于进一步加强水利安全生产监督管理工作的意见》（水人教〔2006〕593号）第六条	现场查看	检查项目现状描述	是否符合规程规范要求	
		宣传演练：安全生产应预案的宣传、培训及演练情况		现场查看	检查项目现状描述	是否符合规程规范要求	
8	管理设施配备及管理	设施配备：观测设施、防汛道路、备用电源、通信设施、管理房、防汛车辆等管理设施是否培训齐全、是否完好可用	《水闸工程管理设计规范》（SL 170—1996）4. 2. 1条、4. 3. 1条、5. 0. 2条、6. 2. 3条、6. 2. 4条	现场查看	检查项目现状描述	是否符合规程规范要求	
		抢险物资：防汛抢险储备物资是否按规定存放及管理	《防汛物资储备定额编制规程》（SL 298—2004）1. 0. 5条	现场查看	检查项目现状描述	是否符合规程规范要求	

5.4　主要危险、有害因素辨识与分析

鉴于安全验收评价是特殊的安全现状评价，安全现状评价阶段的危险、有害因素与安全验收评价类似，主要考虑工程运行期间洪水、地震、泥沙等自然地质灾害，水闸自身结构，金属结构及电气设备，安全设施，检修工作，污染物排放，安全度汛，安全管理等方面存在影响工程安全及劳动安全的主要危险、有害因素，详见 4.4 节。

此外，根据黄河水闸管理要求，目前对于安全鉴定类别为三、四类的病险水闸，为汛期便于封堵和涵闸安全，引黄闸上下游各设一道围堤。如若上下游围堤坍塌或冲毁，则会对涵闸安全度汛带来影响。因此，安全现状评价还应考虑围堤存在的危险因素。造成围堤失事的主要因素有以下几方面：

(1) 暴雨或地震等自然灾害造成围堤裂缝、滑坡或坍塌。

(2) 日常管理维护不到位。

(3) 人为破坏。

5.5　安全管控措施及建议

仅对日常检查与观测、安全管理方面的安全管控及建议进行补充，其余与安全验收评价相同，此处不再赘述。

5.5.1　日常检查与观测

(1) 加强人工巡查，及时查看围堤土体有无冲沟、空洞及坍塌现象，如遇围堤土体滑坡或坍塌，及时处理。

(2) 闸前闸后围堤是否设有围护结构栏或安全警戒标志。

5.5.2　安全管理措施

根据《水利部建安中心关于黄河水利委员会水闸运行管理督察整改意见的通知》(黄建管〔2013〕77 号)、《黄河工程管理考核标准》(黄建管〔2008〕7 号)等的相关要求，对黄河水闸安全管理提出如下补充措施。

5.5.2.1 制度落实

(1) 调度运用、操作运行、工程检查、维修养护及工程观测等各项制度应落实到位。

(2) 安全管理责任制、责任追究制、事故报告及处理制度应落实到位。

(3) 完善近3年工程安全事故发生及处理情况。

(4) 防汛预案及险情抢护应落实到位,并完善处理报告,积极组织防汛演练工作。

(5) 应根据水闸实际情况编制水闸技术管理实施细则及运用计划并落实实施。

5.5.2.2 维修养护

应定期对土石方工程、混凝土工程、金属结构、启闭机及安全监控系统等进行养护修理。

5.5.2.3 安全鉴定及除险加固

(1) 应根据《水闸安全鉴定管理办法》(水建管〔2008〕214号)的具体要求,提前组织并及时开展水闸安全鉴定工作。

(2) 对于安全鉴定为三、四类的病险涵闸,应及时上报除险加固规划,此前需制定保闸安全应急措施并严格执行。

5.5.2.4 注册登记情况

(1) 水闸注册登记信息应完整、规范。

(2) 应及时对注册登记信息进行变更、准时复验。

5.5.2.5 确权划界

(1) 对水闸工程管理范围及保护范围进行划界。

(2) 工程管理范围和保护范围的界桩、标志应完好。

5.5.2.6 管理设施配备及管理情况

(1) 防汛道路应保持畅通,防汛车辆、备用电源等应完好可用,并定期检查。

(2) 防汛抢险储备物资应按规定存放并严格管理。

5.5.2.7 资料管理

(1) 水闸内业资料整理、分析应与水闸管理工作同步,且记录清晰、数据准确、档案完整。

(2) 资料管理应有专人负责,责任明确。

5.6 安全现状评价的组织实施

黄河水闸安全现状评价工作由水闸主管部门组织开展,具体调查方法同安全预评价。

5.6.1 安全现状评价的组织实施程序

安全现状评价工作仍分为前期准备(评价策划)阶段、实施阶段和报告编制及评审阶段,但各阶段的具体实施内容根据安全现状评价工作的要求,又较前安全预评价和安全验收评价有所不同。具体如下。

5.6.1.1 前期准备(评价策划)阶段

该阶段主要包括接受委托单位委托、前期准备工作、编制安全现状评价方案等具体内容。

1. 接受委托单位委托

根据安全现状评价工作要求,签订评价合同,以明确各自在安全现状评价工作中的权利和义务,并对安全风险评价合同进行评审。合同中应对评价对象、评价内容、评价方法、评价时间、工作深度、工作进度安排、质量要求、经费预算等有关内容进行详细描述。

2. 前期准备工作

前期准备的工作包括:明确被评价对象和范围,进行现场调查,收集国内外相关法律、法规、技术标准及水闸工程相关资料等。

a. 评价对象和范围

确定安全现状评价范围可界定评价责任范围。

b. 现场调查

安全现状评价现场调查主要指工况调查。工况调查主要了解水闸工程的基本情况、安全管理现状等,并进行工程现场查看。

(1) 基本情况。

① 工程概况,包括水闸工程主要设计指标、功能,主要建筑物结构等。

② 管理运用情况,主要指水闸技术管理制度执行情况、控制运用情况、引水情况等。

(2) 安全管理现状。主要包括安全管理制度执行情况、安全设施运行情况、在运行过程中发现的一些安全问题及相应处理措施、日常检查观测情况、汛期出险情况等。

c.资料收集及核查

资料收集及核查一般包括以下内容:

(1) 法规标准收集。主要包括水闸工程运行、管理及安全生产过程中涉及的法律、法规、规章及规范性文件。

(2) 安全管理及工程技术资料收集。

① 项目的基本资料,包括项目布置简图,项目配套安全设施基本情况等。

② 水闸管理单位编写的资料,包括水闸工程事故应急救援预案、防洪预案、安全管理机构、安全管理制度、安全责任制、岗位(设备)安全操作规程等。

③ 专项检测、检验或取证资料,包括特种设备取证资料、避雷设施检测报告、电气设备检验报告、操作人员取证、特种作业人员取证汇总资料等,安全设施的运行及有效性情况等。

④ 安全鉴定及除险加固资料,包括安全鉴定类别、存在的主要问题及处理情况、除险加固情况及安全控制运用情况。

3.编制安全现状评价方案

编制安全现状评价方案的工作是在前期准备工作的基础上,根据工程运行及管理情况,分析水闸工程主要建筑物、设备以及运行管理过程中存在的危险、有害因素分布情况。

5.6.1.2　实施阶段

该阶段主要包括符合性评价,危险、有害因素分析评价,评价结论,并提出相应的安全管控及建议等具体内容。

1. 符合性评价

(1) 安全生产条件的符合性评价。

有别于安全验收评价,安全生产条件的符合性评价主要指水闸工程现有的安全生产条件是否满足现行规程规范要求,并编制安全检查表。

(2) 安全管理现状的符合性评价。

安全管理现状的符合性评价主要对水闸工程各安全管理制度的建立及落实情况,工程管理情况、安全鉴定以及除险加固情况、注册登记、确权划界及工程管护等是否满足现行规程规范要求,并编制安全检查表。

2. 危险、有害因素分析评价

选定评价方法,对各评价单元存在的危险、有害因素进行定性或定量评价,进而确定危险等级,并提出相应的安全管控措施及建议,编制现状评价报告。

5.6.1.3　报告编制及评审阶段

具体实施同安全验收评价。

安全现状评价工作的具体组织实施程序如图 5-1 所示。

5.6.2　安全现状评价的调查分析

水闸工程建设项目安全验收评价的调查分析主要包括工况调查、法规标准、安全管理及工程技术所列的相关资料内容。

5.7　安全现状评价报告的编制

5.7.1　安全现状评价报告的要求

安全现状评价报告应包含或明确以下内容:

(1) 水闸工程运行过程中工程本身及主要设备的运行状况和安全管理状况的调查与分析应全面详尽。

(2) 水闸工程的安全生产条件是否满足现行规程规范要求。

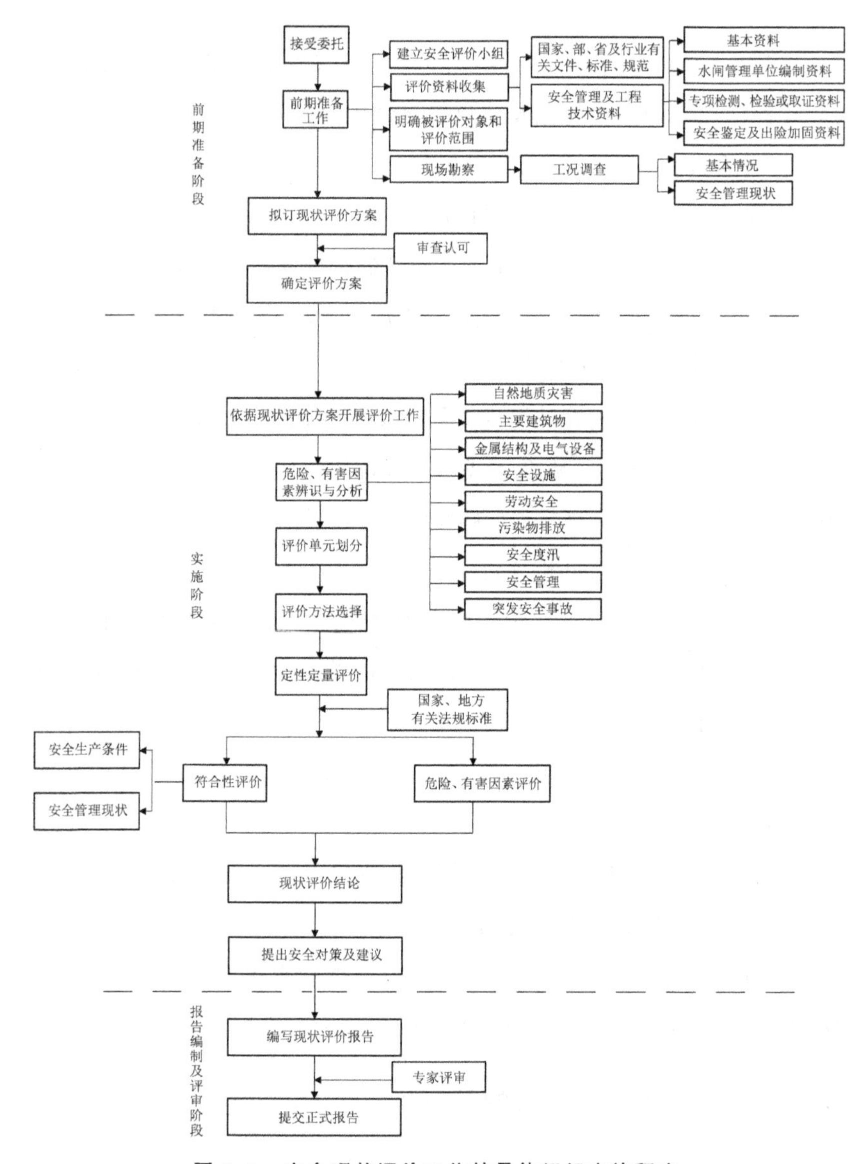

图 5-1　安全现状评价工作的具体组织实施程序

(3) 主要危险、有害因素分析全面且重点突出。

(4) 安全管理现状评价全面透彻。

(5) 安全管控措施准确、合理且具有可操作性。

5.7.2　安全现状评价报告的编制

5.7.2.1　编制说明

1. 评价目的和范围

安全现状评价报告评价范围主要包含水闸工程主体、金属结构及电气设备、附属设施、安全管理情况等，不仅评价工程本身质量安全，而且包含安全生产各方面。

2. 评价依据

主要根据现行的国家法律、国家行政法规、地方法规、政府部门规章、政府部门规范性文件、国家标准、安全生产行业标准、水电水利行业主要技术标准、行业管理规定等，详见附件 3。

5.7.2.2　水闸工程概况

1. 水闸工程基本情况

(1) 水闸级别、规模。

(2) 主要设计指标。

(3) 管理单位概况。

(4) 纵剖面图及平面布置图。

2. 管理运用情况

(1) 技术管理制度执行情况。

(2) 控制运用情况。

(3) 引水情况。

(4) 洞身及渠道淤积情况。

5.7.2.3　安全管理现状

1. 安全管理制度

各岗位安全生产责任制、安全生产管理制度、安全操作规程等制度的制定及执行情况。

2. 安全设施运行情况

水闸工程现有的主要安全设施设备及安全防护措施的运行维护情况。

3. 工程日常检查发现的问题及处理

水闸管理人员在对工程进行经常检查和定期检查过程中发现的主要问题及处理情况。

4. 工程日常检查观测情况

日常检查、观测项目及频次，主要观测内容，资料整编情况以及对其安全状态分析结果。

5. 安全鉴定及除险加固情况

明确水闸是否符合安全鉴定条件，已完成安全鉴定的水闸则明确安全鉴定类别，是否纳入除险加固规划或除险加固情况；三、四类病险水闸尚应明确安全控制运用方案的编制情况。

6. 其他

简述水闸注册登记、确权划界、工程管理和保护范围管护、安全生产应急管理、管理设施配备及管理情况等内容。

5.7.2.4 主要危险、有害因素辨识与分析

在前期资料查询、现场查看的基础上，对水闸工程运行、管理及安全生产过程中存在的固有或潜在的危险、有害因素进行辨识和分析。

5.7.2.5 评价单元的划分和评价方法的选择

评价单元与评价方法的选择原则同安全预评价报告。

5.7.2.6 定性、定量评价

1. 符合性评价

根据安全现状评价要求，主要对以下内容进行符合性评价：

(1) 检查各类安全生产设施、条件、制度是否满足安全生产法律法规、标准、规章、规范的要求。

(2) 检查安全生产管理各项制度及措施是否到位。

(3) 评价工程主体、主要设备、安全设施等管理维护是否符合现行规范要求。

(4) 安全鉴定、除险加固、安全控制运用是否符合现行规范要求。

(5) 注册登记、确权划界、工程管理和保护范围管护、安全生产应急

管理、管理设施配备及管理等各项是否落实,是否符合现行规范要求。

2. 主要危险、有害因素评价

运用定性或定量的安全风险评价方法对安全现状评价存在的主要危险、有害因素进行评价,确定危险程度、级别及事故发生的可能性和严重后果,为提出安全管控措施提供依据。

5.7.2.7 安全管控措施建议

编写要求同安全验收评价报告。

5.7.2.8 安全现状评价结论

安全现状评价结论主要包含以下内容:

(1) 水闸工程安全状况综合评述。

(2) 工程主要危险、有害因素的分析结果并提出存在的问题及改进建议。

(3) 安全生产条件评价分析结果。

(4) 安全现状评价结论。

中篇

三、四类病险水闸判别及典型案例

第 6 章　三、四类病险水闸判定的影响因素

水闸三、四类安全类别的划分直接影响除险加固措施的制定及病险水闸险情的根除。判定水闸病险状况依据的主要规范为《水闸安全评价导则》(SL 214—2015)，该导则对安全类别的划分考虑了运行指标、病险程度、恢复措施等，但未考虑恢复运行指标及除险加固措施的技术经济性，且在实际执行过程中，安全类别尤其是三、四类闸的判定受技术、经济、政策导向及各方利益的影响，随意性较大。该导则明确三类险闸需除险加固，四类险闸需降低标准运用或报废重建。受技术水平、投资政策等方面因素的影响，对病险水闸处理方式的不同致使在对三、四类闸的判别上存在较多的人为因素，给后续的除险加固工作带来了一系列问题。这些问题在已开展的病险水闸安全鉴定和病险水闸除险加固中均已有所体现，如将本该拆除重建的四类闸误定为三类闸，导致病险处理不彻底、工程维护成本高、运行安全风险大等，甚至需要二次加固，造成投资浪费，且影响工程效益发挥；而将本可通过局部修复加固即可除险的三类闸误定为四类闸，除大幅增大投资、造成浪费外，局部重建还可能导致因新旧接合部位处理不到位而造成新的安全隐患。本章围绕制约评价结论的关键技术、经济和政策问题，分析了影响三、四类闸判定的主要因素，并提出现行《水闸安全评价导则》(SL 214—2015)及相关管理办法的修改完善建议，建议尽快出台水闸降等报废利用技术标准、加强病险水闸非工程措施管理及建立病险水闸除险加固经费正常投入机制，在三、四类闸分类概念中不再涉及拆除重建等具体处理措施。

6.1 关键技术制约

6.1.1 隐蔽部位病险检测与评价

水闸安全评价工作主要包括现状调查、安全检测、安全复核和安全评价,其中现状调查是最基础的工作,明确工程安全问题、隐患和疑点,提出需进一步检测和复核的内容与要求;安全检测为安全复核提供重点复核部位及与计算有关的荷载和参数,现场检测工作的深度直接影响后续安全复核结果及安全类别评定;安全复核是根据水闸现场的检测结果和复核计算的内容要求,对水闸的防洪标准、渗流安全、结构安全、抗震安全、金属结构安全和机电设备安全等进行复核;安全评价在现状调查、安全检测和安全复核的基础上进行。水闸安全类别根据工程质量安全复核结果综合判定。但在具体评价工作中,隐蔽部位缺陷难以精准检测,加上现有复核计算方法对缺陷也难以模拟,致使现场检测与安全复核未能紧密结合,安全评价结果并未真实反映工程的病险情况。

(1)钢筋锈蚀检测及其对构件承载力的影响。钢筋锈蚀对钢筋和混凝土的影响主要有 3 个方面:①钢筋材料力学性能退化;②钢筋与混凝土间的黏结滑移性能改变;③产生锈胀作用。这几个方面共同作用,会降低水闸钢筋混凝土结构的承载能力和耐久性,严重影响水闸建筑物的安全稳定运行。钢筋锈胀力的存在使得混凝土产生裂缝,甚至导致混凝土保护层剥落,使构件截面有效面积减小,更重要的是使钢筋与混凝土间黏结性能退化;同时钢筋锈损,其截面面积减小,延性降低,力学性能退化,使构件受到不同程度的损伤,承载力下降。因此,安全评价工作应重视混凝土内部钢筋锈蚀的检测及其对构件承载力的折减,并应根据水闸混凝土梁式构件、偏心受压构件及墙板构件不同部位的受力特点,弥补目前水闸结构承载力复核计算中未考虑钢筋锈蚀影响的不足,建立考虑钢筋锈蚀情况下裂缝间距、裂缝宽度及承载力的现行规范修正公式,使安全评价结果真实反映工程病险状态。

(2)隐蔽部位病险检测。水闸隐蔽及关键部位主要是指水闸与土堤接合部、止水等。穿堤涵闸与堤防土石接合部历来是堤防防洪的薄弱环节,常发生接触冲刷渗透破坏而引起堤闸险情,止水破坏、渗水、上游高水位等也加剧了这一破坏进程,且这种破坏初始过程大都隐于工程内部,险情一旦发生,可能会迅速导致工程破坏,难以补救,具有隐蔽性、突发性和灾难性,素有“一处涵闸一处险工”之说。而止水根据其布设位置,主要作用为延长渗径、防止土体流失等,止水失效将对闸基渗流和侧向绕渗稳定性及结构安全造成影响,严重威胁水闸工程的安全运行。渗流破坏和止水失效之间会相互影响,形成恶性循环。目前,许多水闸存在侧壁渗水、底板脱空、止水老化等病险问题。但现行《水闸安全评价导则》(SL 214—2015)对水闸土石接合部、止水等部位的检测内容及检测方法未做出具体要求。鉴于工程的隐蔽性及受现有检测、探测手段的限制,土石接合部的隐患排查及止水检测工作大多靠人工探视,较易出现漏查、漏报的情况,对其病险程度检测得不深入、不彻底,影响安全复核的针对性及水闸三、四类的判定,也关乎后续除险加固工作的针对性开展。

因此,安全评价工作应对土石接合部的填土质量、缺陷、渗流稳定性以及止水的有效性进行检测和复核评价。对于土石接合部安全评价重点应为出现脱空、开裂、渗漏的接合部位,止水安全评价重点应为出现渗水及老化部位。其中,土石接合部缺陷检测应视现场检查情况进行,检测方法可采用物探方法,即探地雷达法、聚束电法、超声 CT 法等;止水必要时可进行硬度、拉伸强度、橡胶与金属的黏合等检测。

6.1.2 结构寿命预测

根据工程类别和等别,现行规程规范对水利水电工程的合理使用年限进行了相应规定。但随着水闸服役年限的增长,混凝土结构会遭受不同程度的侵蚀损伤,钢筋锈蚀、碳化和冻融及海水环境下氯离子侵蚀等病害均会影响水闸结构的使用寿命,致使结构性能衰退,实际服役寿命低于设计使用年限。然而,在水闸安全评价工作中,往往忽视了病害对混凝土结构寿命的影响,未进行水闸结构各阶段的服役寿命预测。安全类别判定应在运行环境及混凝土结构缺陷实测数据的基础上,对水闸剩余使用寿命进行评估,考虑结构尚可安全运行的年限,再综合考虑采取报废或采取加固措施的必要性,以增加类别判定的科学性和合理性。

6.1.3 引水能力不足处理

在实际安全评价工作中,《水闸安全评价导则》(SL 214—2015)将过流能力复核归属于防洪标准,但引水能力因缺乏评判标准,故目前仍参照过流能力评价执行。笔者统计了黄河流域已进行过安全评价的 112 座水闸相关资料,发现防洪标准不满足现行规范的主要原因是水闸引水能力不足,评价时仅对其引水流量进行了复核,大多未明确是否可通过工程措施进行处理而直接定为四类闸。但实际上,引水能力不足大多是外部引水条件变化造成的,就黄河下游水闸来说,引黄涵闸引水能力变化的主要原因有:一是渠道淤积严重;二是河势变化,造成引水口门脱离主流;三是河床下切,同流量条件下大河水位下降;四是灌区渠道与引黄涵闸引水能力不匹配。对黄河下游 91 处引黄涵闸引水现状的分析可知:由渠道淤积影响引水的涵闸占 59.34%,由河势变化影响引水的涵闸占 14.29%。这些引水能力不足问题并未对水闸自身安全造成影响,工程自身也并不存在影响其安全运行的重大病险或隐患,若据此将水闸安全类别定为四类,未免显得“量刑过重”。《水闸安全评价导则》(SL 214—2015)类别的划分标准更偏重于水闸自身安全性评价,忽略了水闸自身功能发挥,对于引水能力不足的水闸,应对其引水能力的变化原因进行具体分析,并提出提高引水能力的具体对策和建议,分析结论应明确能否通过工程措施解决其问题。

6.1.4 应急预案编制

根据《水闸安全鉴定管理办法》(水建管〔2008〕214 号)的相关要

求:水闸主管部门及管理单位对鉴定为三、四类的水闸应采取除险加固、降低标准运用或报废等相应处理措施,在此之前必须制定保闸安全应急措施,并限制运用,确保工程安全。《水闸安全评价导则》(SL 214—2015)对此要求更加严格,增加了二类闸应急措施的要求。因自身存在诸多问题的病险水闸在运行和管理过程中存在很大的安全风险,故在对病险水闸采取相应处理措施之前,如何解决其正常功能发挥与安全之间的矛盾,如何确保工程安全运用,如何对其进行安全管理,如何有效控制风险等一系列问题应被高度关注并亟待解决。但目前尚缺乏相应的技术标准,此项工作并未深入有效开展,未编制实质性的应急管理预案。造成这一问题的原因主要有:一是经费问题,很多病险水闸并未采取或落实应急管理措施,工程管护不到位,导致工程带病运行增加了风险;二是目前应急处置预案编制尚无相应的技术标准,管理单位对此心有余悸,担心被追责,又反过来影响三、四类闸的判定。实际上,险闸在除险加固前的安全控制措施不仅可使工程充分发挥余热,而且可兼顾工程安全运行。例如,黄河下游白马泉引黄涵闸因消能防冲、洞身段结构承载力及抗震能力均不满足现行规范要求而被评定为四类闸,该闸也丧失了引水能力,但为解决下游供水及拆除重建费用问题,最终在原闸上铺设引水管道引水,在风险可控范围内对险闸控制运用,用较低的费用既解决了四类闸降低标准运用问题,又保证了险闸的安全运用及效益发挥,且施工便捷。

6.2 技术经济比选

目前,人们普遍认为三类闸要采取相应的除险加固措施,四类闸大多要拆除重建,因此在三、四类闸判定时,也大多考虑除险加固措施实施的影响。但三、四类闸与具体的除险加固措施在概念上并不完全对应,四类闸不一定要拆除重建。当三、四类闸难以界定时,应根据水闸重要性及特点、加固改建的可能性及经济性等多因素综合考虑判定。

现行《水闸安全评价导则》(SL 214—2015)对安全类别的划分考虑了运行指标、病险程度、恢复措施等,但未考虑恢复运行指标及除险加固措施的技术经济性。虽然《水闸设计规范》(SL 265—2016)中明确水闸加固设计方案应经技术经济比较确定,但强调更多的是在加固设计阶段对加固方案的多方案比选,且未明确经济比选具体内容。而本书所述技术经济比选的目的是在考虑水闸可修复性的基础上,根据水闸主要病险问题对其加固与重建措施进行初判,从而更科学合理地判定三、四类险闸及节约资金。在加固和拆除重建方案均能保证水闸的安全时,应从经济方面着手:对于拟定为三类的水闸,在判定前应对其除险加固成本、运行管理成本进行估算;对于拟定为四类的水闸,应研究其拆除成本、拆除措施对环境的影响等,分析各方案的合理性和可行性。此外,还应考虑使用寿命、加固前后的风险、新老工程接合部隐患处理措施、是否具有文化价值等因素。例如,鉴于滞洪区的改变,豆腐窝分洪闸不再承担分滞洪任务而导致分洪功能丧失,在除险加固必要性及技术经济比选的基础上,最终采用原闸保留、闸前复堤加固方案,原闸作为河道防洪安全的第二道防线。该方案不仅节约了投资,而且保护了已形成的良好的水环境,原有砌石工程和闸室可作为文物见证治黄史。由此看来,对各加固方案与重建方案的技术经济比较是很有必要的。

6.3 政策法规导向

由《水闸安全评价导则》(SL 214—2015)条文说明可知,对不符合流域规划控制要求的水闸,不管安全分级如何,均为四类闸政策导向影响较大。在水闸安全评价工作中发现,常因规划改变而使得待报废水闸仍具有较高利用价值,包括工程价值、文化价值、生态价值等,例如上述豆腐窝分洪闸。此外,因水闸降等报废缺乏相应技术标准而难以执行,某些管理单位为保证水闸供水功能的不间断发挥,即使水闸本身为四类闸,也有意将其划分为三类闸,直接影响最终安全类别的判定。三、四类闸判定受国家投资偏好影响，部分水闸管理单位为尽可能多地争取国家资金，对可三类可四类的水闸建议定为四类闸拆除重建。另外，受地方政府资金配套能力、到位情况影响也很大。应尽快修改《水闸安全评价导则》（SL 214—2015），并从投资计划、配套资金管理等方面完善相关管理办法。

第7章 基于风险管理的除险加固方案优化方法

除险加固方案的优选不仅涉及水文水资源、地质地貌、工程安全、生态环境、经济与社会诸多因素,还涉及现有工程利用、工程效益发挥等多种因素。在这诸多因素中,有些可以定量,而有些只能定性分析,如果采用传统方法,只对方案优缺点进行笼统的定性分析,人为因素较大。本章提出在病险水闸除险加固方案优化时,引入风险识别方法,对方案中潜在的风险因素进行评价、分析,以明确加固前后的风险程度及其大小,找出加固工作的薄弱环节。本章提出的风险评价方法也可用于除险加固或拆除重建方案的比较。

1. 方案的概念设计

根据场地的工程地质及水文地质报告、安全风险评价及除险加固规划和批准文件调查资料,明确除险加固工程目的,初步选出几种可供考虑的除险加固方案。

2. 风险因素识别

通过分析、归纳和整理各种统计资料,对病险水闸除险加固工程施工过程中的风险类型及其生成原因、可能影响后果做定性估计、感性认识和经验判断。

3. 风险估计

在识别病险水闸除险加固工程施工过程中可能出现的风险基础上,利用概率统计理论、专家调查等方法,估计和预测风险发生的可能性和相应损失大小。

4. 除险加固方案风险评价

从上述效果(安全)可靠性、技术可行性、经济合理性及运行风险等方面对初选的除险加固方案进行风险评价。选用层次分析法(AHP)、灰度理论评估法等评价方法,根据不同水闸类型、不同的加固技术、险情类型和加固效果,对上述 4 项主要内容进行综合分析,从而选出最优除险加固方案。

5. 最优除险加固方案的评估

对最优除险加固方案进行评估,评估其是否满足实际工程需要。如果满足,则除险加固方案确定;如果不满足,修改完善除险加固方案,重新进行选择,直至确定除险加固方案。除险加固方案确定后,施工过程中应严格按照进行风险分析的施工工艺和施工参数来进行风险管理,把风险降低到最小或者控制在目标风险内,具体流程见图 7-1。

上述风险评价方法也可用于除险加固或拆除重建方案的比较。

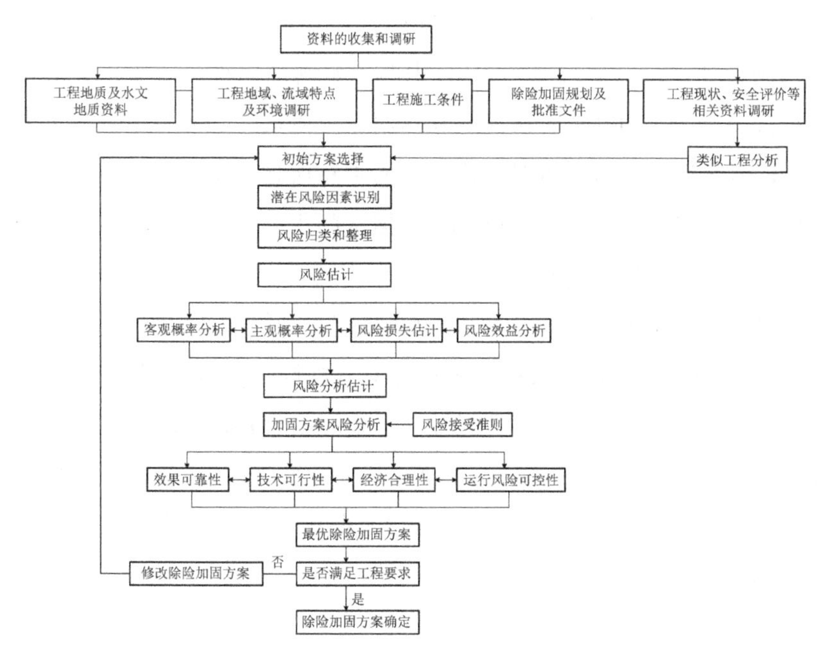

图 7-1　基于风险管理的病险水闸除险加固方案设计流程

第8章　三、四类病险水闸判定技术经济分析

目前,人们普遍认为三类闸要采取相应的除险加固措施,四类闸大多要拆除重建,因此在三、四类闸判定时,也大多考虑除险加固措施实施的影响。但三、四类闸与具体的除险加固措施在概念上并不完全对应,四类闸不一定要拆除重建。当三、四类闸难以界定时,应根据水闸重要性和特点、加固改建的可能性及经济性等多因素综合考虑判定。

现行导则对安全类别的划分考虑了运行指标、病险程度、恢复措施等,但未考虑恢复运行指标及除险加固措施的技术经济性。虽然《水闸设计规范》(SL 265—2016)中明确水闸加固设计方案应经技术经济比较确定,但强调更多的是在加固设计阶段对加固方案的多方案比选,且未明确经济比选具体内容。而本章所述技术经济比选的目的是在考虑水闸可修复性的基础上,根据水闸主要病险问题对其加固与重建措施进行初判,从而更科学合理地判定三、四类险闸及节约资金。在加固和拆除重建方案均能保证水闸的安全时,应从经济方面着手:对于拟定为三类的水闸,在判定前应对其除险加固成本、运行管理成本进行估算;对于拟定为四类的水闸,应研究其拆除成本、拆除措施对环境的影响等,分析各方案的合理性和可行性。此外,还应考虑使用寿命、加固前后的风险、新老工程接合部隐患处理措施、是否具有文化价值等因素。

1. 技术可行性

在满足除险加固效果安全可靠的基础上,对初选的除险加固技术的科学性及合理性进行分析,主要从加固方案技术的先进性、成熟性、

适应性方面考虑，且结构简单、日常维护方便、施工便捷[包括施工技术的复杂程度、施工场地的局限性(对通航、通车的影响)及施工进度等]。其中，适应性主要指加固方案应与病险水闸特点、病险原因、所在地域及流域特点相适应。

2. 效果可靠性

(1)结构安全性。除险加固方案首先要考虑加固措施是否能有效解决工程存在的主要安全隐患，重点从加固后结构承载力、变形程度、闸室稳定性等方面进行评判。此外，还应考虑是否对原有水闸主要功能有无不利影响。

(2)加固后工程寿命。从耐久性方面考虑，对除险加固后混凝土的结构寿命进行预测，主要考虑水闸作用环境，空气中二氧化碳碳化作用、海水中氯离子侵蚀作用对混凝土结构寿命的影响，判定其加固后主要构件服役年限，并与设计使用年限进行比较。加固后服役年限超过其设计使用年限的，可予以报废；对已建水闸接近其设计使用年限的，主体工程主要部位的混凝土构件须除险加固且投资较大，经综合经济评价不如报废重建的，宜采取报废重建。

3. 经济合理性

(1)工程费用。加固措施应满足施工方便、工程量和造价均较低等要求。

① 施工工程量。主要指土石方工程、混凝土工程、金属结构及机电设备等分部工程所需水泥、钢筋、块石、碎石、钢材等原材费用。

② 施工工期。施工工期的长短直接影响工程效益的发挥，对加固及拆除重建的施工进度及施工难度进行计算比较。

③ 施工经费。主要包含施工材料的采购、运输及保管过程中产生的费用，以及临时设施费、现场管理费、设备费、安装费等费用。

(2)工程效益。根据水闸承担任务的不同，对其灌溉、防洪、供水及排涝等效益进行预估，计算方法参照《水利建设项目经济评价规范》(SL 72—2013)进行。尤其对因引水能力不足而进行改建的水闸更应进行工程效益分析。效益分析是对项目加固后正常使用期限内的预期收益与加固的投入分析对比，主要体现在三个方面：经济效益、社会效益和环境效益。项目有直接经济效益的，直接分析经济指标；没有直接经济效益或者经济效益不明显的，将社会效益和环境效益折算成经济效益进行分析论证。经济效益分析评价三个重要指标：经济内部收益率、经济净现值和经济效益费用比。计算方法参照《水利建设项目经济评价规范》(SL 72—2013)进行。加固项目要求经济内部收益率大于社会折现率、经济净现值大于零，经济效益费用比大于或等于1.0。

对于具有一定文物或文化价值的水闸，从其产生的社会效益上来说应予以保留，并根据工程病险情况采取一定的除险加固措施。

(3)运行成本。重点考虑加固或拆除重建后，工程的运行维护成本。

4. 运行风险可控性

运行风险分析通过识别风险因素采用定性与定量结合的方法，估计除险加固工程潜在风险因素发生的可能性及对其影响程度评价风险程度，揭示影响工程的关键风险因素，并提出相应对策。

第9章 特殊条件下病险水闸除险加固方案案例

除险加固措施不应单一地由安全风险评价类别判定,应根据工程实际与经济条件,从技术可行性或经济合理性来判定具体的除险加固措施。本章围绕水闸运行中存在的主要问题及影响三、四类闸判定的主要因素,从丧失原始功能闸的处理、除险加固大于拆除重建成本闸的处置及作为文物保留闸的处置等方面提出三、四类病险水闸除险加固具体处理措施及特殊闸如何进行安全风险评价问题,为三、四类闸科学合理划分及运行条件改变时水闸安全风险评价工作的开展奠定基础。

9.1 丧失原始功能闸的处置方案

某些水闸因流域规划或河势改变,导致水闸原有功能改变或丧失。根据《水闸安全评价导则》(SL 214—2015)规定,对不符合流域规划控制要求的水闸,不管安全性分级如何,均为四类闸。然而,从工程质量及存在价值上来说,这些水闸虽丧失原有设计功能,但从除险加固必要性及经济性来考虑,是否如《水闸安全评价导则》(SL 214—2015)要求拆除重建还需进一步考虑。本节以豆腐窝分洪闸为例研究功能丧失闸除险加固的具体措施及方案比选。

9.1.1 病险水闸基本情况

山东齐河豆腐窝分洪闸为开敞式分洪闸,是黄河北展工程的主要分洪、分凌闸之一,该闸建于1974年,改建于1994年。闸中心线位于大堤桩号104+644处,进水口中心线与黄河主流线交角约成45°。豆腐窝分洪闸共7孔,孔宽20 m,墩厚2 m,闸室全宽152 m,加边墩及引桥，建筑物总宽度为198.6 m。该段堤防凸向背河侧，临河侧有豆腐窝闸闸前围堰。工程布置如图9-1所示。

图9-1 豆腐窝分洪闸工程现状

根据2008年国务院批复的《黄河流域防洪规划》(国函〔2008〕63号)和2014年国务院批复的《黄河流域综合规划(2012—2030年)》，齐河北展宽区已经取消分滞洪任务，作为齐河北展宽区的分洪闸，豆腐窝闸原有分洪、分凌功能丧失。且该闸建自1978年，虽于1994年进行了改建，但改建时只拆除了原闸闸前护底混凝土、两岸砌石翼墙，增加了驼峰堰。该闸虽已建成近40年，但从未分洪、分凌运用过，更多的是承担交通任务。目前主体工程已进入老化期，特别是交通桥混凝土、机电设备老化严重。

2015年7月，黄河水利科学研究院对该闸进行了安全风险评价，评定该闸为三类闸，主要存在交通桥为危桥(横向裂缝严重，拱梁部分拱圈开裂、部分拱角断裂)、上游右挡土墙与闸墩土石接合部存在裂缝、下游侧左翼墙局部渗水且与闸墩间止水老化等病险问题。

鉴定意见如下：根据《黄河流域防洪规划》(国函〔2008〕63号)，豆腐窝分洪闸不再承担分滞洪任务，建议按照防洪要求，对该闸钢闸门、上游右挡土墙以及与闸墩接触部位、下游侧左翼墙进行加固处理和交通桥改建挡洪方案，与修筑闸前堤防挡洪方案进行经济比较，最后再确定一种方案。如果采用修筑堤防方案,建议保留该分洪闸。

9.1.2　除险加固方案拟订

鉴于豆腐窝分洪闸不再承担分滞洪任务,只承担来往交通任务,针对豆腐窝分洪闸存在的安全隐患,考虑到其原有功能丧失,因此主要对其加固设计提出以下几种方案。

(1)原闸拆除原地复堤。

此方案将原闸全部拆除,原闸址处重新修建堤防,与两侧堤防平顺连接,新堤满足堤防设防要求。

(2)原闸保留闸前复堤。

此方案保留豆腐窝分洪闸原貌,废除其分洪、分凌功能,交通桥废除,利用闸前围堰,在闸前修筑新的临黄大堤,以确保防洪安全,复建堤防背水侧不再放淤固堤。

该方案基本保留原闸闸室及下游结构,仅对影响堤防布置的抛石槽和部分铺盖、闸上下游挡墙进行拆除。但考虑大堤布置、原有闸前围堰的利用及投资等因素,对闸前复堤还考虑"新堤取直"与"新堤不取直"两种技术方案的比选。

改闸复堤工程平面布置如图9-2所示。

9.1.3　除险加固方案比选

9.1.3.1　效果可靠性

两种方案均能满足大堤防洪安全,相比之下,拆除重建能较大程度地消除工程隐患;保留原闸复堤需考虑闸前围堰挡水高度安全问题及水闸自身安全问题:交通桥安全问题、土石接合部隐患、混凝土耐久性问题等。从效果可靠性来讲,方案一拆除原地复堤较为稳妥,不存在上述问题;方案二存在的潜在隐患需通过技术手段解决。

9.1.3.2　技术经济性

从技术可行、投资、施工等方面对两方案的技术性、经济性进行比较分析。

1.技术比较与方案优选

方案一:拆除复堤方案的优点是新建堤防根据现有堤防标准设计,

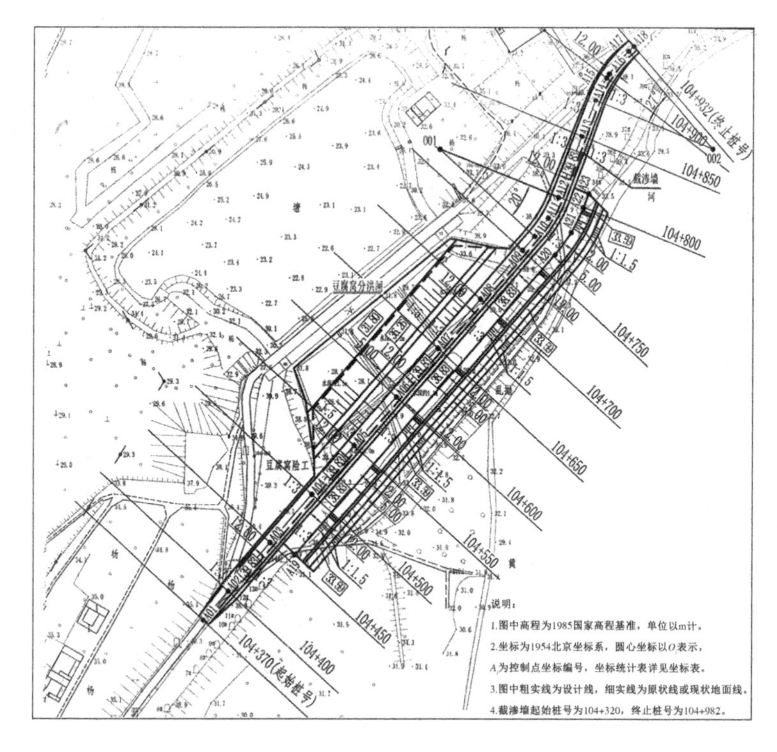

图 9-2　豆腐窝分洪闸复堤工程平面布置

能够满足防洪要求,且有较多类似的工程经验可借鉴。但此方案的缺点是施工难度较大,大拆大建,工程量大,建设周期长,工程拆除过程存在高空作业及抛物安全隐患,工程造价较高。

方案二:保留原闸闸前复堤方案具有以下几方面的优点:

(1)可避免方案一出现的新老堤接合部问题,其加固后可作为防洪的第二道屏障,防洪效果好。

(2)鉴于该闸在人民治黄史上的地位及结构特点,保留原闸也可作为观光及科普教育基地,社会经济效益显著。

(3)避免拆除原闸,对环境影响小,且较为环保。

(4)可充分利用闸前围堰,减小工程量。

(5)施工工艺较为简单,建设周期较短。

(6)工程投资预算较低。

(7)闸后已形成水塘,环境宜人。

2. 风险分析

方案一的潜在风险是新堤防修筑过程中新老堤接合部存在安全隐患,容易造成新老堤防的沉降差异:由于填筑施工时间的差异,导致地基固结度和堤防压缩程度不同而产生新老堤防的不均匀沉降,使接合部出现裂缝、破损、高差,进而引起渗漏现象,影响堤防稳定并造成堤防路面水平的降低;而软土地基上新老堤防的拼接还可能引起堤防的失稳和滑坡。

方案二也存在一定的安全隐患:涵闸运行时间较长,混凝土结构普遍存在老化现象;可能存在闸底板脱空缺陷;闸墩与两侧堤防土石接合部隐患;交通桥安全隐患等。若采用此方案,则需对混凝土结构、交通桥及土石接合部等进行处理。另外,加固后水闸工程安全性如何还需进一步分析评价。

两方案具体比选见表 9-1。因此,从技术、经济效益角度考虑,初步选定方案二为加固方案:按现状保留该闸,恢复闸前临黄堤防,复建堤防背水侧不再放淤固堤。

表 9-1　豆腐窝分洪闸除险加固方案比选

比选内容	方案一	方案二
工程技术措施	拆除原闸,原闸址处恢复大堤。技术可行	保留原闸,交通桥功能作废,利用闸前围堰,闸前恢复大堤。技术可行
效果可靠性	较大程度消除险闸安全隐患,满足防洪要求	闸门可作为第二道防线,防洪更有保障
技术优点	拆建技术工艺简单	最大限度地利用原有工程,新堤填筑有较成熟的工程经验可借鉴
潜在风险	新老堤接合部沉降差异;水闸拆除过程存在高空作业及抛物安全隐患	闸底板脱空问题,原闸闸墩与堤防土石接合部隐患,水闸耐久性问题及交通桥安全隐患

续表 9-1

比选内容	方案一	方案二
施工要求	对施工技术要求高,工程量大,施工组织复杂,工期长	对施工技术要求低,施工方便,工程量小,施工组织及工艺较为简单,工期短
投资费用	拆建费用高	费用较低
工程效益	拆建对环境影响较大	可作为观光及科普教育基地;对环境影响小,较为环保

现重点对方案二闸前两种复堤方式“新堤不取直”和“新堤取直”的技术方案进行比选。

(1)大堤不取直,闸前修作新堤方案。

将原闸前围堰修作险工护岸,护岸顶高程为 38.83 m,外边坡 1:1.5,内边坡 1:1.3,内设 1.0 m 黏土坝胎。该段堤防 2000 水平年 3 000 m^3/s 流量相应水位为 33.59 m,根石台顶高程与 3 000 m^3/s 流量水位均为 33.59 m,根石台宽为 2 m,坦石护坡表面粗排,备塌体宽 5 m,为 3 m 宽抛石加 2 m 宽铅丝笼。护岸顶宽均为 10 m。

新堤依托护岸修作,考虑到新堤与原大堤平顺连接,新修大堤桩号为 104+370~104+958,新堤实际长度为 575 m,新堤堤顶高程高于 2000 年设防水位 2.1 m,该段堤防 2000 年设防水位为 37.73 m,则新堤堤顶高程为 39.83 m,堤顶宽度 12 m,临、背边坡 1:3。

对新堤断面进行渗流稳定分析,渗流出逸比降 0.52,大于允许出逸比降 0.35。由于新堤背河不具备放淤的条件,拟在堤顶做截渗墙和新堤背河侧做后戗,后戗顶高 8.59 m,顶宽 5 m,边坡 1:5。计算出逸比降 0.30,小于允许出逸比降 0.35,结果满足渗流稳定要求。

在新堤距离临河侧堤肩 2.5 m 处修作截渗墙,墙顶高程比堤顶高程低 0.5 m,墙底高程为 23.5 m。根据实际情况,该段拟建截渗墙上下游端均为满足标准的淤区工程,为确保截渗墙与相邻工程的衔接,以防止截渗墙两端发生集中绕渗破坏,根据已建工程的计算分析,拟将截渗墙上下游段向相邻工程延伸 50 m,实际布置桩号为 104+320~

105+008,截渗墙实际长度为675 m。因本段截渗墙修作在新堤上,因此截渗墙需在大堤竣工后,主体沉降完成后再进行施工。

本方案需要拆除工程范围内混凝土、砌石及粗排石。其中,拆除混凝土铺盖宽度9.5 m,浆砌石铺盖宽度28 m,粗排石连接段平均宽度86 m,拆除新堤堤段范围内两侧砌石挡土墙。

(2)大堤取直,闸前修作新堤方案。

因该段堤防凸向背河,采用临河修筑新堤修裁弯取直方案,大堤从桩号104+370~104+958进行取直修建新堤。新堤实际长度为563.5 m,新堤堤顶高程同方案一为39.83 m,堤顶宽度12 m,临、背边坡1:3。

将原闸前围堰进行部分拆除,依靠新堤修作险工护岸,险工顶高程为38.83 m,外边坡1:1.5,内边坡1:1.3,内设1 m黏土坝胎。根石台顶高程为33.59 m,根石台宽为2 m,坦石护坡表面粗排,备塌体宽5 m,为3 m宽抛石加2 m宽铅丝笼。护岸顶宽为10~39.8 m。

本方案拆除工程、截渗墙、后戗设计同前大堤不取直方案,实际布置桩号为104+320~105+008,截渗墙实际长度为663.5 m。

以上两种技术方案均需在新堤堤顶修建防汛路(沥青路面,路面宽6 m),新堤两侧种植行道林,间距2 m。

通过对以上两方案比较可看出,"新堤不取直"和"新堤取直"两方案在技术上均可行。

3.工程投资概算

主要对闸前复堤两种方式"新堤不取直"和"新堤取直"两种可行技术方案的工程投资进行比选。工程投资概算主要从以下几方面进行计算。具体项目及计算结果见表9-2。

(1)工程部分投资。

①建筑工程。主要包含主体工程修建所需土方、石方、混凝土工程及拆除工程而产生的费用,路面恢复、草皮种植、界桩设置等配套设施费用。

表 9-2 保留原闸闸前复堤两种技术方案投资比较分析

技术方案	工程投资/万元	移民投资/万元	合计/万元	临时压地/亩
新堤不取直	1 177.09	488.88	1 665.97	318.24
新堤取直	1 198.16	687.38	1 885.54	452.92

注:1 亩 = 1/15 hm^2,下同。

②人工单价及水电费。

③施工临时工程。包括围堰所需土方堆放、施工仓库及办公、生活文化福利设施所需费用。

④独立费用。包含建设管理费、生产准备费、科研勘测设计费及加固工程安全风险评价费等。

(2)建设征地移民投资。

(3)水土保持工程投资。

(4)环境保护投资。

从表 9-2 可看出,新堤不取直技术方案工程投资及移民投资均少于新堤取直方案。因此,全面考虑技术、经济等各方面因素,选取保留原闸闸前修建新堤且不取直方案。

此外,从豆腐窝分洪闸除险加固的设计及方案比选可看出,对于功能丧失闸,其除险加固措施并非人们一贯认为的拆除重建,在技术经济比选的基础上,尽可能利用工程实际价值而采用一定的除险加固措施,以最大程度地发挥工程效益。该闸闸前围堰改为大堤,不仅解决了交通和老闸安全隐患问题,而且节约了投资,同时该闸作为观光及水利文化历史科普基地保留,不仅可作为河道防洪安全的第二道防线,而且对提高公民科学素质、改善局部生态环境具有较好作用,促进了人与自然和谐发展。现该闸除险加固已完成,在开发工程新功能的同时,为水闸安全鉴定类似情况的安全类别确定及除险加固解决方案提供了示范作用,取得了较好的社会效益。

9.2 除险加固大于拆除重建成本闸的处置方案

在水闸安全风险评价工作中,若水闸存在的主要问题为运用指标达不到设计标准,工程存在严重损坏,经除险加固后,才能达到正常运行的水闸,其安全类别应为三类。但在除险加固实施过程中,通过方案比选,如欲恢复其运行指标,但除险加固成本远大于拆除重建成本,则从经济角度考虑,可拆除重建,安全类别可判定为四类闸。本节以黄河下游位山引黄闸为例,研究经济因素对三、四类判定类别的影响。

9.2.1　基本情况

位山闸位于山东省东阿县境内,黄河大堤公里桩号 8+040 处,始建于 1958 年。由于防洪标准不足,于 1981 年冬对该闸进行了改建,1983 年 10 月竣工。安全风险评价时工程现状见图 9-3。

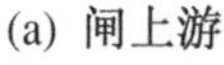

(a) 闸上游

(b) 闸下游

图 9-3　位山引黄闸工程照片

位山引黄闸为 1 级水工建筑物,为 8 孔钢筋混凝土开敞式水闸。孔口净宽 7.7 m,净高 3.0 m,设计引水流量 240.0 m^3/s,加大流量 600.0 m^3/s。设计引水位 41.00 m(按相应大河流量为 380 m^3/s),过闸损失 0.2 m;最高运用水位 46.00 m(相应 30 年水平年大河流量 5 000 m^3/s),闸下水位 43.50 m;设计防洪水位 49.70 m(设计水平年为 30 年,每年洪水位升高 0.096 m),相应闸前淤沙高程 49.20 m;校核防洪水位 50.70 m,相应闸前淤沙高程 50.20 m;地震设计烈度为Ⅶ度。

该闸设计灌溉面积 432 万亩,主要担负着聊城市 9 个县(市、区)的农田灌溉、电力工业及江北水城的供水任务,同时还担负着“引黄济津(淀)”“引黄入卫”等跨省跨流域的输水任务,为聊城市、河北省部分地区的工农业生产、生态环境改善以及天津市生活用水做出了巨大贡献。

9.2.2 安全风险评价情况

9.2.2.1 安全管理评价

该闸管理范围明确,技术人员满足管理要求,管理经费落实到位。根据该闸的实际情况,制定了相应的规章制度,且符合该闸的控制运用方式。工程设施大部分完好,且得到了有效维护,但闸墩出现多条裂缝,闸门锈蚀严重,启闭设备超期服役,无备用电源,部分测压管堵塞,存在一定的安全隐患。根据《水闸安全评价导则》(SL 214—2015)规定,该闸安全管理评价为较好。

9.2.2.2 工程质量评价

闸墩混凝土闸墩裂缝现象严重,局部有露筋现象;3孔胸墙下部裂缝严重,其他各孔胸墙无明显外观缺陷;铺盖表层混凝土内部多处不密实;消力池表层混凝土抗压强度推定强度为14.1~48.9 MPa;混凝土内部多处不密实。闸门止水压板表面锈蚀,螺栓锈蚀,止水表面老化、变形、局部龟裂;门体锈蚀,涂层脱落;吊耳部分构件锈蚀;主梁存在变形;门槽埋件锈蚀,门槽边缘混凝土表面冲刷露出粗骨料;滚轮锈死;抽测各孔闸门腐蚀程度为C级;启闭机制动器表面已锈蚀,减速器漏油,吊杆腐蚀严重已影响安全,行程控制装置已损坏,无开度指示装置,无负荷控制器,电气控制系统自动化程度不高,电动机属淘汰产品;制动轮硬度、开式齿轮齿面硬度、大小开式齿轮硬度差,均不满足现行规范要求,存在一定的安全隐患。因此,该闸工程质量评定为B级。

9.2.2.3 安全复核

各分项安全复核结果见表9-3。

9.2.2.4 综合评价

由以上可知,该闸工程质量和安全复核分析的安全性分级结果如下:

表 9-3　位山引黄闸安全复核成果分析汇总

<table>
<tr><th colspan="2">复核项目</th><th>安全性分级</th><th colspan="2">复核项目</th><th>分项安全性分级</th><th>综合安全性分级</th></tr>
<tr><td rowspan="3">防洪标准</td><td>防洪标准</td><td rowspan="3">C</td><td rowspan="9">结构安全</td><td>闸室稳定性</td><td>A</td><td rowspan="9">C</td></tr>
<tr><td>堤顶高程</td><td>闸墩</td><td>C</td></tr>
<tr><td>过流能力</td><td>牛腿</td><td>A</td></tr>
<tr><td colspan="2" rowspan="2">渗流安全</td><td rowspan="2">A</td><td>胸墙</td><td>C</td></tr>
<tr><td>启闭机梁</td><td>A</td></tr>
<tr><td colspan="2" rowspan="2">抗震安全</td><td rowspan="2">C</td><td>交通桥</td><td>C</td></tr>
<tr><td>翼墙及护坡</td><td>A</td></tr>
<tr><td colspan="2">金属结构安全</td><td>C</td><td>消能防冲</td><td>A</td></tr>
<tr><td colspan="2">机电设备安全</td><td>C</td><td>结构耐久性</td><td>不满足要求</td></tr>
</table>

(1)工程质量评定为 B 级。

(2)该闸防洪标准、结构安全、抗震安全、金属结构、机电设备均评定为 C 级,渗流安全评定为 A 级。

(3)山东黄河位山引黄闸作为渠首工程,原设计引水流量为 240 m^3/s,现状情况下,引水能力远远达不到设计指标。1993 年以后该闸增加了“引黄济冀(济淀)”“引黄济津(淀)”两大跨流域调水任务;1993~2016 年,已累计向河北、天津调近 100 亿 m^3 黄河水,有力地支援了天津市和河北省的经济建设,且随着雄安新区的开发建设,河北省对黄河水的总量需求和用水保证率将进一步提高,而位山闸的引水能力不足,导致 2015 年、2016 年连续两年未能实施冬季调水。因此,位山引黄闸亦不能满足目前的流域规划控制要求。

(4)该闸防洪标准不满足要求,主要体现在引水能力不足,结构安全不满足要求主要体现在闸墩裂缝较多且不满足现行规范要求。如欲恢复引水指标,则除险加固措施需降低闸底板高程或改变结构体系为双层式水闸;如欲提高水闸结构安全,则需对闸墩裂缝采取处理措施。综合技术经济比选,二者成本均大于拆除重建成本。此外,结合新需求,在对雄安新区供水的可行性及改建后工程效益分析的基础上,结合安全风险评价结果,评定该闸为四类闸,并建议管理部门尽快按照规定上报该闸拆除重建措施,并尽快实施。

9.3 作为文物保留闸的处置方案

安全鉴定类别为四类的病险水闸,按照相关规定需降低标准运用或报废重建,但工程具有一定文物价值或文化价值的,可给予保留,但应对其安全性进行分析论证,并需根据工程实际采取相应的除险加固措施。本节以三义寨引黄闸为例,研究此类水闸的除险加固方案,研究该闸现状运行工况和水闸功能改变下安全风险评价的主要内容,以及保证安全运行所需采取的除险加固措施。

9.3.1 基本情况

9.3.1.1 工程概况

三义寨引黄闸为1958年建成的大型开敞式水闸,属1级水工建筑物,相应黄河大堤桩号130+000,结构形式为钢筋混凝土结构,共分3联6孔。每孔净宽12.0 m,闸总宽84.6 m。闸墩净高10.5 m,最高处12.8 m。闸底板长21.5 m,上游引水渠长152 m,闸前防冲槽长11.0 m,其后设有长59.5 m的防渗黏土铺盖,下游消力池长16.0 m,浆砌块石海漫长40.0 m,干砌块石海漫长35.0 m,防冲槽长15.0 m,渐变渠长60.0 m。闸底板下周围打有总长度达235.1 m的进口钢板桩。闸门上游喇叭口左岸为沉排及块石护坡工程,右岸为铅丝石笼护脚及块石护坡工程。墩顶设有装配式闸前修理桥,闸上设工作桥,闸后设交通桥,桥两边有1 m宽的人行道及安全栏杆。该闸设计正常引水流量520 m^3/s,设计灌溉面积1 980万亩,主要担负着开封(主要是兰考县)、商丘两市农田灌溉用水的任务兼向商丘市供给工业和居民生活用水,放淤改造盐碱沙荒地15.6万亩。

该工程是一个时代人工治理黄河的见证物,具有重要的文物价值,是第三次全国文物普查认证的近代重要代表性建筑。三义寨引黄闸概况见图9-4。

(a) 闸上游

(b) 闸下游

图 9-4　三义寨引黄闸概况

运用过程中,闸身强烈振动,导致闸墩、闸底板、机架桥大梁裂缝,特别是闸底板严重裂缝,遂于 1974 年和 1990 年进行了两次改建。第一次改建加固的主要项目有:中联弧形闸门改建成四孔平板钢闸门,中联增建两个闸墩,并在闸底板上修建 2.0 m 高的混凝土底坎,两边联四孔闸底板上修建 2.5 m 高混凝土底坎,启闭设备更新,原交通桥加高 3 m,改为加载拱桥;第二次改建的主要项目有:两边联修建钢筋混凝土挡水墙,并对启闭机房裂缝进行处理。二次改建后的设计流量为 141 m^3/s,并于 1983 年和 1987 年两次对该闸进行了清淤检查,发现两边联弧形闸门底坎和溢流堰斜坡段均有不同程度的裂缝发生,裂缝的走向多数是顺水流方向的。

9.3.1.2　安全风险评价情况

2003 年,河南黄河河务局工程建设中心委托黄河水利委员会基本建设工程质量检测中心对三义寨引黄闸进行现场安全检测,工程安全复核由河南黄河河务局勘测设计院完成,主要是分析了在正常引水运用情况下的结构安全,主要安全风险评价结论如下:

(1)引水规模为 86.34 m^3/s,已满足不了设计要求。

(2)在不同荷载组合情况下,闸室平均基底应力、最大基底应力及不均匀系数均不满足现行规范要求;闸室的抗滑稳定、抗浮稳定在各种荷载组合下均满足现行规范要求。

(3)上游铺盖、下游消力池、海漫存在多处贯穿性裂缝,消力池、海漫存在多处空洞,漏水严重。

(4)边联混凝土挡土墙及左右岸连接建筑物存在不同程度的破坏,不满足现行规范要求。

(5)闸墩表面有麻面、局部混凝土脱落;除两边墩和二次改建时中联加的两墩外,其余闸墩均有裂缝。中联四孔闸底板冲刷受损严重,部分表层混凝土剥落;闸底板局部裂缝。胸墙混凝土碳化严重,部分钢筋已失去混凝土的碱性保护作用,处于易锈蚀状态;两边联胸墙各有一条横向裂缝,最大缝宽 2.5 mm。闸室混凝土老化破坏,结构受损,已不能作为挡水建筑物正常运行。

(6)闸门门体及门槽埋件锈蚀严重,结构受损;闸门支承、导向结构失效,已不能正常挡水和启闭;混凝土叠梁闸门老化,钢筋锈蚀,起吊绞车多处损坏,已无法使用;启闭机已运行近 40 年,已超过其折旧年限,无法正常使用。

(7)该闸交通桥设计标准为汽 13 t、挂 60。经检查发现两边拱拱波上均有贯穿裂缝,最大缝宽 2.0 mm;两端引桥断裂错位;已不能正常使用。

(8)机架桥存在多处裂缝,已不能正常使用。

鉴于上述问题,该闸评定为四类闸,建议报废重建。

9.3.1.3 工程批复及除险加固情况

由于该闸(原闸)运行过程中存在的诸多问题及安全风险评价情况,2004 年黄河水利委员会以黄建管〔2004〕9 号文《关于河南开封市三义寨引黄渠首闸安全鉴定的批复》将三义寨闸鉴定为四类闸并同意报废重建。考虑到灌区引水及生态引水需求,2012 年,上级主管部门对三义寨闸改建项目进行了批复,同意在原闸下游 400 m 处修建新闸(见图 9-5),并将原闸拆除复堤。新闸于 2014 年 3 月 12 日首次放水,投入正常运行。但在进行原闸拆除准备工作时,兰考县文物主管部门与三义寨闸管理处联系,已将三义寨闸作为兰考县第四批重点文物保护单位列为兰考县不可移动文物,在确保建筑结构安全的情况下予以完整保留,并作为焦裕禄干部学院教学基地。因此,考虑到下游水闸引水需求及文物价值，在对现状工况下该闸的安全性进行论证的基础上，对该闸病险问题采取相关处理及整体保护措施。

图9-5　三义寨引黄闸新老闸位置

9.3.2　运行条件改变下的安全风险评价

9.3.2.1　工程运行条件改变情况

随着三义寨引黄渠首新闸的建成运行，原闸仅作为过水建筑物，其运行条件发生了变化，不再挡水运用，其上下游不存在较大的水位差，因上下游水位差引起的闸前及闸后的荷载不均匀分布情况可忽略。另外，启闭机、闸门均已丧失原有功能。

9.3.2.2　现状情况下安全风险评价具体内容

由2003年安全风险评价结果可知，该闸被鉴定为四类闸的最主要问题为：①闸室稳定性不满足规范要求；②铺盖、消力池、海漫存在多处贯穿性裂缝、多处空洞，漏水严重，渗流存在安全隐患；③混凝土老化严重等。

目前，该闸因其运行条件及功能的改变，作为过水建筑物，上下游水位差别不大，在使用过程中渗透压力可忽略，启闭机、闸门也丧失功能不予考虑，混凝土老化可采取相应的加固处理措施予以解决。因此，结合2003年安全风险评价结果，本次安全风险评价的主要内容为不挡水情况下水闸闸室基底应力复核。

1. 计算工况

在不挡水运行工况下,本次在原闸闸室基底应力计算时,参照下游新闸的正常引水位、设计洪水位及校核洪水位作为计算工况,选取"水闸自重+浮托力"组合作为计算荷载。

2. 各工况荷载计算结果

经计算,各工况下荷载计算结果见表9-4。

表9-4 各工况下荷载计算结果

计算工况	外力名称	作用力/kN	力矩 M/(kN·m)
正常引水位(水位69.73 m)	水闸自重	10 578.18	-32 920.60
	浮托力	-26 368.14	1 596.85
	合计	$\sum G$=-26 368.14	$\sum M$=-31 323.75
设计洪水位(水位76.70 m)	水闸自重	10 578.18	-32 920.60
	浮托力	69 100.21	-32 920.60
	合计	$\sum G$=-36 684.98	$\sum M$=7 951.26
校核洪水位(水位77.70 m)	水闸自重	10 578.18	-32 920.60
	浮托力	69 100.21	-32 920.60
	合计	$\sum G$=-36 684.98	$\sum M$=7 951.26

3. 基底应力复核结果

闸室基底应力计算结果见表9-5。

表9-5 闸室基底应力计算结果

计算工况	基底应力 P/kPa			不均匀系数 η		
	P_{max}	P_{min}	$P_{平均}$	$[P]$	η	$[\eta]$
正常引水位	146.44	117.40	131.92	148.00	1.247	2.0
设计洪水位	126.36	103.21	114.78	148.00	1.224	2.0
校核洪水位	126.36	103.21	114.78	148.00	1.224	2.0

由表9-5可知:

正常引水位计算工况:P_{max} = 146.44 kPa<1.2$[P]$ = 177.60 kPa,P_{min} = 117.40 kPa,$P_{平均}$ = 131.92 kPa<$[P]$,η = 1.247<$[\eta]$,满足规范要求。

设计洪水位计算工况:P_{max} = 126.36 kPa<1.2$[P]$ = 177.60 kPa,

$P_{min}=103.21$ kPa，$P_{平均}=114.78$ kPa<[P]，$\eta=1.224$<[η]，满足规范要求。

校核洪水位计算工况：$P_{max}=126.36$ kPa<1.2[P]=177.60 kPa，$P_{min}=103.21$ kPa，$P_{平均}=114.78$ kPa<[P]，$\eta=1.224$<[η]，满足规范要求。

经上述计算分析，该闸在不挡水运用工况下，闸室地基承载力能够满足规范要求。因此，该闸可不予拆除，但考虑到该闸作为文物保留的使用功能，需针对该闸病险问题病害采取科学合理的加固措施。

9.3.3 主要处理方法及整体保护措施

9.3.3.1 现状运行工况下的工程安全问题

目前该闸仅作为过水建筑物，其运用工况已经改变，在现状工况下，该闸闸门不需要进行启闭挡水，上下游水位差较小，也不存在闸前及闸后的荷载不均匀分布情况，且该闸过水部位有较厚淤积土层。因此，闸门门槽失修、导向失效、引水规模问题及上游铺盖、闸底板裂缝、下游消力池和海漫裂缝及局部空洞等可能会造成的渗流及结构不稳定问题均可不予考虑。

但是该闸作为文保建筑物，部分闸墩、闸底板局部混凝土脱落，且存在不同程度的裂缝（见图 9-6～图 9-9）；交通桥桥面栏杆立杆连接不牢，横杆局部破损严重，下部 T 形梁桥出现大量顺筋锈胀裂缝，内部钢筋锈蚀严重，局部混凝土保护层完全剥落，横隔板预埋件严重锈蚀（见图 9-10～图 9-12）；闸前检修桥存在主梁出现顺筋锈胀裂缝，部分桥面人行道板碎裂，甚至缺失等。以上问题严重影响建筑自身结构安全及耐久性。

针对上述工程质量问题，若不及时处理，作为文保建筑物长期运行后将会加剧结构内部钢筋的锈蚀，影响结构承载能力，进而裂缝进一步开展，严重影响结构安全和耐久性；尤其是交通桥下部 T 形梁桥出现大量顺筋锈胀裂缝，内部钢筋锈蚀严重，局部混凝土保护层完全剥落，其结构耐久性基本失效，若不对其及时处理，由于保护层的不断脱落，受力钢筋长期暴露在潮湿环境中，将进一步加剧钢筋的锈蚀破坏，造成交通桥结构的承载力下降，且若遇到偶然荷载的作用，将可能造成严重的破坏，甚至垮塌。该工程闸前检修桥的横梁及护栏结构也存在质量缺陷，作为文保建筑物使用，也存在一定的安全隐患。

图 9-6　闸墩侧面贯穿缝情况

图 9-7　闸墩墩顶裂缝情况

图 9-8　底板冲刷情况

图 9-9　底板混凝土剥落情况

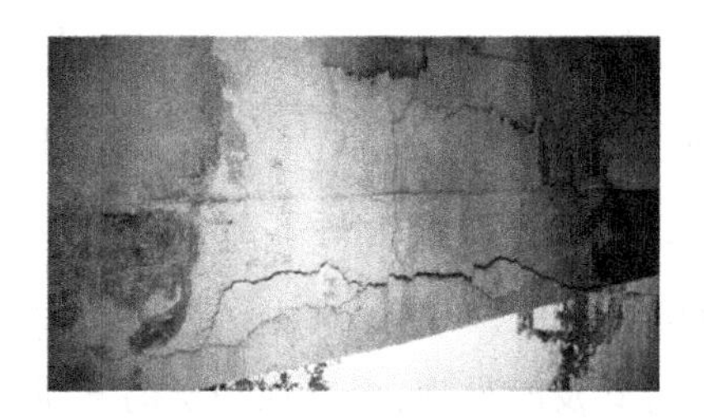

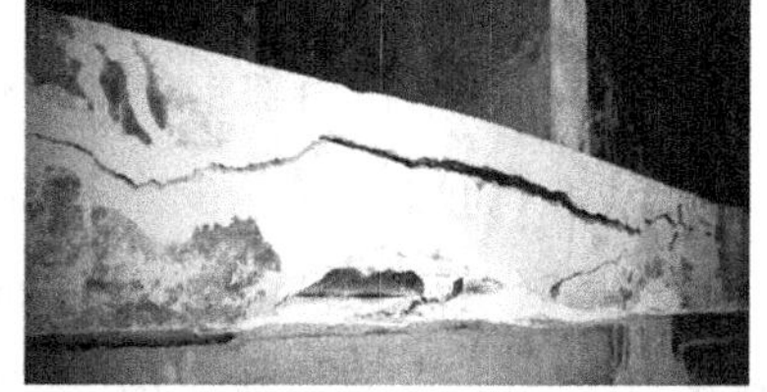

图 9-10　T 形梁桥典型裂缝

图 9-11　上部拱桥左边小拱裂缝

图 9-12　上部拱桥左边与引桥连接处裂缝

另外，由于工程运用时间较长，上部附属建筑物外装饰面观感质量较差，涂料装饰面层出现大面积斑驳，局部外墙瓷砖脱落(见图 9-13)；原来为尽量保留原有建筑结构风貌，在一侧边墩右侧设有 6 根混凝土立柱，经常年使用，其中 1 根已局部折断，其余结构表面均出现严重破损(见图 9-14)。

图 9-13　上部建筑外装饰面现状

图 9-14　附属立柱现状

9.3.3.2 整体保护措施的基本原则

参照我国文物保护的基本原则，本次对三义寨引黄闸病险处理及整体保护遵循以下原则：

(1)修旧如旧原则。尽可能利用原有建筑，最大限度保存该水闸原有部分，能修补使用的尽量修补，且使维修面尽可能控制在建水闸内部。

(2)保证该闸主体结构及材料不变，保持水闸结构及外观面貌不发生改变。

9.3.3.3 除险加固主要内容

按照文物建筑修复的有关要求，在保证外观原貌基本不变的情况下，为了消除该工程的安全隐患，保证结构在目前的工况下能安全运行，遂对工程缺陷部分进行加固，采取以下处理方法，见表 9-6。

表 9-6 除险加固主要工作内容

编号	病害类型	部位	工作量	处理方法
1	混凝土裂缝(包含轻微锈胀裂缝)	闸墩 检修桥 交通桥	240 m	化学灌浆或表面嵌填
2	钢筋锈胀裂缝	检修桥 交通桥 附属立柱	320 m^2	锈胀裂缝区域出现混凝土空鼓或剥落区域采用凿除锈胀部位混凝土→钢筋除锈→回填 C30 微膨胀修复材料→粘贴碳纤维布工艺进行加固处理
3	混凝土表面缺陷(蜂窝、麻面、剥落)	闸底板 检修桥 交通桥	240 m^2	凿除缺陷部位混凝土、回填 C30 微膨胀修复材料
4	预埋件锈蚀	交通桥	48 块	预埋件除锈、表面防腐
5	水平拉筋锈蚀	交通桥	32 根	更换
6	桥面护栏	检修桥 交通桥	全部	增设钢质连接加强件或更换
7	人行道板	检修桥	全部	更换为钢质格栅道板
8	拱趾渗漏	交通桥	300 m	增设桥面集水沟和落水管

续表 9-6

编号	病害类型	部位	工作量	处理方法
9	变形缝杂物	闸墩	80 m	人工清理变形缝内杂物，嵌填沥青麻丝或橡胶条等柔性材料
10	钢闸门锈蚀	钢闸门	28 m^2	人工除锈，表面采用无色环氧类防腐材料
11	钢闸门限位	钢闸门	16 个	采用植筋工艺增设钢质限位装置，并做表面防腐处理
12	上部建筑外装饰面斑驳	上部建筑	600 m^2	采用外墙涂料重新涂刷，尽量与原建筑装饰面风格保持一致
13	上部建筑外墙瓷砖脱落	上部建筑	7 m^2	选用原规格外墙瓷砖重新粘贴
14	其他附属构件		6 根	更换或加大截面加固

9.3.3.4　整体保护措施

在对水闸主要病害采取科学合理的加固措施后，在其周边外延 3~5 m 范围内设置铁质栅栏进行整体性隔离保护，并留置相应的出入口；在交通桥两端设置隔离墩，禁止车辆通行。

9.3.3.5　定检时间

根据《混凝土结构加固设计规范》（GB 50367—2013）相关内容的要求，未经技术鉴定或设计许可，不得改变加固后结构的用途和使用环境，并且对被加固构件在使用过程中的工作状态应定期检查，首次检查时间不得大于 10 年。因此，建议有关部门按照相关规定对工程状况进行定期检查。

下篇
病险水闸运行风险管控及其案例

第10章　白马泉引黄闸应急管控技术

白马泉引黄闸担负着10万亩农田的灌溉和区域内地下水补源任务。因近年雨水偏少，加之河床下切，1992年以来一直引不上水。鉴于该闸闸后配套设施缺损，已失去引水功能，且存在老洞身段结构承载力不满足现行规范要求等问题被鉴定为四类闸。鉴于武陟县农业用水形势紧张，同时，白马泉引黄闸500万m^3取水指标仍然存在，可保障灌区灌溉、抗旱用水需求。地方政府要求采取措施恢复白马泉引黄闸引水，建设应急供水工程将由上游防沙闸闸址处改建的泵站引水。白马泉应急供水工程通过引水渠道及泵站输水至白马泉引黄闸前，用玻璃钢管道穿越白马泉引黄闸涵洞，闸后利用原干渠输水。本章主要论证了该工程采用玻璃钢管输水穿越白马泉引黄闸方案的可行性，并分析了该工程实施后白马泉引黄闸的主要风险及应对措施，在保证白马泉引黄闸降低标准使用安全运行的基础上，将引水流量、上游引水位、年引水规模作为控制运用的主要依据，提出了《白马泉引黄闸安全控制运用方案》，为该闸的完整与安全运用，以及充分发挥工程的综合效益提供了保证。

10.1　总　则

10.1.1　编制目的

（1）论证黄河武陟白马泉应急供水工程采用玻璃钢管输水穿越白马泉引黄闸的方案是否可行，是否属白马泉引黄闸降低标准使用。

（2）论证白马泉引黄闸降低标准使用后的引水安全是否能够保证。

10.1.2 编制依据

(1)《水闸安全鉴定管理办法》(水建管〔2008〕214号)。

(2)《黄河水闸技术管理办法》(黄建管〔2013〕485号)。

(3)《黄河水利委员会安全生产检查办法(试行)》(2013年12月)。

(4)《水利部关于对水利安全生产重大事故隐患挂牌督办的通知》(水安监〔2013〕454号)。

(5)《建筑工程抗震设防分类标准》(GB 50223—2008)。

(6)其他相关法律法规、规程、规范。

10.1.3 适用范围

本方案仅适用于本年度拆除重建前、降低标准运用的白马泉引黄闸运行管理。若次年仍未拆除重建,则应结合当年水雨情及运行管理情况进行必要的修订。

10.2 工程管理现状及安全鉴定概况

10.2.1 工程概况

白马泉引黄闸位于武陟县境内黄河北岸大堤桩号68+800处,始建于1971年,为单孔钢筋混凝土箱涵式水闸。孔口净高2.0 m,净宽2.4 m,设计流量10.0 m^3/s,加大流量15.0 m^3/s。设计淤灌改造沙地1万亩,改种水稻1.5万亩,同时可以灌溉10万亩农田。灌区位于武陟县中东部,涉及4个乡(镇)的92个行政村。

白马泉引黄闸运用期间,由于黄河河床逐年抬高,防洪水位相应升高,致使该闸防洪能力降低,渗径不足,加之闸门止水部分损坏,于1987年进行了改建。改建采用前接形式,即拆除原闸室和上游连接段,按原涵洞断面向闸上游接长涵洞25.50 m,重建闸室、管理房等,工作闸门为钢筋混凝土平板闸门,设15 t手电两用螺杆式启闭机。改建后建筑物全长125.5 m,其中防渗铺盖长15.0 m;闸室长10.0 m;涵洞共7节,三节新涵洞每节长8.50 m,四节老涵洞每节长10.0 m;消力池长 15.0 m;海漫长 20.0 m。闸底板高程 93.60 m(黄海高程,下同),闸墩顶部高程 99.60 m,启闭机平台高程 105.10 m,设计引水位 95.50 m,设计防洪水位 101.65 m,校核水位 102.65 m。改建时保留的 4 节老涵洞段因其结构承载力不满足现行规范要求,为节省投资,涵洞顶填土没有加高,仍维持原高程 103.87 m。

由于白马泉引黄闸所在河段滩地较高,随着河势变化,该闸改建后很少能引到黄河水,后多从沁河引水。20 世纪 80 年代后期,沁河水污染逐渐加重,闸体混凝土受到腐蚀,于 1992 年对该闸混凝土进行了防腐处理。

白马泉引黄闸纵剖面图及平面布置图见图 10-1。

10.2.2　管理现状

白马泉引黄闸修建至今,由武陟第一河务局、焦作供水分局管理,按照黄河涵闸管理规程,对该闸进行了正常的日常管理、维修和养护等任务,定期检查启闭设备,按时添加润滑油,保证涵闸安全运行,工作中发现问题及时处理上报,2009 年对涵闸管理房的门窗进行了更换,保证了工程的完整性。

由于引水条件限制和灌区渠系发生变化,闸后配套设施缺损,该闸 1992 年以后未再引水。

10.2.3　安全鉴定情况

根据水利部颁发的《水闸安全鉴定管理办法》(水建管〔2008〕214 号)及相关规范要求,2009 年 9 月,河南黄河河务局供水局组织有关单位和专家对白马泉引黄闸进行了安全鉴定,安全鉴定结论如下:

(1) 防洪标准满足设计防洪要求。

(2) 闸室抗滑稳定满足现行规范要求。

(3) 闸基抗渗稳定性满足现行规范要求。

(4) 该闸过水能力满足设计要求。

(5) 该闸消能防冲设施不满足现行规范要求。

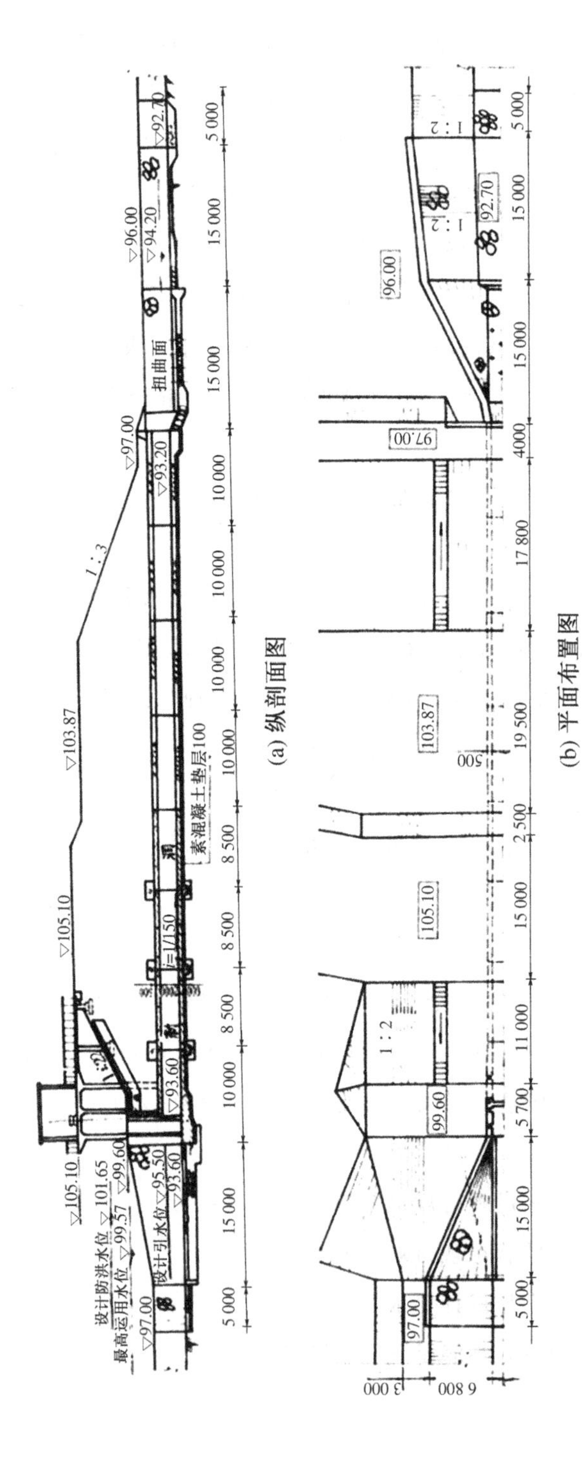

图 10-1　白马泉引黄闸工程纵剖面图及平面布置

(6) 闸室段、新洞身段抗震能力满足要求,老洞身段抗震能力不满足要求,机架桥排架抗震不满足现行规范要求。

(7) 该闸闸室和新洞身段在各种工况下的结构承载力均满足现行规范要求,老洞身段的结构承载力不满足现行规范要求。

(8) 闸门面板下部混凝土剥蚀脱落严重,闸门、门槽埋件锈蚀严重;后四节老洞身段洞身相接处伸缩缝止水均已损坏。

(9) 启闭设备陈旧落后且超过标准使用年限,启闭机螺杆锈蚀严重。

(10) 无电动机等电气设备。

(11) 该闸观测设施已损坏。

(12) 由于引水条件限制,1992年以来未再引水,闸后配套设施缺损。

综上,该闸消能防冲设施不满足现行规范要求;老洞身段结构承载力及抗震能力不满足现行规范要求;机架桥排架抗震不满足现行规范要求;闸门、门槽埋件锈蚀严重;启闭机螺杆锈蚀严重,且启闭设备超过规定使用年限;无电气设备。

鉴于上述问题,且自1992年以来未再引水,闸后配套设施缺损,已失去引水功能,该闸评定为四类闸。建议尽快按有关规定进行除险加固。

10.3 应急供水工程新规划

10.3.1 项目缘由

白马泉引黄闸担负着10万亩农田的灌溉和区域内地下水补源任务。因近年雨水偏少,加之河床下切,1992年以来一直引不上水。

白马泉灌区水利工程较少,仅有的工程也不配套,设施不健全,现状工程老化严重,年久失修,基本丧失灌溉功能。目前,该灌区主要靠机井进行灌溉,但井灌费用大,成本高,农民负担较重,已严重影响农民种田的积极性。

根据当前武陟县工农业发展的需要，在白马泉引黄闸原址引水十分必要。另外，白马泉灌区现有渠系基本完整，修缮后即可重新利用。同时，白马泉引黄闸 500 万 m^3 取水指标仍然存在，可保障灌区灌溉、抗旱用水需求。

黄河武陟白马泉应急供水工程位于黄河北岸武陟县境内。该工程在东安控导工程 34 坝建引水口，通过引水渠道及泵站输水至白马泉引黄闸前，用玻璃钢管道[强耐腐蚀性能、内表面光滑、输送能耗低、使用寿命长(至少可满足未来 3~5 年正常使用)]穿越白马泉引黄闸涵洞，闸后利用原干渠输水。项目区主要涉及武陟县的嘉应观、龙源等乡镇。

该工程管道线路较长，因此可能经过不同的地质构造，且维护养护相对较为困难，工程影响因素较为复杂。该工程作为引水应急工程，平时保障灌区用水、抗旱取水需求，到了汛期保证防汛安全而关闭使用，因此具有引水和防汛双重功能。

工程建成后，将逐渐扭转灌区水资源短缺局面，实现水资源可持续利用，涵养地下水源，改善武陟县周边生态环境，实现人与自然和谐相处。

10.3.2 原有规划情况

白马泉 1#坝、西营防沙闸、西营村围堤及黄河左堤形成合围之势，白马泉引黄闸距西营村围堤约 1 300 m。白马泉引黄闸修建之初，通过西营防沙闸引水，然后进入堤后白马泉灌区。鉴于武陟县农业用水形势紧张，地方政府要求采取措施恢复白马泉引黄闸引水，应急供水工程将由上游防沙闸闸址处改建的泵站引水。

10.3.3 应急供水工程设计

2013 年焦作供水分局委托河南黄河勘测设计研究院对黄河武陟白马泉应急供水工程进行了设计。经省供水局建管处审查，最终确定工程总体布置方案为：在东安控导工程 34 坝建引水口→引渠→调蓄池→提水泵站(西营闸前，设计流量 2.0 m^3/s)→混凝土管道(长

1 227 m)→玻璃钢管穿越白马泉引黄闸→接入原干渠。黄河武陟白马泉应急供水工程布置见图 10-2,具体设计指标见表 10-1。

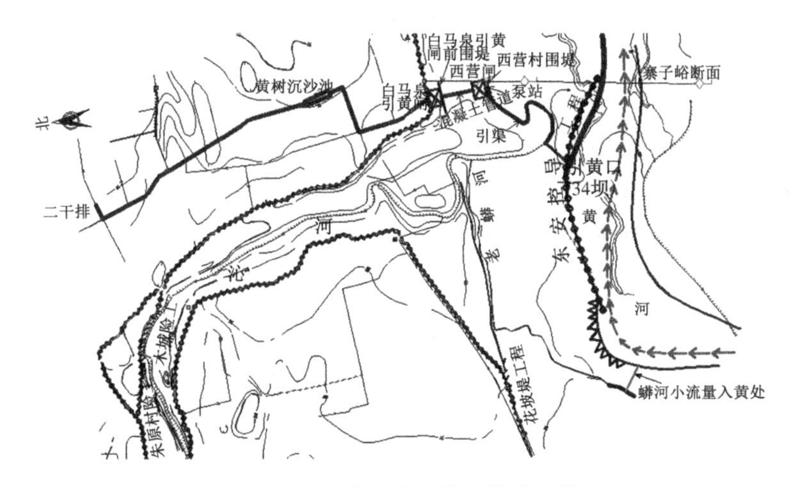

图 10-2　穿越白马泉引水管道工程

表 10-1　白马泉应急供水工程主要设计指标

取水口设计引水位/m		93.6	相应大河流量/(m^3/s)		330.0
提水泵站出口处高程/m		95.0	设计引水流量/(m^3/s)		2.0
混凝土管道	长度/m	1 227.0	玻璃钢管	长度/m	116
	内径/m	1.5		内径/m	1.2
	坡降	1/876		坡降	1/150
	设计水深/m	1.07		设计水深/m	0.59
	水流形态	无压均匀流		水流形态	无压均匀流

10.3.3.1　工程等别及建筑物级别

该工程等别为Ⅳ等小(1)型,抗震设防烈度为Ⅶ度。工程包括引水渠道、提水泵站、调蓄池、输水管道及其他附属设施。黄河武陟白马泉应急供水工程等别为Ⅳ等,泵站和输水管道等主要建筑物为 4 级建筑物,其他次要建筑物为 5 级建筑物。

10.3.3.2　抗震设计标准

根据《建筑工程抗震设防分类标准》(GB 50223—2008)的规定,临时性建筑通常可不设防。因此,作为应急供水的临时工程,该工程不进行抗震设防。

10.3.3.3　混凝土管道

提水泵站至白马泉引黄闸之间采用一圆形承插口式钢筋混凝土管道，长 1 227.0 m，内径 1.5 m，管壁厚度 0.15 m。管道内为无压均匀流，设计水深 1.07 m。管道基础采用与管道外径同宽度(1.8 m)的 C10 素混凝土基座。

10.3.3.4　玻璃钢管道

白马泉引黄闸孔宽为 2.4 m，在闸室、涵洞内布置 1 条长 116.0 m 的玻璃钢管从中通过，玻璃钢管穿过涵洞及洞后消能设施后与混凝土管道对接输水。考虑到管道两侧检修通道要求，选择玻璃钢管内径 1.2 m，进口处玻璃钢管外壁距涵洞右壁 0.3 m，出口玻璃钢管外壁距涵洞右壁 0.1 m(见图 10-3)。玻璃钢管采用承插口式管道。玻璃钢管与上游混凝土管道间设一渐变段，长 2.5 m。穿越白马泉引水管道工程布置见图 10-4～图 10-7。

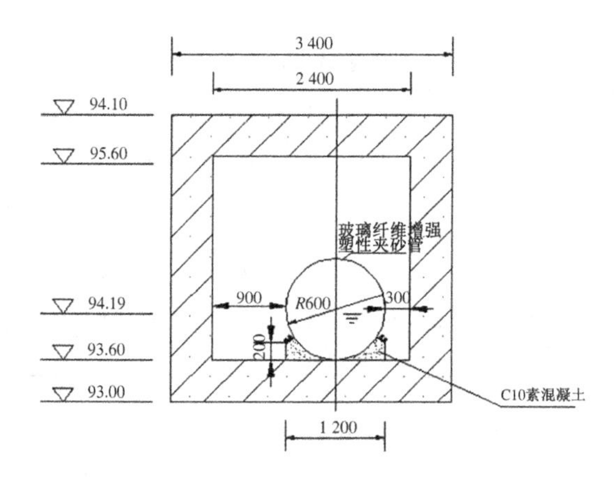

图 10-3　涵洞内管道断面　(单位:高程,m,尺寸,mm)

10.3.3.5　围堤

1. 西营村围堤

西营村围堤(高程 100.30 m)距白马泉引黄闸上游 1 300 m 处，为应急供水工程的第一道围堤。西营村防沙闸穿堤而建，水泵管道穿过西营村围堤进入集水池。

图 10-4　玻璃钢管现场情况(上游)

2. 引黄闸围堤

为汛期便于封堵和涵闸安全,引黄闸上、下游各设一道围堤。围堤长度闸前 142.0 m、闸后 148.0 m(含老围堰),围堤高程 102.65 m(比白马泉引黄闸设计防洪水位高 1.0 m)。围堤修筑按堤防标准要求:清基分层→铺筑两合土→碾压→封顶→修坡碾压。土质黏土含量较高,按设计要求压实度不小于 0.91 且最小干密度不小于 1.50 g/cm^3。

图 10-5　玻璃钢管现场情况(下游)

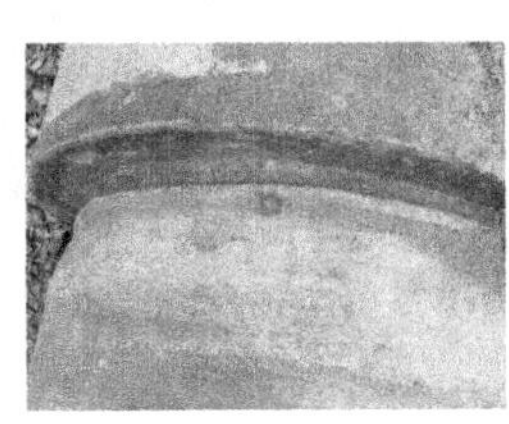

图 10-6　玻璃钢管与混凝土管的连接

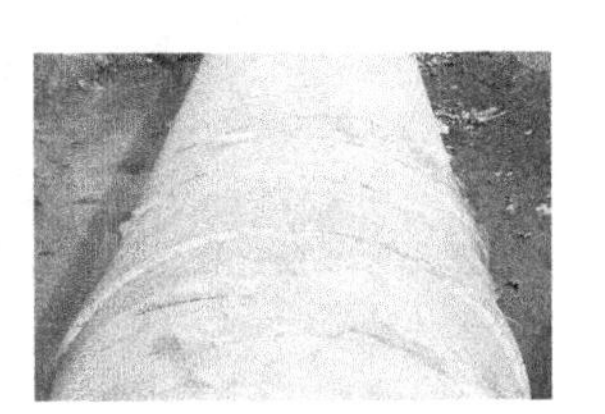

图 10-7　玻璃钢管之间的连接

为避免玻璃钢管遭到人为破坏,前后围堤的顶部均布设有防护网。防护网高 1.5 m,由混凝土桩(高 2 m,埋入地下 50 cm)和 4 道扎丝组成,遍布整个闸管区,白马泉引黄闸围堤现场情况图 10-8、图 10-9 所示。围堤至西营堤管道两侧也设有同样的防护网。

图 10-8　围堤现场情况(上游)

图 10-9　围堤现场情况(下游)

10.4　应急供水工程管道穿越白马泉引黄闸涵洞影响分析

根据河南黄河勘测设计研究院编制的《黄河武陟白马泉应急供水工程初步设计报告》，应急供水工程经提水泵站提水至出水池，经混凝土管道输水至白马泉引黄闸前，采用无压玻璃钢输水管道，通过白马泉引黄闸闸室、涵洞及洞后消能设施后与混凝土管道对接。初步认为该方案是可行的，现主要从该应急供水工程对原白马泉引黄闸安全鉴定结论中各不满足项的影响及后续规划的影响等方面进行分析。

10.4.1　应急供水工程管道穿越白马泉引黄闸涵洞可行性分析

根据2009年该闸安全鉴定结论，该闸主要存在消能防冲不满足现行规范要求、老洞身段结构承载力及抗震能力不满足现行规范要求、机架桥排架抗震不满足现行规范要求、闸门及门槽埋件锈蚀严重、启闭机螺杆锈蚀严重且启闭设备超过规定使用年限、无电气设备、闸后配套设施缺损等问题。

10.4.1.1　对消能防冲的影响

黄河武陟白马泉应急供水工程主要采用玻璃钢管过闸，无明水通过，不破坏该闸原有消能防冲设施，且在该工程管道铺设时，已按照要求对白马泉引黄闸后消力池进行了适当修复性处理。

因此，采用玻璃钢管过闸引水对消能防冲无影响。

10.4.1.2　对老涵洞段结构承载力及抗震能力的影响

（1）在《黄河下游白马泉引黄闸安全鉴定报告》中指出老洞身结构承载力不足主要表现在以下几方面：

① 老洞身段在检修期和正常引水位的工况下，边墙的裂缝开展宽度和正截面承载力都不满足现行规范的要求。

② 老洞身段在校核水位的工况下，顶板和底板的裂缝开展宽度均不满足现行规范的要求。

③ 老洞身段在正常引水位+竖向地震的工况下，边墙的正截面承载力不能满足现行规范的要求。

④ 老洞身段在正常引水位+水平地震的工况下,边墙的正截面承载力不能满足现行规范的要求。

可见,老涵洞段结构承载力不满足现行规范要求,主要表现为边墙正截面承载力不足,本工程输水玻璃钢管敷设在涵洞底板上,管道水流为无压流,管道水深 0.59 m,由《黄河武陟白马泉引水工程初步设计报告》可知,在现状引水情况下,采用玻璃钢管道穿越白马泉引黄闸所产生的荷载未超出原设计荷载,其产生的内力小于原正常引水工况下产生的内力值,结构承载力满足现行规范要求。

(2) 老洞身段抗震能力不满足现行规范要求主要是由于原来设计指标不满足现行规范造成的。经结构复核计算可知(对原设计引水位+地震和现状引水条件+地震工况下老涵洞段各构件内力进行了计算分析,见表 10-2),在现状引水条件+地震工况下,边墙结构承载力仍不满足现行规范要求。

表 10-2　白马泉引黄闸老涵洞段内力对照表

构件部位	设计引水位+地震		现状引水条件+地震		规范允许值	
	弯矩 M/(kN·m)	剪力 V/kN	弯矩 M/(kN·m)	剪力 V/kN	正截面承载力/(kN·m)	斜截面承载力/kN
顶板	131.08	292.32	140.65	292.28	141.77	324.37
底板	150.51	335.22	74.15	117.40	158.42	353.35
边墙	150.51	184.94	148.65	200.39	128.53	309.66

因此,采用玻璃钢管过闸引水情况下,老涵洞段结构承载力满足要求,但仍不满足现行规范抗震要求。

10.4.1.3　对机架桥排架结构承载力及抗震能力的影响

鉴定结果显示,在正常运用(设计引水位+单孔启闭)工况下,机架桥刚架结构的承载力满足现行规范要求,排架柱抗震能力不满足现行规范要求。正常过水情况下,该闸机架桥可安全运用。本工程水流是由白马泉引黄闸前 1 227 m 处的泵站控制,与该闸现机架桥无关。因此,采用玻璃钢管过闸引水情况下,对机架桥排架结构承载力及抗震能力没有影响。

10.4.1.4　对闸门及附属结构的影响

鉴定结果指出，闸门面板下部混凝土剥蚀脱落严重，闸门、门槽埋件锈蚀严重，对混凝土脱落进行处理及更换闸门附属结构后不影响其正常运用，且白马泉引黄闸作为病危水闸，玻璃钢管道过闸引水期间，洞内无明水通过，不涉及原闸门的运用；汛期，历年度汛方案均采用封堵，本次工程设计度汛方案亦按照《白马泉引黄闸防汛预案》（武陟第一河务局 2014 年 1 月编制，下同）进行，洪水期间（黄河花园口站流量 8 000 m^3/s，沁河武陟站 1 000 m^3/s），泵站停止运用、停水，亦不涉及原闸门。

10.4.1.5　对涵洞止水的影响

后四节老洞身段洞身相接处伸缩缝止水均已损坏。该工程方案设计采用玻璃钢管穿越白马泉引黄闸闸室及涵洞，水流与闸室、涵洞完全隔离，因此在引水管道正常工作状态下对老洞身段洞身连接处伸缩缝止水没有影响。

10.4.1.6　对启闭设备的影响

安全鉴定结论指出，启闭设备陈旧落后且超过标准使用年限，启闭机螺杆锈蚀严重，无电动机等电气设备。工程引水由白马泉引黄闸前 1 227 m 处的提水泵站控制，启用该闸启闭设施频率非常低，且该启闭设施手摇设备目前可正常运用。

10.4.1.7　管道振动

管道振动是在有压水流状态下发生的，是因为管道内外压强不相等，管道内的空气无法排出，在压力的作用下，就会产生明显的振动。管道内的水与空气共同作用下产生振动，压力越大振动就越大。而设计方案中管道水流为无压流，不会产生明显振动。

10.4.2　应急供水工程对白马泉引黄闸规划设计的影响

2009 年 9 月，河南黄河河务局供水局组织有关单位和专家对白马泉引黄闸的安全鉴定结论为该闸已失去引水功能，评定为四类闸。目前，有关部门正在积极上报对该闸的除险加固规划设计，不影响白马泉引黄闸规划设计的实施。

黄河武陟白马泉应急供水工程管道利用白马泉引黄闸涵洞作为过水通道，属应急措施，如白马泉引黄闸除险加固规划设计批复实施，建设单位承诺将过水管道全部拆除，不影响该项目的实施。

10.4.3 应急供水工程对白马泉引黄闸安全度汛的影响

管理部门已编制应急度汛方案，洪水期间（黄河花园口站流量 8 000 m^3/s，沁河武陟站 1 000 m^3/s）泵站停止运用，并拆除闸室段玻璃钢管道，同时按白马泉引黄闸原度汛方案进行封堵，不会对白马泉引黄闸既有的防洪预案（《白马泉引黄闸防汛预案》）产生影响。

此外，鉴定结果指出，该闸防洪标准满足设计防洪要求，设防水位工况下，抗渗稳定性、闸室稳定及结构承载力均满足现行规范要求。因此，汛期封堵不会影响该闸安全。

10.4.4 白马泉引黄闸作为引水通道降低标准运用分析

根据现行规范要求，水闸安全鉴定中的四类闸可降低标准运用。考虑白马泉引黄闸作为四类闸可降低标准运用的原则，对黄河武陟白马泉应急供水工程采取了一系列切实可行的措施。

（1）降低引水流量运用。

安全鉴定结果第四条指出，白马泉引黄闸过水能力满足设计要求。该闸设计流量 10.0 m^3/s，而作为输水管道通道，其流量仅为 2.0 m^3/s，远小于原设计流量，属白马泉引黄闸降低引水流量运用。

（2）不影响原闸防渗体系。

安全鉴定结果第八条指出，白马泉引黄闸老洞身段洞身相接处伸缩缝止水均已损坏。穿越白马泉引黄闸玻璃管道为全封闭状态，管内水流为无压水流，不会产生压力水流渗出，且该工程不破坏原闸设施，管道是沿涵洞底板顶部铺设的，对原工程防渗体系未产生影响，也避免了原闸伸缩缝止水老化造成抗渗不满足设计要求的问题。

（3）不影响原闸结构承载力。

安全鉴定结果第六条、第七条指出，老洞身段结构承载力和抗震能力不满足要求。

经上述分析可知,此种情况下,采用玻璃钢管过闸引水情况下,老涵洞段结构承载力满足现行规范要求,但仍不满足现行规范抗震要求。

(4) 降低了原闸前防沙闸的运行风险。

白马泉引黄闸原由闸前 1 300 m 处的西营防沙闸引水,该工程实施后,改为从上游防沙闸闸址处改建的泵站引水,从而降低了西营防沙闸的运行风险。

综合分析认为,黄河武陟白马泉应急供水工程管道采用玻璃钢管输水穿越白马泉引黄闸涵洞的方案是可行的,属白马泉引黄闸降低标准使用,且不影响该闸除险加固规划设计的实施和安全度汛,保证了该闸引水和防汛功能。

10.5　风险及管控措施

2009 年白马泉引黄闸被鉴定为四类闸,本身存在一定的安全隐患。因此,在现状情况下,用管道穿越白马泉引黄闸涵洞引水,应考虑该引水管道对涵闸安全运行和度汛的影响。

10.5.1　风险分析

白马泉引黄闸的风险存在于工程运行阶段的结构方面存在的隐患,日常运行管理中存在的操作失误等隐患,电气设备、供电系统等存在的隐患,以及环境影响、自然灾害、人为破坏等因素,汛期非安全度汛、抢险不及时等因素都是工程风险的可能来源,这些不安全因素对白马泉引黄闸的安全运行构成了一定威胁。因此,对造成工程失事或事故的风险因素进行分析,发现导致工程失事的根本原因,是保障工程安全的重要内容。为此,本报告拟考虑工程正常运行期及汛期(6 月 15 日至 10 月 15 日)多种风险因素,特别是工程主体结构、日常运行管理、自然灾害及非安全度汛等隐患对白马泉引黄闸安全运行的影响,综合分析该工程运行风险,进而探讨有效的工程措施和非工程措施,为该工程的安全运行提供参考。

目前穿越白马泉引水管道作为引水应急措施,虽属白马泉引黄闸降低标准使用,但白马泉引黄闸多年未引水,且老化严重,存在诸多问题,具体如下:

(1) 有发生渗水、管涌险情的可能。黄(沁)河大堤堤基为复杂的多层结构,大洪水期间,存在着渗透变形和不均匀沉陷等问题。由于多年来黄(沁)河没有发生大洪水,涵闸土石接合部位存在的隐患很难发现,如果汛期出现持续高水位,极易发生渗水、管涌等重大险情,危及堤防安全。

(2) 工程运行多年,设施老化严重。该闸自 1992 年以来未曾引水,闸后配套设施缺损,已失去引水功能,且涵闸本身伸缩缝均产生环形裂缝,闸门、门槽埋件锈蚀严重,启闭设备陈旧,观测设施严重损坏等问题,已成为黄(沁)河防洪的一大隐患。

而作为穿越白马泉引黄闸引水管道的安全运用也直接影响到白马泉引黄闸的运行安全和度汛安全。因此,合理分析该闸的风险因素并随即采取相应的工程措施或非工程措施尤为必要。

10.5.1.1 工程破坏或事故原因

通过前文相关资料的分析,考虑黄(沁)河度汛要求,从正常运行期和汛期分别探讨白马泉引黄闸失事的风险因素。正常运行期该工程破坏原因主要有结构失稳、渗流破坏、设备故障、管理不当、自然灾害等,汛期主要破坏形式表现为防洪能力不足、险情抢护不到位等。

正常运行期和汛期工程主要破坏形式及主要分析内容如表 10-3、表 10-4 所示。

10.5.1.2 工程主要风险

由以上可知,白马泉引黄闸的风险主要存在于正常运行期和汛期的各个环节,如正常运行期的结构裂缝、断裂等,闸门、电气设备、启闭设备等存在的隐患,以及环境影响、人为破坏等因素,汛期抢险救灾组织、险情抢护等存在的隐患等,这些都是工程风险的可能来源。

表 10-3　正常运行期工程破坏原因及主要分析内容

<table>
<tr><th colspan="2">破坏/事故原因</th><th>主要分析内容</th></tr>
<tr><td colspan="2" rowspan="4">结构失稳</td><td>混凝土结构失稳</td></tr>
<tr><td>引水玻璃钢管道失稳</td></tr>
<tr><td>上下游连接段失稳</td></tr>
<tr><td>围堤失稳</td></tr>
<tr><td colspan="2" rowspan="2">渗流破坏</td><td>堤基渗透破坏</td></tr>
<tr><td>土石接合部集中渗漏</td></tr>
<tr><td colspan="2" rowspan="2">设备故障</td><td>运转不灵活</td></tr>
<tr><td>无法正常启闭</td></tr>
<tr><td colspan="2" rowspan="5">管理不当</td><td>引水管道渗水未及时处理</td></tr>
<tr><td>工程无人维护或维护不及时</td></tr>
<tr><td>规章制度落实不到位</td></tr>
<tr><td>工程检修事故</td></tr>
<tr><td>缺乏必要的观测与检查</td></tr>
<tr><td rowspan="4">其他</td><td rowspan="2">自然灾害</td><td>持续较强降雨等引起洞内积水</td></tr>
<tr><td>地震诱发工程破坏</td></tr>
<tr><td rowspan="2">人为破坏</td><td>操作不当</td></tr>
<tr><td>人为故意对工程造成的破坏</td></tr>
</table>

表 10-4　汛期工程破坏原因及主要分析内容

<table>
<tr><th>破坏/事故原因</th><th>主要分析内容</th></tr>
<tr><td rowspan="3">防洪能力不足</td><td>围堤坍塌或冲毁</td></tr>
<tr><td>土石接合部渗水、漏洞</td></tr>
<tr><td>设备故障</td></tr>
<tr><td rowspan="4">抢险失败</td><td>抢险救灾组织不到位</td></tr>
<tr><td>防汛料物储备不充分</td></tr>
<tr><td>险情抢护不及时</td></tr>
<tr><td>出现超标洪水</td></tr>
<tr><td rowspan="2">未抢险</td><td>水位快速上升</td></tr>
<tr><td>工程冲毁</td></tr>
<tr><td>人为扒口</td><td></td></tr>
</table>

1. 主体结构隐患

针对白马泉引黄闸而言,主体结构隐患主要指混凝土结构本身、过闸引水玻璃钢管道、上下游连接段及围堤等在运行过程中所产生的影响工程安全运行的隐患。主要包括:由于基础不均匀沉陷、混凝土劣化、自身结构承载力不足等引起混凝土结构裂缝、倾斜甚至断裂,或是遭遇超标洪水时工程冲毁;引水玻璃钢管道由于不均匀沉陷、超标洪水等原因爆裂或冲毁;上下游连接段滑坡、坍塌;围堤滑坡失稳等。

2. 渗流破坏隐患

一方面,由于老涵洞止水均已损坏,在遭遇玻璃钢管道渗漏时,会通过闸身伸缩缝损坏处渗入堤内,进而影响渗透稳定性;另一方面,由于土石接合部位存在的隐患(接合部不密实或裂缝等)很难发现,如果遭遇持续高水位、持续较强降雨及地震等极易发生集中渗漏,危及工程安全。

3. 日常运行管理隐患

日常管理维护不当,例如管道渗水未及时处理,闸门、金属结构、启闭系统及电气设备等养护不当,缺乏日常工程观测,检查不及时,水文预报不及时、不准确等,这些都会给工程的安全运行和安全度汛造成影响。此外,在工程维修养护或检修过程中,由于高空作业亦较易引发高处坠落(人员或物体坠落等事故)、物体打击(机械运转打伤事故)、触电或火灾等安全事故。

4. 汛期抢险隐患

汛期抢险隐患主要针对工程遭遇超标洪水时,围堤坍塌、闸门启闭不及时或运转不灵活等设备故障、玻璃钢管道切割不及时或切割过程中闸门卡阻、抢险不及时或抢险失败等原因造成的工程破坏或冲毁。

5. 自然灾害隐患

主要考虑地震、持续较强降雨等自然灾害对工程安全运行的影响。工程场区属华北地震构造区与豫皖地震构造区交接部位,工程区地震动峰值加速度为0.15g,相应地震基本烈度为Ⅶ度。虽目前该地区未曾遭遇大地震的破坏,但由于地震本身是一种复杂多变的震动过程,将造成涵闸工程伸缩缝错动或破坏、老涵洞结构失稳、机架桥排架柱断裂甚至倒塌、翼墙倾斜、引水管道开裂甚至断裂、围堤滑坡或坍塌等,对整座涵闸的安全均有一定的影响。

虽上下游围堤经碾压夯实,但边坡仍覆有虚土,如遇持续较强降雨天气,围堤可能出现滑坡甚至坍塌险情。此外,涵闸前后均用围堤封堵而未预留排水口,如遇持续较强降雨,则将造成洞内积水,也将影响到涵闸的抗渗和结构安全。

此外,地震或持续较强降雨可能带来的电力供应中断也会对闸门的正常开启和洞内积水的及时排除造成困难。

6.人为破坏隐患

人为破坏隐患主要指管理人员责任心不强、业务不熟悉、操作不熟练或出现失误等造成启闭困难,或汛期切割玻璃管道不及时或人为故意对引水管道或涵闸结构进行打砸破坏、围堤破坏等造成抢险失败或工程破坏。

白马泉引黄闸主要风险因素的构成,即风险的主要来源,如图10-10~图10-13所示。

10.5.2 风险管控措施

通过对白马泉引黄闸风险分析可知,该工程风险既有工程自身的因素,也有人为和自然灾害的影响,一旦发生,将会不同程度地造成工程破坏,影响度汛安全,甚至造成人身伤害或财产损失。为此,选择合理有效的处理风险的对策,采取切合实际的工程措施和非工程措施,则可使工程损失尽量减少或得以避免,故报告将针对这些风险因素,提出相应的降低风险的措施和建议,从一定程度上保证白马泉引黄闸的安全运行。

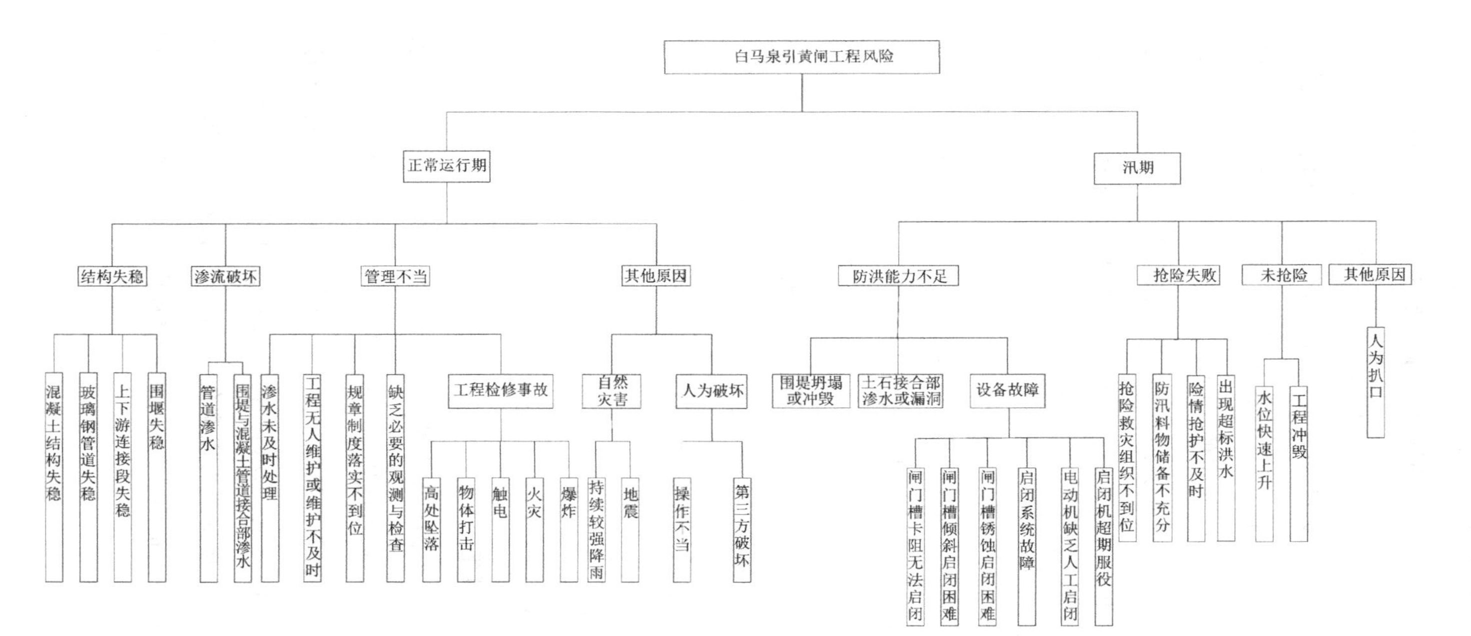

图 10-10　白马泉引黄闸主要风险因素的构成

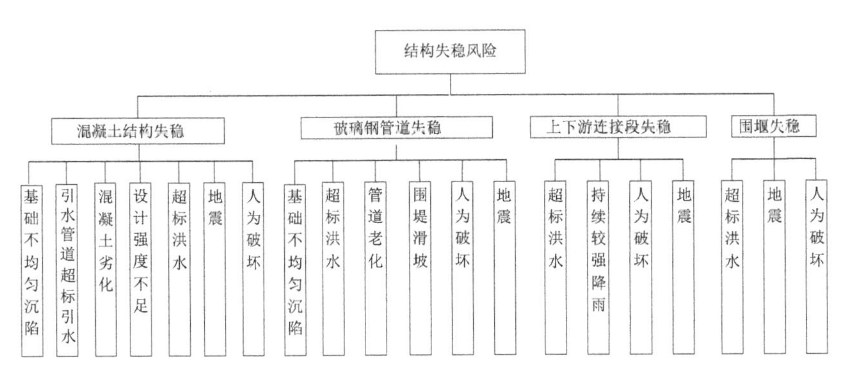

图 10-11　结构失稳主要风险因素的构成

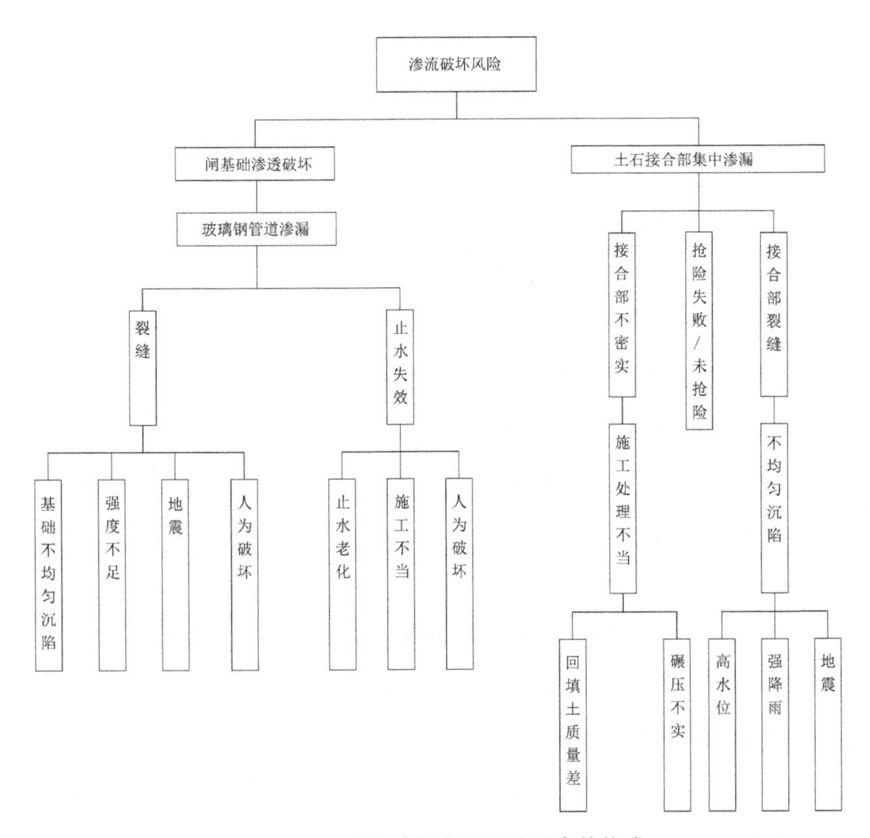

图 10-12　渗流破坏主要风险因素的构成

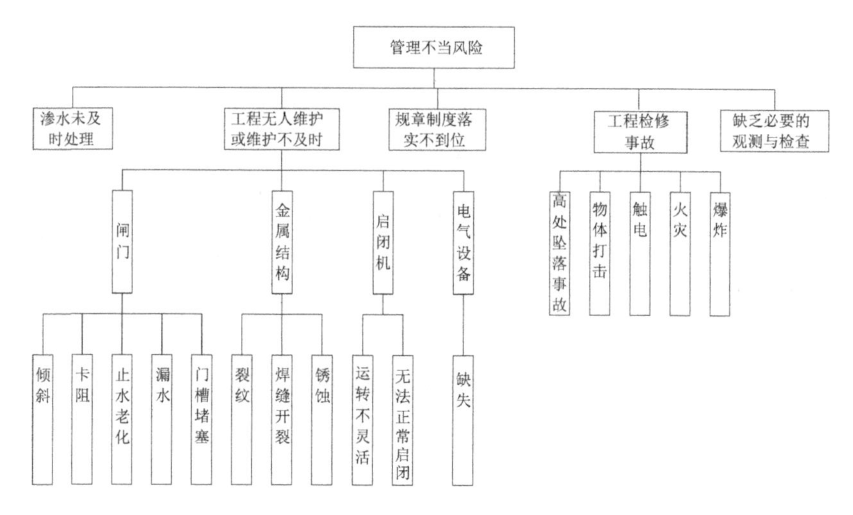

图 10-13 管理不当主要风险因素的构成

10.5.2.1 采取必要的工程措施

(1) 穿闸玻璃钢管前后均用围堤封堵,无预留排水口,遭遇强降雨等天气或玻璃钢管爆停后造成洞内积水,从而影响涵闸安全。建议闸后设置清水泵与混水泵,并增设备用电源、发电机,如洞内有积水或泥浆,及时抽出并排入闸后检查井。

(2) 增设临时沉降观测点。

(3) 增设漏电保护设施,并设立警示标志,且由专业检测机构定期对漏电保护设施进行检测、检查,发现腐蚀断裂或意外损坏,应及时修复。

(4) 建议提前根据闸孔跨度焊制一钢框架,并作为防汛物资储备,以快速应对汛期闸门启闭失灵时封堵洞口;或配备 5 t 导链及相应的三角架,汛期如启闭机启闭失灵,可利用三角架支撑导链放置闸门。

(5) 增设应急仓库,用于存放手提砂轮、发电机等应急设备,定期维护并通电试转。

(6) 配备必要的防护工具,保障切割玻璃钢管人员安全(特别应注意切割时的用电安全)。

(7) 建议对应急供水工程管道与闸上下游围堤间土石接合部进行防渗处理。

(8) 建议对该闸上下游围堤边坡未夯实处进行处理。

10.5.2.2 加强水闸日常运行安全管理

主要对工程管理范围内的运行观测、维修养护、工程设施及环境等方面进行日常的安全管理工作。

1. 加强工程的运行观测

工程运行过程中，定期对工程进行观察检查及保养工作，消除一切可能引起事故的隐患，具体如下。

a. 围堤

(1) 保证围堤安全，围堤上游为观测重点，加强上游水位及流量观测，重点对边坡稳定进行观测，临河侧观测滑坡、裂缝，背河侧观测有无渗水现象。

(2) 建议加强人工巡查，如遇围堤土体滑坡或坍塌，及时处理。

b. 穿越涵闸引水管道

(1) 注意观察引水管道玻璃钢管及与其连接的混凝土管道有无裂缝、破损、渗漏、倾斜等现象，混凝土底座有无裂缝、渗水或侵蚀现象，如有，应及时停水维修并采取相应的修补措施，以防产生安全隐患。

(2) 检查混凝土管道与上下游围堤接合处新形成的土石接合部有无裂缝、渗漏、蛰陷等损坏现象。

(3) 观察玻璃钢管连接处及其与混凝土管道连接处防渗材料有无老化，连接处有无渗水现象。

(4) 由于黄河水含沙量较大，引水管道运用过程中可能会造成管道的冲刷和内部泥沙的淤积，进而对引水造成一定的影响。建议定期关闭上游泵站，对管道内止水、淤积情况进行检查，保证工程正常运行。

(5) 虽整个闸管区及管道管护范围内全部设置有防护网，但仍应加强人工巡查力度，在明显处设置相应的标识标牌，以防有人偷入防护网内破坏工程设施，若有人进入，做到早发现、早制止、早驱离。

c. 涵闸

(1)检查土石接合部——上下游翼墙与附近土堤接合处有无裂缝、渗漏、蜇陷等损坏现象。

(2)检查岸墙及上下游翼墙分缝是否错动，护坡有无坍滑、错动、开裂迹象，堤岸顶面有无塌陷、裂缝等。

(3)检查金属结构是否出现裂纹或焊缝开裂，表面油漆是否剥落、生锈，并及时维修养护。

(4)检查闸门止水是否老化、变形，有无漏水情况，闸门是否有偏斜、卡阻现象，门槽是否堵塞，压橡皮钢板、螺栓等闸门附属结构是否锈蚀，并注意及时更换。

(5)观察启闭机运转是否灵活，有无不正常的声响和振动，传动机件和承重构件有无破坏磨损、变形；导链运转是否正常。

(6)定期对闸门进行启闭试验(建议每月启闭一次)，确保启闭灵活，安全应用。

(7)检查电源、线路是否正常，是否处于备用状态；配电线路有无老化、破皮等，保证用电安全。

(8)检查管理范围内有无违章建筑和危害工程安全的活动；检查涵洞内有无堵塞情况或垃圾堆放，并及时清理，保持通畅。

(9)日常检查人员在检查时应做到认真负责，对所检查情况应逐一排查问题，做好与上次检查结果的对比、分析和判断，发现问题应及时报告并做好记录工作。

2. 加强工程观测

涵闸的不均匀沉降将影响涵闸自身的安全和引水管道的正常运行，易造成玻璃钢管裂缝甚至断裂，直接威胁工程安全。

(1) 利用临时观测点，及时按要求开展沉陷位移观测。观测垂直位移时同时观测上游泵站运行水位及流量等。

(2) 水闸不均匀沉陷量大于 5 cm、累计沉陷量大于 15 cm，超过水闸设计规范要求时，及时上报上级管理部门。其间，应密切观察引水玻璃钢管是否有裂缝或渗水情况，如发现异常，及时处理。

3. 加强人员管理与培训

（1）明确规定闸门的控制运行办法及相应的管理人员，并对闸管人员定期进行操作业务培训，启闭闸门时必须按照操作规程进行作业。

（2）对专门的砂轮机操作人员进行定期培训和模拟切割。

（3）定期对管理人员进行安全技术知识教育（安全法规、安全卫生知识及应急预案等内容），避免工程检修养护时高处坠落、物体打伤、触电及火灾以及爆炸事故的发生。同时，在技术上应采取有效的防护措施。

4. 其他

（1）注意观测上游取水口水位及河势的变化。

（2）严格按照设计方案控制引水位。

（3）采用玻璃钢管过闸引水属应急措施，老涵洞段边墙结构承载力仍不满足现行规范抗震要求，且该闸排架柱亦不满足现行规范抗震要求，建议有关部门尽快上报对该闸的除险加固规划设计，以降低突发地震情况下的工程安全风险。

10.5.2.3 汛期安全度汛应对措施

防汛是一项长期艰巨的工作，应采取综合治理的方针，合理安排抢险措施，达到减免洪水灾害和提高防洪标准的目的。在汛期应注意掌握水情的变化、闸址处建筑物及应急供水工程状况，做好调度和加强建筑物安全的防范工作及抢险救灾的组织工作。

1. 白马泉引黄闸度汛措施

a. 各流量级闸前洪水位及可能险情

白马泉引黄闸防守预案以花园口站流量分级，分为4 000 m^3/s以下、4 000～6 000 m^3/s、6 000～8 000 m^3/s、8 000～10 000 m^3/s、10 000～15 000 m^3/s、15 000 m^3/s以上等6个流量级别；沁河各流量

级洪水防守方案以武陟站流量分级分为 500 m^3/s 以下、500～1 000 m^3/s、1 000 m^3/s 以上 3 个流量级，并按相应级别不同险情制定对应防守措施。花园口站各级流量和武陟站各级流量相应白马泉引黄闸前水位及相应险情分别如表 10-5、表 10-6 所示。

表 10-5　花园口站各流量级洪水闸前水位及相应险情

花园口站流量/(m^3/s)	白马泉引黄闸前水位/m	出现险情	防汛戒备状态
<4 000	97.86	否	黄河防汛一般戒备
4 000～6 000	97.86～98.88	部分河段漫滩，西营村围堤偎水，泵体可能淹没	黄河防汛高度戒备
6 000～8 000	98.88～99.41	闸前无偎水	黄河防汛进入高度戒备状态
8 000～10 000	99.41～99.76	土石接合部可能渗水、漏洞	黄河防汛进入紧急状态
10 000～15 000	99.76～100.26	土石接合部可能渗水、漏洞	黄河防汛进入十分紧急状态
>15 000	100.26	土石接合部可能渗水、漏洞；闸基渗水、管涌；裂缝及止水破坏	黄河防汛处于非常状态

表 10-6　沁河武陟站各流量级洪水险情

武陟站流量/(m^3/s)	出现险情	防汛戒备状态
<500	西营村围堤可能偎水，泵体可能淹没	沁河防汛一般戒备
500～1 000	西营村围堤偎水，该河段全部漫滩	沁河防汛处于高度戒备
>1 000	可能漫过西营村围堤，土石接合部可能出现渗水及漏洞险情	沁河防汛处于十分紧急状态

b. 度汛措施

为确保降低标准使用后的白马泉引黄闸安全度汛，白马泉引黄闸闸管班配备切割玻璃钢管专用的手提砂轮，并指定专人负责。同时，结合白马泉引黄闸洪水防守预案，制定相应的防洪措施。由以上分析可知，黄河流量超过10 000 m^3/s，洪水可能漫过西营围堤，白马泉引黄闸前偎水。但根据防洪规定，黄河流量超过8 000 m^3/s时，所有涵闸一律放下闸门，险闸同时需要围堵。因此，在需要关闭闸门停止引水时，应急供水工程提水泵站立即关闭水泵电源，停泵停水，并在洪峰到达之前2 h内安排专人使用事先准备好的手提砂轮开始切割闸室段玻璃钢管。具体玻璃钢管切割方案如下。

从小浪底发出洪水预警到洪水持续到白马泉引黄闸闸址处一般需要10 h，在接到预警信息之后马上行动，安排专门的切割人员手提砂轮切割机前往闸门处，在闸门前后分别切割玻璃钢管，将切碎成块的玻璃钢管拿出，然后放下闸门，并确保在2 h内完成切割、挪移，放下闸门。与此同时，按既定的白马泉引黄闸防守预案，修筑闸前、闸后围堤，封堵白马泉引黄闸。

汛期过后，利用玻璃布和环氧树脂对管道断开处进行粘接，恢复过闸玻璃钢管道正常使用。

2. 汛期应对措施

降低标准使用后的白马泉引黄闸在防洪度汛中，均应严格按照《白马泉引黄闸防守预案》(2014年1月)要求进行，不得擅自超出该防守预案规定范围。洪水期间(黄河花园口站流量8 000 m^3/s，沁河武陟站1 000 m^3/s)上游泵站停止运用，并断开闸室段玻璃钢管道，同时按白马泉引黄闸原度汛方案，当预报花园口站发生8 000 m^3/s洪水时，要在6 h内对闸孔进行围堵。

具体防洪措施如下。

a. 黄河各流量级洪水防守方案

(1)花园口站4 000 m^3/s以下洪水险情预估。

在 4 000 m^3/s 以下洪水闸前无偎水，闸前水位 97.86 m，出险机会不多，属于防汛一般戒备状态。注意闸前水位观测，加强防汛值班和巡堤查险，发现险情立即上报。

(2)花园口站 4 000~6 000 m^3/s 洪水险情预估。

在该流量级洪水下，闸前洪水位为 97.86~98.88 m，部分河段会出现漫滩，西营村围堤（黄海高程 100.30 m）前将偎水，洪水将淹没泵站（黄海高程 95.00 m），发生险情的机遇增大，属于黄河防汛高度戒备状态，结合西营村围堤防守队伍对西营村围堤、泵站、白马泉 1 坝加强观测，发现险情及时报告，涵闸队安排 20 人防守泵站、10 人防守白马泉引黄闸，加强工程巡视，应加强涵闸前后的水情、工情、河势观测，发现险情及时报告。同时安排人员随时关闭泵站。

(3)花园口站 6 000~8 000 m^3/s 洪水险情预估。

在该流量级洪水下，闸前洪水位为 98.88~99.41 m，闸前无偎水，这时黄河防汛处于严重状态，武陟第一供水处接到水情后迅速进行分析并通知闸管班关闭泵站，组织人员切割白马泉闸门下玻璃钢管道、放下闸门，停止引水，武陟第一河务局组织涵闸防守队、抢险队上闸防守，加强涵闸工程观测，注意河势变化，发现险情立即报告，努力坚守西营村围堤—泵站—白马泉 1 坝防线。

(4)花园口站 8 000~10 000 m^3/s 洪水险情预估。

在该流量级洪水下，闸前洪水位为 99.41~99.76 m，该闸土石接合部可能发生渗水、漏水等险情，黄河防汛处于紧急状态，涵闸防守成员上岗到位，按照责任分工开展工作。接到水情后迅速进行分析并安排涵闸防守队上 100 人防守，努力坚守西营村围堤—泵站—白马泉 1 坝防线，加强闸前、闸后围堤的观测次数，注意河势、水情变化情况，发现险情立即上报。

(5)花园口站 10 000~15 000 m^3/s 洪水险情预估。

在该流量级洪水下，闸前洪水位为 99.76~100.26 m，洪水可能漫过西营村围堤，该闸土石接合部可能出现渗水及漏洞险情，黄河防汛处于十分紧急状态，涵闸防守成员上岗到位，按照责任分工开展工作，接到水情后迅速进行分析，通知涵闸防守队和群防队伍全员上闸，分成 4 组轮流进行观测巡视，密切注视涵闸工程变化情况，做好水情、工情、河势的观测传递，发现险情立即上报，努力坚守西营村围堤—泵站—白马泉 1 坝防线。

(6) 花园口站 15 000 m^3/s 以上特大洪水险情预估。

如遇到 15 000 m^3/s 以上超标准洪水，该闸前水位 100.26 m，该闸土石接合部可能出现渗水、漏洞；闸基出现渗水、管涌、建筑物裂缝及止水破坏等各类险情。黄河防汛处于非常状态，采取指令性非常措施，全力以赴做好抢险工作。所有成员上岗到位，按照责任分工开展工作，接到水情后迅速进行分析，并通知涵闸防守队和亦工亦农抢险队全员上闸，增加查险巡闸次数，加强涵闸防守力量，发现险情立即报告，武陟第一河务局防办接到汛情后，一边组织抢护，一边上报县防指。

b. 沁河各流量级洪水防守方案

沁河各流量级洪水防守方案以武陟站流量为控制标准，考虑历史上沁河上游来水与支流丹河来水组合情况，预估沁河各级流量洪水，推算相应水位、分析河势变化等，分别制订沁河防汛方案，即流量为 500 m^3/s 以下、500～1 000 m^3/s、1 000 m^3/s 以上洪水及退水时等。

(1) 武陟站 500 m^3/s 以下洪水险情预估及措施。

在该流量级洪水下，西营村围堤(黄海高程 100.30 m)前可能偎水，洪水将淹没泵体(黄海高程 95.00 m)。此级洪水沁河防汛处于一般戒备状态。各级防办加强值班，及时通报汛情。加强河势、水位观测，密切注视水情、河势变化。结合西营村围堤防守队伍对西营村围堤、泵站、白马泉 1 坝加强观测，发现险情及时报告，涵闸队安排 20 人防守泵站、10 人防守白马泉引黄闸。

(2) 武陟站 500～1 000 m^3/s 洪水险情预估及措施。

此级洪水河势变化较大，沁阳马铺以下河段部分低滩漫水，部分河段洪水偎堤，武陟河段偎堤水深0.5~1.5 m，大部分涵闸偎水。此级洪水沁河防汛处于高度戒备状态。加强河势水位观测，密切注视水情及河势变化，及时通报汛情。结合西营村围堤防守队伍对西营村围堤、泵站、白马泉1坝加强观测，发现险情及时报告，涵闸队安排20人防守泵站、10~20人防守白马泉引黄闸。涵闸管理人员要做好抢险技术指导。

(3)武陟站1 000 m^3/s以上洪水险情预估及措施。

随着洪水的渐涨，主流河势变化较大，洪水由沿主槽下泄逐步变化为走中泓。全部低滩和部分高滩漫水；丹河口以下堤防偎水，偎堤水深1.0~2.5 m。当沁河武陟洪水接近1 500 m^3/s时，洪水可能漫过西营村围堤。此级洪水沁河处于严重状态。市、县防指责任段负责人亲临一线部署和指挥防守与抢险。密切注视偎水堤段的河势变化，及时上报工情、险情。组织人员切割白马泉闸门下玻璃钢管道、放下闸门，停止引水。所有成员上岗到位，按照责任分工开展工作，接到水情后迅速进行分析，通知涵闸防守队和群防队伍全员上闸，分成4组轮流进行观测巡视，密切注视涵闸工程变化情况，做好水情、工情、河势的观测传递，发现险情立即上报。

c.退水期间险情预估

该闸前1 300 m处有西营围堤作为防护及泵站节制，临近沁河口，虽具有良好的退水途径和有利条件，但在退水期间仍存在滑坡可能。应提高警惕，加强水位、引水及涵闸工程，以及河势观测，做好防汛值班，一旦发生险情，集中力量突击抢险，全力控制险情，确保涵闸防洪安全。

d.黄河和沁河洪水遭遇时险情预估

白马泉引黄闸位于三门峡—花园口区间，黄河与沁河交汇处，沁河入黄口位置下游。该闸以花园口22 000 m^3/s设防，从历史实测资料统计结果看，黄河洪峰和沁河洪峰基本上不会遭遇，但如若发生较大洪水，洪量集中，将对该闸防洪造成一定威胁。以1982年8月实测最大流量为例，花园口站最大流量15 300 m^3/s，沁河武陟站最大流量

4 130 m^3/s,此时,上游防沙闸(西营围堤处)闸前水位 98.977 m,西营村围堤前将偎水,泵站淹没,白马泉引黄闸闸前未偎水,但仍有发生险情的可能。

此外,黄河下游洪水主要来源于小浪底以上和小浪底—花园口区间,小浪底水库建成后,威胁黄河下游防洪安全的主要是小浪底—花园口区间洪水。沁河干流目前在建的河口村水库是黄河下游防洪工程体系的重要组成部分,可使沁河下游防洪标准由不足 25 年一遇提高到 100 年一遇,与三门峡、小浪底、陆浑、故县等水库联合运用,可将花园口 100 年一遇洪峰流量由 15 700 m^3/s 削减到 14 400 m^3/s,进一步完善了黄河下游防洪体系,可控制黄河小浪底—花园口区间无工程控制区的部分洪水,进一步缓解了黄河下游大堤的防洪压力。虽如此,但如遇黄河和沁河较大洪水遭遇时,仍应加强观测,加强工程巡视,涵闸前后的水情、工情及河势水位观测,发现险情及时报告。同时安排人员随时关闭泵站。

3. 险情抢护

a. 险情分类

围堤、穿越白马泉引黄闸玻璃钢管以及涵闸出现影响白马泉引黄闸安全运行的主要险情如表 10-7 所示。

表 10-7　影响白马泉引黄闸安全运行的主要险情

工程类别	险情
围堤	坍塌
	滑坡
穿越白马泉引黄闸引水管道	渗水
	断裂、裂缝
涵闸	裂缝——因基础不均匀沉降产生、非基础破坏原因产生土石接合部出现集中渗漏
	闸门失控——闸门变形、启闭装置故障、钢丝绳断裂等

b. 险情抢护对策

(1)围堤。

在汛期高水位、遭遇地震或持续较强降雨时,围堤可能会出现坍塌、滑坡险情。如出现此类险情,应组织推土机、挖掘机等机械设备,取附近备土,采用挖掘机配合推土机,分层压实,在预报洪水来临前,于规定时间内按要求围堵完毕。

(2)穿越白马泉引黄闸引水管道。

引水管道在运行过程中,由于闸基不均匀沉降、运行不当、人为破坏或遭遇地震等情况易发生裂缝和分缝止水设施破坏,通常会恶化工程结构的受力状态和破坏工程的整体性,对工程结构稳定及防渗能力产生不利影响,发展严重时,可能危及工程安全,要及时进行抢护。玻璃钢管如出现裂缝或渗水,及时采用玻璃布和环氧树脂进行修补,混凝土管道则利用环氧砂浆或防水快凝砂浆及时堵漏。

(3)涵闸。

①涵闸裂缝及分缝止水破坏。在混凝土建筑物裂缝、分缝止水破坏,有可能危及工程安全时,要及时进行抢护,一般采用利用环氧砂浆或防水快凝砂浆及时堵漏方法进行抢护。

②土石接合部集中渗漏。在超标洪水作用下,涵闸与堤防土石接合部易出现集中渗漏险情,应按“临河截渗、背河导渗”的原则处理。

③闸门启闭失灵抢护。闸门启闭失灵的主要原因是闸门变形、倾斜,启闭设备故障,地脚螺栓松动,钢丝绳断裂,滚轮失灵及闸门振动等,往往造成闸门关不下、提不起或卡住而导致运用失控,危及安全。闸门启闭失灵的抢修,可将事先准备好的框架吊放卡在工作闸门前,然后在框架前抛填土袋,直至高出水面,并在其前抛黏土或灰渣闭气。

4. 保障措施

(1) 加强对上游水位及流量的监测,及时记录,及时汇报。

(2) 备足手提砂轮、石料、铅丝网片、编织袋、木桩、铁锹、土工合成物料、防渗围堵材料等防汛料物,并备好围堵土方,保障闸门下降不及时或险情发生时实施调用。

(3) 依据“就近快速、利于抢险”的原则制定抢险现场路线,防守人员上堤路线为:由小庄路口上堤—黄河大堤—白马泉引黄闸。

(4) 认真落实各项防汛责任制,落实各项安全度汛措施,明确防守责任人,建立岗位责任制,做到人员、料物落实。汛前做好围堤的检查工作,引黄涵闸在大水到来之前,按要求关闭上游泵站,在2 h内完成切割玻璃钢管工作,并关闭闸门,按要求提前堵复围堤缺口,在大洪水到来之前进行围堵,达到防止涵闸漏水及土石接合部渗水要求,保证工程安全度汛。

(5) 做好队伍组织与培训。专门组织一支充足、精干的防护队伍,负责防守与抢护工作,并定期对抢险队伍进行抢险技术培训,切实掌握抢险技能,做到“召之即来,来之能战,战之能胜”。白马泉引黄闸若发生一般险情,由武陟第一河务局抢险队队长负责组织专业抢险队进行抢护,若发生重大险情,由县防指负责签署并组织实施抢护。

(6) 做好工程检查,及时处理隐患。汛前要对工程各部位进行全面检查,发现问题及早处理,并进行闸门启闭试验,确保启闭灵活,安全应用。汛期要加强观测,明确专人防守。尤其要关闭泵站,深入引水管道内部仔细检查。

(7) 强化责任督查。对工程值守、队伍组织、料物储备、度汛措施等工作开展督查,确保责任到位。

(8) 制定合理的电力保障、交通运输保障、医疗保障、治安保障及通信与信息保障措施,以便及时有效地开展防汛抢险工作,具体组织与职责如下:

①电力保障系统,由武陟县电业总公司负责,确保夜间查险、抢险照明。

②通信保障系统,由武陟县移动公司和网通公司总负责,确保洪水期间移动和固定电话通信畅通无阻。

③交通保障系统,由武陟县交通局和交警局负总责,嘉应观乡派

出所具体负责，洪水期间所有车辆要为防汛车辆让行，保证防汛车辆畅通无阻。

④后勤保障系统，由武陟县防汛副指挥长、县委办公室主任具体负责，在抗洪抢险战斗中负责抢险队伍生活供给、保证需求、战地救护等。

⑤医疗保障系统，武陟县嘉应观乡卫生院负责抢险队员疫情预防检查和医疗救护工作。

综合分析探讨了正常运行期和汛期工程破坏或工程事故的原因，提出了影响工程安全的主要风险因素，进而从设备增设、日常运行安全管理、防洪措施、险情抢护及保障措施等方面探讨了风险的应对措施，为该工程的安全运行和安全度汛提供了重要依据。

10.6 安全控制运用方案

白马泉引黄闸及其应急供水工程对开发利用黄河水资源、促进当地经济社会发展、提高粮食产量等具有较重要的意义。但白马泉引黄闸的安全控制运用对黄、沁河安全度汛具有重要影响。本安全控制运用方案在符合该闸降低标准使用要求的基础上进行编制。

10.6.1 控制运用原则

（1）局部服从全局，兴利服从防洪，统筹兼顾。

（2）与上下游和应急供水工程等有关工程密切配合运用，综合考虑上下游、左右岸的要求，综合合理利用水资源。

（3）服从黄河防洪、防凌、抗旱和水量调度。

10.6.2 控制运用依据

为保证降低标准使用后的白马泉引黄闸引水安全，根据其应急供水工程规划设计的具体指标，结合该闸现状和符合降低标准使用等相关要求确定下列有关指标，作为控制运用的依据：

（1）引水流量。

（2）上游引水位。

(3) 年引水规模。

10.6.3 控制运用方案

10.6.3.1 正常运行期控制运用

(1) 根据应急供水工程取水指标要求,年引水规模不能超过500万 m^3。具体用水期间,根据需要开启泵站实施引水。

(2) 引水管道流量严格控制在设计流量2 m^3/s 内,超过设计运用指标时,应停止引水。

(3) 当上游泵前水位低于最低引水位91.70 m时,停止引水。

(4) 当预报上游来水较大时,管理单位应根据上级指令,提前关闭上游泵站。

(5) 引水时,应密切关注水质变化情况,当水质不能满足用水单位要求或可能形成污染时,应及时报告,并按上级部门指令减少引水流量直至停止引水。

10.6.3.2 汛期控制运用

1. 防汛工作

(1) 当黄河花园口站流量8 000 m^3/s 或沁河武陟站流量1 000 m^3/s 时,关闭上游泵站,停止引水。

(2) 汛前水闸管理单位应做好以下工作:

① 开展汛前工程检查观测,做好设备保养工作。

② 制定汛期工作制度,明确责任分工,落实各项防汛责任制。

③ 检查切割砂轮、导链等机电设备,补充备品备件、防汛抢险器材和物资。

④ 检查通信、照明、备用电源、发电机、抽水泵、起重设备等是否完好。

⑤ 清除管理范围内上游河道、下游渠道的障碍物,保证水流畅通。

(3) 汛期水闸管理单位应做好以下工作:

① 严格防汛值班,落实水闸防汛抢险责任制。

② 确保水闸通信畅通,密切注意水情,特别是洪水预报工作,严格执行上级主管部门的指令。

③ 严格请示、报告制度,贯彻执行上级主管部门的指令与要求。

④ 严格请假制度,管理单位负责人未经上级主管部门批准不得擅离工作岗位。

⑤ 加强水闸工程的检查观测,掌握工程状况,发现问题及时处理。

⑥ 对影响运行安全的重大险情,应及时组织抢修,并向上级主管部门汇报。

⑦ 在玻璃钢管道上画线,以防切割倾斜而造成闸门卡阻。

具体要求详见《白马泉引黄闸防汛预案》(2014 年 1 月)。

(4) 汛后水闸管理单位应做好以下工作:

① 开展汛后工程检查观测,做好设备保养工作。

② 检查机电备品备件、防汛抢险器材和物资消耗情况,编制物资补充计划。

③ 根据汛后检查发现的问题,编制下一年度水闸养护修理计划。

④ 按批准的水毁修复项目,如期完成工程整修。

⑤ 及时进行防汛工作总结,研究制订下一年度工作计划。

⑥ 利用玻璃布和环氧树脂对管道断开处进行粘接,恢复玻璃钢管正常使用。

2. 汛期闸门及启闭机的控制运用

(1) 闸门启闭前应做好下列准备工作:

① 检查闸门启、闭状态,有无卡阻。

② 检查启闭设备和机电设备是否符合安全运行要求。

(2) 闸门操作应遵守下列规定:

① 闸门启闭过程中,如发现异常现象(卡阻、杂声、启闭困难等),应立即停止启闭,待检查处理完毕后再启闭。

② 关闭闸门时严禁松开制动器使闸门自由下落;操作结束,应立

即取下摇柄。

③ 当闸门开启或关闭接近玻璃钢管道切割面时，应加强观察并及时停止运行；遇到闸门关闭不严现象，应查明原因进行处理。

④ 闸门启闭结束后，应填写相关启闭记录：启闭依据、操作人员、玻璃钢管道切割历时、启闭历时、启闭设备运行状况、异常事故处理情况等。

(3) 启闭机操作应遵守下列规定：

① 启闭机应由熟练人员进行操作，遵守操作程序，操作人员持证上岗（至少有两人进行，一人操作，一人监视启闭设备是否异常），做到准确及时，保证工程和操作人员安全。

② 人工操作启闭机时，必须切断电源，摇动时用力要均匀。

③ 正式操作前必须对启闭机进行瞬间试运行，以检查运行方向是否正确和运转是否正常，发生异常必须及时处理。

④ 启闭机运行中，如需反向运行，必须先按正在运行的指示灯钮，待运行停止后再进行反向操作。

⑤ 启闭机严禁超载运行。

⑥ 关闭闸门时，严禁强行顶压。

⑦ 若启闭机出现启闭异常，则由备用导链进行闸门启闭。

10.6.4　日常检查与观测

10.6.4.1　检查工作

1. 经常检查

a. 涵闸

(1) 土石方工程。

①检查岸墙及上下游翼墙分缝是否错动，护坡有无坍滑、错动迹象，上游左岸护坡竖向裂缝有无发展。

②上下游翼墙与附近土堤接合处有无裂缝、蛰陷等损坏现象。

③堤岸顶面有无塌陷、裂缝，背水坡及堤脚有无破坏。

④黏土铺盖有无沉陷、塌坑、裂缝。

(2)混凝土结构。

①闸室及洞身混凝土结构有无破损、裂缝等情况,伸缩缝止水有无拉裂、老化等情况。

②闸门止水是否老化、变形,有无漏水情况,闸门是否出现偏斜、卡阻现象。

③闸室不均匀沉降情况。

(3)金属结构。

压橡皮钢板、螺栓等闸门附属结构是否锈蚀。

(4)启闭设备。

①启闭机运转是否灵活,有无不正常的声响和振动,传动机件和承重构件有无破坏磨损、变形。

②定期进行启闭试验,确保启闭灵活,安全应用。

③备用导链运转是否正常。

(5)观测设施。

临时沉降观测点有无损坏。

(6)其他。

①检查管理范围内有无违章建筑和危害工程安全的活动;检查闸前闸后及涵洞内是否有影响安全度汛的障碍物,环境是否整洁,并及时清理,保持通畅。

②检查电源、线路是否正常,是否处于备用状态;配电线路有无老化、破皮等,保证用电安全。

③漏电保护措施是否安全。

④手提砂轮、发电机、清水泵及混水泵等设备是否正常运转。

b.穿堤引水管道

(1)引水管道玻璃钢管及与其连接的混凝土管道段有无裂缝、破损、渗漏、倾斜等现象,混凝土底座有无裂缝、侵蚀现象。

(2)混凝土管道与上下游围堤接合处新形成的土石接合部有无裂缝、蛰陷等损坏现象。

(3)玻璃钢管连接处及其与混凝土管道连接处防渗材料有无老化,连接处有无渗水现象。

(4)定期对引水管道内止水、淤积情况进行检查。

c. 围堤

围堤土体是否滑坡或坍塌。

d. 经常检查

经常检查由水闸管理单位负责。鉴于该闸为四类闸,目前属降低标准使用,正常运行期每月不少于两次,汛期每天检查一到两次。特别是在引水管道运行过程中,应加强涵闸不均匀沉降观测及穿堤引水管道是否渗漏、围堤是否坍塌滑坡等检查工作。

2. 定期检查

定期检查包括汛前检查和汛后检查,主要对涵闸各部位及设施进行全面检查。

(1) 汛前检查着重检查度汛应急项目完成情况,对工程各部位和设施进行详细检查,并对闸门、导链、手提砂轮、发电机、抽水泵等进行试运行,对检查中发现的问题及时进行处理。

(2) 汛后检查着重检查水闸工程、启闭设备度汛运用状况及损坏情况等。

(3) 汛前检查由白马泉引黄闸管理单位组织技术人员开展,建议汛前 4 月和 5 月每月检查两次;汛后检查一般结合年度检查进行,由市级河务局、省级河务局组织技术人员开展,建议汛后 11 月和 12 月每月检查两次。

3. 专项检查

(1) 当涵闸遭受特大洪水、地震、持续较强降雨或其他自然灾害时,发现较大不均匀沉降、土石接合部集中渗漏、围堤坍塌、引水管道断裂等较大隐患或缺陷时,水闸管理单位应及时报请上级主管部门,并组织开展特殊检查,对发现的问题及时进行分析,制订修复方案和计划。

(2)在下达引水计划当日,对引水情况进行检查,并严格督促按计划指标引水。

(3)定期对过闸引水管道内的淤积情况进行检查。

4.检查记录与报告

做好涵闸检查记录工作,并及时对检查结果进行整理,编制检查报告。

10.6.4.2 观测工作

(1)利用设置的临时观测点,及时按要求开展沉陷位移观测。当涵闸不均匀沉陷量大于5 cm、累计沉陷量大于15 cm,超过水闸设计规范要求时,及时上报上级管理部门。其间,如发现引水玻璃钢管有裂缝或渗水情况,应及时处理。

(2)对上游泵站运行水位及流量等进行观测。

(3)观测工作由专人负责(固定3名闸管人员),沉陷位移观测一年不少于两次;上游泵站运行水位及流量观测每天不少于两次。汛前,则由3人昼夜值班观测上游水位及流量。

(4)观测资料应及时整编,并编写观测分析报告。

10.6.5 安全管理

10.6.5.1 管理范围内工程设施的保护

(1)严禁在涵闸管理范围内进行爆破、取土、埋葬、建窑、倾倒垃圾等危害工程安全的活动。

(2)对涵闸管理与保护范围内的生产活动进行安全监督。

(3)妥善保护机电设备、通信设备、过闸玻璃钢管道等,防止人为破坏;非工作人员未经允许不得进入工作桥、启闭机房及上下游防护栏内。

(4)严禁在涵闸土石接合部堤身及前后围堤上堆置超重物料。

(5)闸前闸后围堤应设立安全警戒标志。

（6）漏电保护设施应设立警示标志。

10.6.5.2　安全运行管理

（1）定期组织安全检查，检查防火、防爆等措施落实情况，并及时消除运行过程中发现的安全隐患。

（2）严格操作规程，安全标记齐全，机电设备周围应有安全警戒线；办公室、启闭机房及应急仓库等重要场所应配备灭火器具。

（3）定期对防护安全用具进行检查、检验，保证其齐全、完好、有效；扶梯、栏杆等安全可靠。

（4）切割砂轮机、备用电源、发电机及漏电保护设施等要定期检查维修，确保完好、可靠。

（5）对专门的砂轮机操作人员进行定期培训和模拟切割，切割时必须佩戴安全帽和防护面具，以防切割玻璃钢管道时不安全事故发生。

（6）定期对管理人员进行安全技术知识教育（安全法规、安全卫生知识及应急预案等内容），避免工程检修养护时高处坠落、物体打伤、触电及火灾以及爆炸事故的发生。

（7）备用电源和发电机等设备操作时，需按规定穿着和使用绝缘用品、用具。

10.6.5.3　其他安全管理

组织指挥体系及职责、预防和预警、应急响应、应急保障、信息发布和后期处置、培训及演练等内容详见《白马泉闸安全生产应急预案》（2014年1月）。

10.6.6　安全度汛预案

白马泉引黄闸防守预案以花园口站流量分级，分为4 000 m^3/s以下、4 000～6 000 m^3/s、6 000～8 000 m^3/s、8 000～10 000 m^3/s、10 000～15 000 m^3/s、15 000 m^3/s以上等6个流量级别；以沁河武陟站流量分级分为500 m^3/s以下、500～1 000 m^3/s、1 000 m^3/s以上3个

流量级，并按相应级别不同险情制定对应防守措施。详见《白马泉引黄闸防汛预案》，此处不再赘述。

过闸引水管道在防洪度汛中，均应严格按照《白马泉引黄闸防汛预案》要求进行，不得擅自超出该防守预案规定的范围。洪水期间（黄河花园口站流量 8 000 m^3/s，沁河武陟站 1 000 m^3/s），泵站立即关闭水泵电源，停泵停水，随即组织 3 人手提砂轮切割机前往闸门处，在闸门前后分别切割玻璃钢管（切割前应先在玻璃钢管道上标识切割线），将切碎成块（玻璃钢管切割 60 cm 一段）的玻璃钢管拿出，然后放下闸门。与此同时，按既定的武陟第一河务局《白马泉引黄闸防汛预案》，修筑闸前、闸后围堤，封堵白马泉引黄闸。

具体的操作顺序及操作时间如下：

（1）接到预警信息之后马上行动，由 3 名工作人员在 5 min 内完成切割工具等的准备工作：手提砂轮、抽水泵、备用电源等。

（2）关闭上游泵站，并使管道内的水自由下泄，用时需 25 min。

（3）管道内水基本排除后，沿事先画好的切割线开始切割玻璃钢管道，沿管道周长每 60 cm 切段，切割完成时间及挪移时间 40 min；切割过程中如有水渗出，则用抽水泵将水抽出。

（4）人工手动关闭闸门，用时 15 min。

（5）整个过程用时 85 min。

汛期过后，利用玻璃布和环氧树脂对管道断开处进行粘接，恢复玻璃钢管道正常使用。

10.6.7 建议

建议有关部门尽快上报对该闸的除险加固规划设计，以降低突发地震情况下的工程安全风险。

第 11 章　韩董庄引黄闸应急管控技术

韩董庄引黄闸自 1987 年改建以来，承担着原阳县韩董庄、师寨、蒋庄等乡（镇）及平原新区原武镇、祝楼乡的农业灌溉引黄供水任务，为该区的经济发展做出了巨大贡献。该闸因堤顶高程不满足防洪要求、现状引水能力不足、新老涵洞相对最大沉降差较大等问题被鉴定为四类闸。本章主要在该闸安全鉴定结论的基础上，结合工程现状，探讨了工程安全运行的条件和降低标准使用等，分析了该工程存在的主要风险及应对措施，并将该闸最高运用水位、老涵洞堤顶高程作为控制运用依据，保证了韩董庄引黄闸的引水安全。

11.1　总　则

11.1.1　编制目的

为韩董庄引黄闸的引水安全运用提供保证。

11.1.2　编制依据

（1）《水利部关于对水利安全生产重大事故隐患挂牌督办的通知》（水安监〔2013〕454 号）。

（2）《水闸安全鉴定管理办法》（水建管〔2008〕214 号）。

（3）《水闸安全评价导则》（SL 214—2015）。

（4）《黄河水利委员会安全生产检查办法（试行）》（2013 年 12 月）。

（5）《黄河水闸技术管理办法》（黄建管〔2013〕485 号）。

（6）其他相关法律法规、规程、规范。

11.1.3 适用范围

本方案仅适用于本年度拆除重建前、降低标准运用的韩董庄引黄闸运行管理。若次年仍未拆除重建，则应结合当年水雨情及运行管理情况进行必要的修订。

11.2 工程管理现状及安全鉴定概况

11.2.1 工程概况

韩董庄引黄闸位于原阳县境内，黄河左岸大堤桩号 100+500 处，为 3 孔涵洞式水闸。孔口净宽 1.9 m，净高 2.5 m；涵洞净宽 2.2 m，净高 2.5 m。上游铺盖段长 15.0 m，闸室段长 11.0 m；前三节为新涵洞段，每节长 10.0 m，顶板厚 0.50 m，底板厚 0.55 m；后四节为老涵洞段，每节长 11.0 m，顶板及底板均厚 0.50 m；边墙和中隔墙均厚 0.40 m。下游消力池长 12.0 m。设钢筋混凝土平板闸门，15 t 手电两用螺杆式启闭机。设计灌溉面积 2 万 hm^2。

该闸始建于 1967 年，由黄委规划设计处设计，原阳县组织施工。由于黄河河床淤积，设防水位抬高，原工程渗径不足，设防标准低，为了提高该闸的防洪标准，遂于 1987 年对原闸进行改建。改建项目有：①拆除原闸室段、启闭机房、机架桥、便桥及原闸上游的护底护坡，重建闸室段、机房、机架桥、便桥；②洞身向上游接长三节，每节 10.0 m，断面尺寸为宽 2.2 m、高 2.5 m；③新建防渗铺盖段长 15.0 m，干砌石护坡段长 10.0 m，采用新型材料土工膜防渗；④更换启闭机和闸门。改建工程由河南黄河河务局规划设计院设计，新乡市黄河河务局建安队施工。改建工程土方 3.27 万 m^3、石方 552 m^3、混凝土 703 m^3，总投资 82.6 万元。

该闸设计流量 25.0 m^3/s，加大流量 38.0 m^3/s，设计引水位 88.20 m（大沽高程，下同），最高运用水位 92.40 m；设计防洪水位 96.65 m，校核防洪水位 97.65 m，设计堤顶高程 98.88 m。韩董庄引黄闸总平面布置图及纵剖面图如图 11-1 所示。

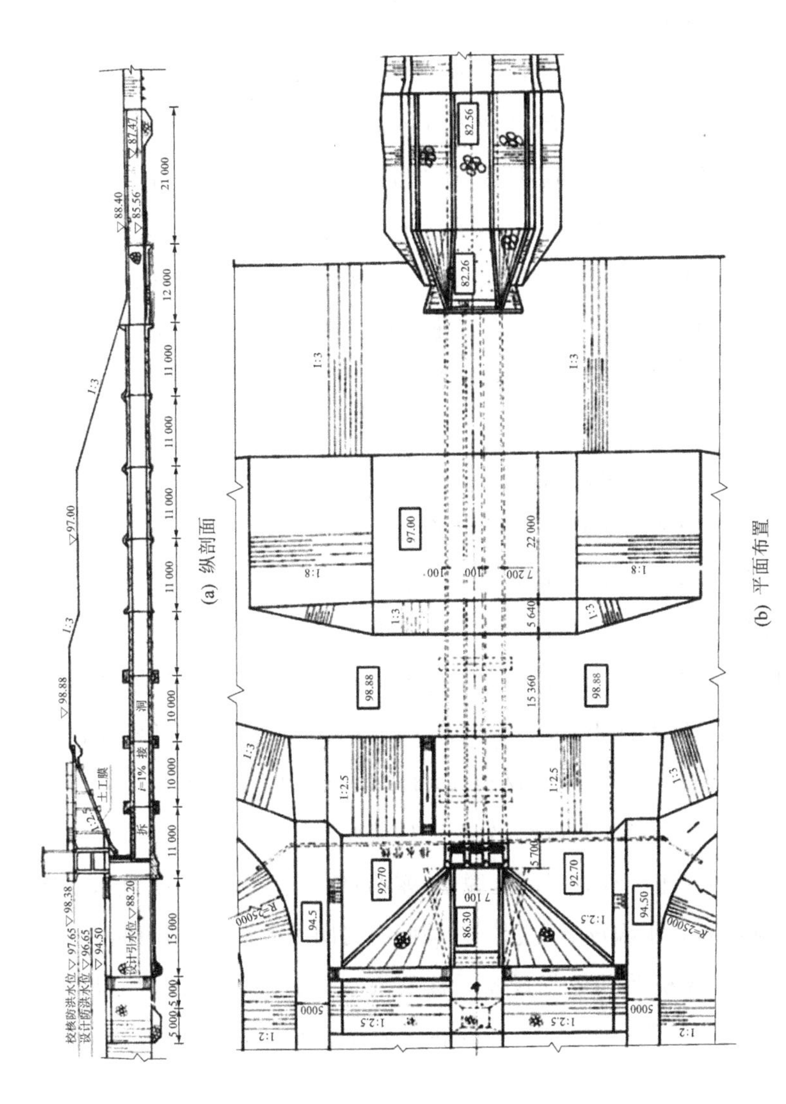

(a) 纵剖面

(b) 平面布置

图 11-1　韩董庄引黄闸工程纵剖面及平面布置

11.2.2 管理现状

11.2.2.1 技术管理制度执行情况

本着“经常养护,及时维修”的原则,该闸管理部门严格按照《黄河下游水闸工程管理办法》《黄河水闸工程管理标准》《涵闸启闭管理办法》《涵闸人员值班及交接班制度》和河南黄河工程管理标准等规定,狠抓日常管理,对启闭机械进行经常性防锈、上漆等保养,对闸门板、闸洞内连接接头处和启闭系统,实行 15 d 一次小保养,1 个月一次大检修,并对维修养护实行每周预安排、每日落实的动态管理;对庭院内外花草树木不定期进行施肥、浇水、修剪、防治病虫害,保证树木花草茂盛,达到了四季长青、三季有花的管理要求,同时要求管理人员对闸区、庭院、机房每天打扫一次卫生,保证了闸区范围内清洁卫生和整齐美观。

11.2.2.2 控制运用情况

该闸于 1982~1991 年间进行了沉降观测,截至 1991 年,该闸累计最大沉降量 14.0 cm,无 1991 年以后的沉降观测资料。

韩董庄引黄闸于 1987 年对原闸进行改建,改建至今已运用 34 年。目前该闸存在着橡胶止水带破坏严重、钢筋外露及锈蚀、护坡裂缝、大部分沉降观测点损坏、测压管淤堵等情况。主要存在以下问题:

(1) 土石方工程。进口处右岸渐变段有 1 处竖向裂缝;出口处右岸渐变段在新、老浆砌石接合处局部砂浆脱落。

(2) 混凝土工程。混凝土脱落、露筋;侧墙、底板产生垂直水流向裂缝;闸门板止水橡皮老化、脱落,关闸时封闭不严,导致闸门漏水。

(3) 启闭机及其电气设备。该闸设置 3 台启闭机,每台启门力 15 t。启闭机属淘汰型号,无高度和负荷控制器;电气设备老化,无专用供电线路。

(4) 观测设施。大部分沉降观测点已损坏;测压管部分淤堵,不能运用。

(5) 现状堤顶高程。由于堤防加高培厚,该闸新涵洞段堤顶高程由原设计的 98.88 m 加高为 99.04 m,老涵洞段堤顶高程由原设计的 97.00 m 加高为 98.27 m,且老涵洞段堤顶高程比两侧大堤低 1.26 m(见图 11-2)。闸前堤顶底,管理人员进出闸管院存在交通不安全现象。

现堤顶高程纵剖面如图 11-3 所示。

图 11-2　韩董庄引黄闸老涵洞堤顶现状

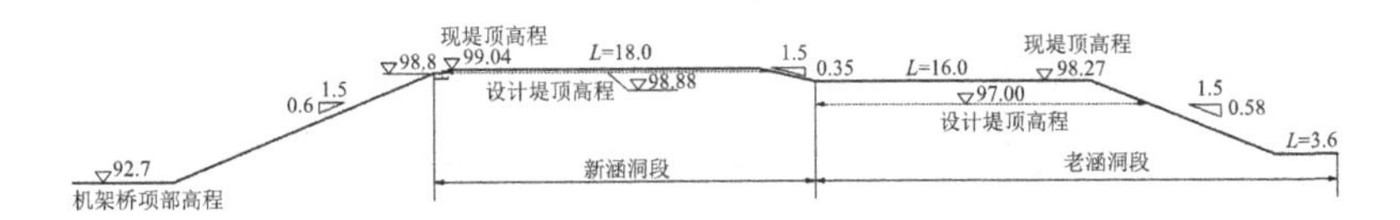

图 11-3　韩董庄引黄闸现堤顶高程纵剖面　(单位:m)

(6) 渠道漂浮物较多。上游渠道生活垃圾等漂浮物较多(见图 11-4),易堵塞河道,影响正常引水。

11.2.2.3　出险及抢护情况

该闸自修建以来未曾靠大河,仅“96·8”洪水期间靠漫滩水,未发生险情,涵闸运行正常。

11.2.2.4　闸址处堤防悬差、坑塘情况

涵闸所处位置堤防临背河悬差 3.30 m,无坑塘险点。

图 11-4　上游渠道漂浮物情况

11.2.2.5　新增设备情况

2011 年新增一套远程监控系统,2013 年更新叠梁 60 根。

11.2.3　安全鉴定情况

2011 年 12 月,黄委供水局组织有关单位和专家对韩董庄引黄闸进行了安全鉴定,安全鉴定结论如下。

11.2.3.1　防洪标准

水闸涵洞段堤顶高程低于堤防设计堤顶高程,不满足防洪要求。

11.2.3.2　水闸稳定性和抗渗稳定性

(1) 水闸稳定性:闸室稳定性满足现行规范要求。

(2) 抗渗稳定性:闸基渗流稳定性满足现行规范要求。

11.2.3.3　抗震能力

(1) 该闸闸室段及涵洞段抗震能力满足要求。

(2) 垂直水流向框架梁抗震能力不满足现行规范要求,且启闭机房为砖混结构,无构造柱,不满足抗震要求。

11.2.3.4　消能防冲

该闸的消力池长度、深度满足现行规范要求,海漫长度不满足计算要求。

11.2.3.5　过水能力

在现状水位工况下，涵闸过流量 11.76 m^3/s，原设计流量为 25 m^3/s，引水能力不满足要求。

11.2.3.6　混凝土结构

1. 现场检测

（1）第 3、4 节新老涵洞在接缝处产生不均匀沉陷（见图 11-5），新涵洞沉降较老涵洞大，相对最大沉降差为 6.0 cm，已超过现行规范“天然土质地基上水闸相邻部位的最大沉降差不宜超过 5 cm”的要求。

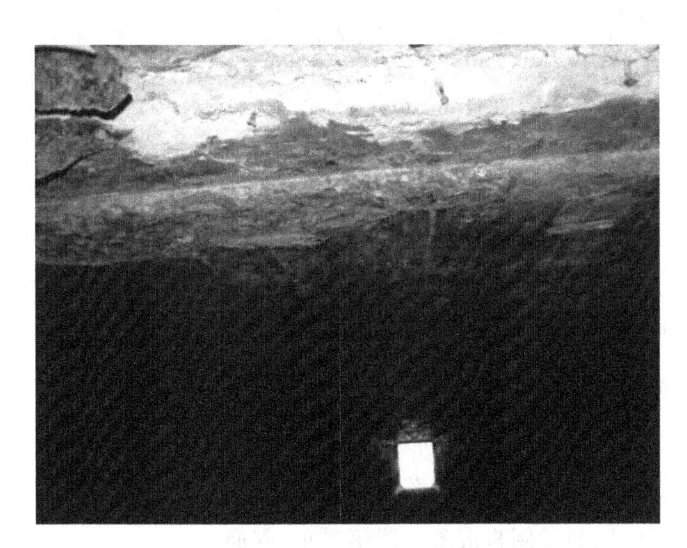

图 11-5　第 3、4 节新老涵洞在接缝处错台

（2）闸墩混凝土脱落、露筋，工作门槽埋件锈蚀，爬梯钢筋锈蚀、变形。

（3）顶板少量露筋，侧墙、底板产生垂直水流向裂缝（见图 11-6）。

（4）各节伸缩缝表面沥青及混凝土变形、老化脱落或断裂；止水橡皮老化；压橡皮钢板及其固定螺栓、螺帽锈蚀。

图 11-6　中孔第 2 节左边墙裂缝

2. 复核计算

（1）闸室段边墩及底板结构承载力满足现行规范要求。

（2）在现状情况下，新、老涵洞结构垂直水流方向承载力满足现行规范要求；老涵洞堤顶加高至 99.53 m（与两侧大堤齐平）后结构承载力不满足现行规范要求。

11.2.3.7　闸门、启闭机

（1）工作闸门混凝土脱落，局部露筋，钢筋锈蚀，P 型橡皮固定钢板、螺栓锈蚀；叠梁闸板混凝土脱落严重、露筋。

（2）启闭机属淘汰型号，已运行 24 年，使用年限超过《水利建设项目经济评价规范》（SL 72—1994）规定的折旧年限；无高度限制器和负荷控制器；启闭机房顶存在多处裂缝。

11.2.3.8　电气设备

电动机属淘汰的 JZ_2 型号，无专用供电线路。

11.2.3.9　观测设施

大部分沉降观测点已损坏，3 个测压管只有闸墩的 1 处尚能使用，其余的 2 处已全部淤堵。

综合分析评价认为:该闸堤顶高程不满足防洪要求;现状引水能力不足;新老涵洞相对最大沉降差为 6.0 cm,不满足现行规范要求;老涵洞堤顶加高与两侧大堤齐平后结构承载力不满足现行规范要求;海漫长度不满足现行规范要求;机架桥及启闭机房不满足现行规范抗震要求;启闭机及电动机属淘汰型号,使用年限已超过折旧年限,无高度和负荷控制器及专用供电线路;闸门露筋、混凝土脱落现象严重;3 个测压管有 2 个淤堵。

建议评定该闸为四类闸,建议按相关规程规范采取相应除险加固措施,以确保韩董庄引黄闸的安全运行。

11.3　引水现状

韩董庄引黄闸主要从堤南干渠分水,淤灌和稻改大堤以北天然渠两岸的盐碱低洼地。该闸初步设计时,从上游 14.5 km 的幸福防沙闸经堤南干渠引水,后主要从上游马庄防沙闸引水(建于 1973 年,位于马庄控导工程 5 坝和 6 坝之间,大堤桩号 90+500 处)。但由于上游河势南溜,2011~2013 年未再引水,下游灌溉也多已改为井灌。2013 年 9 月,上游马庄控导工程 6 坝与 7 坝之间新修建马庄防沙闸(目前已投入使用),加之 2014 年初又对该闸上游渠道开挖和闸室清淤后,目前该闸可引水。

由于该闸近年未引放水,下游灌溉多以井灌为主,自 2014 年 2 月引水至今,根据当地水利部门需求,最大放水流量 3.06 m^3/s(相应上游水位 88.70 m,下游水位 88.66 m,闸门开度 0.60 m)。如下游灌区完全依靠该闸放水灌溉,则该闸引水 5.0~10.0 m^3/s,基本可满足要求。

11.4　控制运用措施

韩董庄引黄闸为四类闸,安全系数偏低,被列为重大隐患。水闸安全鉴定中的四类闸需降低标准运用或报废重建。考虑到平原新区的祝楼、原武,以及原阳县师寨、蒋庄、韩董庄、葛埠口等 6 个乡(镇)的农业灌溉需求及经济发展的需要，并根据 2011 年安全鉴定结论与建议及相关规范要求，在保证工程引水安全、防洪安全的前提下，对该闸进行降低标准控制运用。

11.4.1 安全现状分析

由安全鉴定结果可知，目前影响韩董庄引黄闸安全运行及正常引水主要表现在以下几方面：

(1) 防洪标准不满足现行规范要求。

考虑堤顶超高后，韩董庄引黄闸闸址处堤防设计高程应为 99.65 m，而实际涵洞段堤顶最大高程为 99.04 m。因此，水闸涵洞段堤顶高程低于堤防设计堤顶高程，不满足防洪要求。

(2) 老涵洞堤顶加高后结构承载力不满足现行规范要求。

该闸老涵洞段堤顶高程为 98.27 m，且老涵洞段堤顶高程比两侧大堤低 1.26 m，如图 11-7 所示。

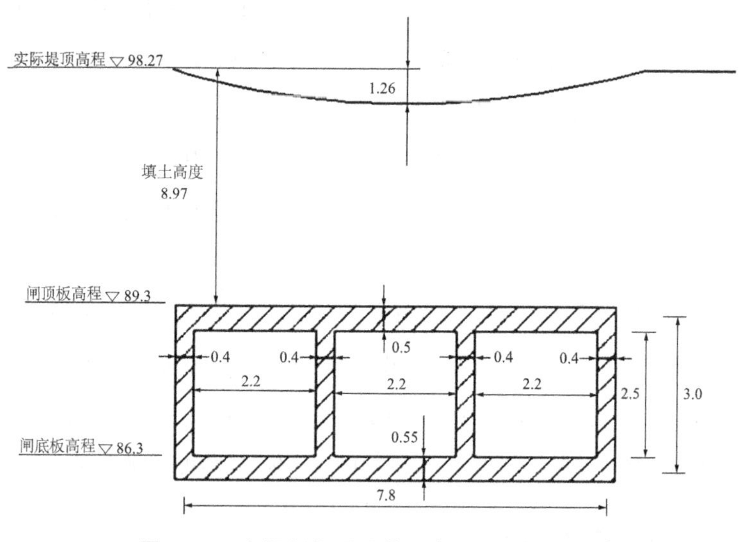

图 11-7 老涵洞堤顶现状示意图 (单位:m)

根据《黄河下游韩董庄引黄闸工程安全鉴定报告》，在现状情况下，老涵洞结构垂直水流方向承载力满足现行规范要求，老涵洞堤顶加高至 99.53 m(与两侧大堤齐平)时的结构承载力不足，主要表现在以下几方面：

① 在设计防洪水位工况下，老涵洞堤顶加高后顶板和底板的结构承载力不满足现行规范要求。

② 在校核洪水位工况下，老涵洞堤顶加高后顶板的结构承载力不满足现行规范要求。

因此，如老涵洞堤顶加高与两侧大堤填平，则在汛期高水位作用下，老涵洞段结构易发生裂缝、断裂甚至坍塌险情，且由于闸前堤顶较低，管理人员进出闸管院存在交通不安全现象。

（3）不均匀沉降不满足现行规范要求

① 新老涵洞接缝处沉降。根据《黄河下游韩董庄引黄闸工程安全鉴定报告》可知，第 3、4 节新老涵洞明显在接缝处上下错开，相对沉降差为 6.0 cm，新涵洞沉降较老涵洞大。根据《水闸设计规范》（SL 265—2016）8.3.6 条规定，天然土质地基上水闸地基最大沉降量不宜超过 15 cm，相邻部位的最大沉降差不宜超过 5 cm。该处相对沉降已超过现行规范要求。虽 2011 年工程现场安全检测未发现新老涵洞接缝处有浑水渗出迹象，但如不均匀沉降持续发展，遭遇高水位时新老涵洞接缝处有渗水甚至断裂的可能，进而影响该闸的渗透稳定性。

② 闸基沉降。另外，由该闸现有的沉降观测资料可知，截至 1991 年，该闸累计最大沉降量 14.0 cm，也已接近规范所要求的 15 cm 要求，而 1991 年以后未再进行沉降观测。因此，该闸存在由于不均匀沉降而诱发混凝土结构裂缝、断裂甚至坍塌的可能。

（4）伸缩缝止水老化严重。

根据《黄河下游韩董庄引黄闸工程安全鉴定报告》，各节间伸缩缝均有如下情况：表面沥青及混凝土变形、老化脱落或断裂；止水橡皮老化；压橡皮钢板及其固定螺栓、螺帽锈蚀。伸缩缝止水的破坏，如遭遇地震、不均匀沉降或超高洪水，易造成各节涵洞间接缝处渗水，致使渗径变短，进而影响其渗透稳定性。

（5）机架桥框架结构抗震能力不满足现行规范要求。

该工程场区地震动峰值加速度为0.20g,对应地震基本烈度为Ⅷ度。根据《黄河下游韩董庄引黄闸工程安全鉴定报告》可知,在三孔启门+地震工况下,机架桥框架结构承载力不满足现行规范要求,且启闭机房为砖混结构,无构造柱,不满足现行规范抗震要求。

(6) 海漫长度不满足现行规范要求。

根据《黄河下游韩董庄引黄闸工程安全鉴定报告》可知,在最高运用水位(上游水位92.40 m,下游水深2.36 m)工况下,计算海漫长度为23.6~29.5 m,设计海漫长为21.0 m,不满足现行规范要求。因此,在下游较高水深下运用时,容易对下游海漫造成冲刷破坏。

(7) 闸门及启闭设备。

根据韩董庄引黄闸现场安全检测结果可知,目前该闸闸门止水老化严重,闸门附属结构锈蚀严重,且在日常运行过程中关闸时封闭不严,闸门漏水;启闭机使用年限已超过折旧年限,电动机属淘汰型号,无高度限制器和负荷控制器,无专用供电线路,存在一定的安全隐患。若闸门启闭不及时或启闭不灵活,影响汛期工程抢险。

11.4.2 安全控制运用措施

基于以上该闸安全现状分析,《黄河下游韩董庄引黄闸工程安全鉴定报告》拟从正常运行期和汛期讨论韩董庄引黄闸的安全控制运用措施。

11.4.2.1 正常运行期

(1) 老涵洞堤顶加高后,汛期高水位作用下结构承载力不满足现行规范要求,因此老涵洞堤顶凹陷段保持原状,不回填。但在正常运用时,为避免老涵洞顶部超重荷载对其结构承载力的影响,严禁在老涵洞堤顶上堆置超重物料,并应限制大型车辆长时间停靠。另外,为避免闸管人员进出闸管院的交通安全,建议在闸管院出口与院前堤顶道路交界处设置一明显警示标志(如凸面镜等)。

(2) 对新老涵洞接缝处及伸缩缝止水进行处理,并加强该闸的沉降观测。

(3) 对混凝土脱落、露筋处进行处理;对侧墙、底板裂缝进行砂浆抹面或灌浆处理。

(4) 海漫长度与下游水深有关,为保证运行期避免对下游海漫的冲刷,下游水位需控制在 87.92 m 以下,如超过此水位,应通过闸门开度进行调节。

(5) 更换闸门止水及附属结构,加强启闭设备的检查及日常养护工作。

11.4.2.2　汛期

该闸闸址处堤防设计高程应为 99.65 m,而实际涵洞段堤顶高程为 99.04 m,水闸涵洞段堤顶高程低于堤防设计堤顶高程,不满足防洪要求。且在汛期高水位作用下,由于不均匀沉降及伸缩缝止水老化,易造成渗透破坏险情。为汛期便于封堵和涵闸安全,建议闸上下游管理范围内各设一道围堤。汛前及汛期需加强对闸前水位的观测,并及时采取封堵措施,以保证工程安全及下游生命财产安全。

11.4.2.3　其他

建议有关部门尽快对韩董庄引黄闸机架桥框架结构采取相应的加固措施,并按照相关规定上报该闸的除险加固规划设计,以降低超标洪水或突发地震情况下,该闸老涵洞段、机架桥框架结构及启闭机房等的安全运行风险。

11.4.3　降低标准运用分析

考虑韩董庄引黄闸作为四类闸可降低标准运用,现主要从降低该闸引水运用方面分析。

在《黄河下游韩董庄引黄闸工程安全鉴定报告》中,对 2009~2010 年花园口站(桩号 97+100)非汛期流量进行了频率分析,进而计算得到在当时引水条件下,该闸涵洞过流量 11.76 m^3/s,仅为原设计流量 25.0 m^3/s 的 47%。而 2011~2013 年该闸未引水,自 2014 年 2 月引水以来,最大引水流量也仅为 3.06 m^3/s。而在下游正常需水情况下,引水 5.0~10.0 m^3/s 即可满足下游农田灌溉需求,也远小于原设计流量，属韩董庄引黄闸降低引水流量运用。

综上，针对韩董庄引黄闸安全鉴定结果和工程现状，在保证该闸安全运行的基础上，探讨了该闸安全控制运用措施，分析了降低标准使用条件，为该闸的引水安全和防洪安全提供保证，为该闸风险及应对措施分析提供依据。

11.5 风险及管控措施

2011 年韩董庄引黄闸被鉴定为四类闸，本身存在一定的安全隐患。因此，在现状情况下，为保证韩董庄引黄闸安全运行，现对该闸存在的风险进行分析，并提出相应的应对措施。

11.5.1 风险分析

韩董庄引黄闸的风险存在于工程运行阶段的结构方面存在的隐患，日常运行管理中存在的操作失误等隐患，电气设备、供电系统等存在的隐患，以及环境影响、自然灾害、人为破坏等因素，汛期非安全度汛、抢险不及时等因素都是工程风险的可能来源，这些不安全因素对韩董庄引黄闸的安全运行构成了一定威胁。因此，对造成工程失事或事故的风险因素进行分析，发现导致工程失事的根本原因，是保障工程安全的重要内容。为此，考虑工程正常运行期及汛期多种风险因素，特别是工程主体结构、日常运行管理、自然灾害及非安全度汛等隐患对韩董庄引黄闸安全运行的影响，综合分析该工程的运行风险，进而探讨有效的工程措施和非工程措施，为该工程的安全运行提供参考。

11.5.1.1 工程破坏或事故原因

通过前文相关资料的分析，考虑黄河度汛要求，从正常运行期和汛期分别探讨韩董庄引黄闸失事的风险因素。正常运行期该工程破坏原因主要有结构失稳、渗流破坏、设备故障、管理不当、自然灾害等，汛期主要破坏原因为防洪能力不足、险情抢护不到位等。

正常运行期和汛期工程主要破坏形式及主要分析内容如表 11-1、表 11-2 所示。

表 11-1　正常运行期工程破坏原因及主要分析内容

<table>
<tr><th colspan="2">破坏/事故原因</th><th>主要分析内容</th></tr>
<tr><td colspan="2">结构失稳</td><td>混凝土结构失稳；
上下游连接段失稳</td></tr>
<tr><td colspan="2">渗流破坏</td><td>闸基渗透破坏；
土石接合部集中渗漏</td></tr>
<tr><td colspan="2">设备故障</td><td>运转不灵活；
无法正常启闭</td></tr>
<tr><td colspan="2">管理不当</td><td>结构破损未及时处理；
工程无人维护或维护不及时；
规章制度落实不到位；
工程检修事故；
缺乏必要的观测与检查</td></tr>
<tr><td rowspan="3">其他</td><td>自然灾害</td><td>持续较强降雨；
地震</td></tr>
<tr><td rowspan="2">人为破坏</td><td>操作不当</td></tr>
<tr><td>人为故意对工程造成的破坏</td></tr>
</table>

表 11-2　汛期工程破坏原因及主要分析内容

破坏/事故原因	主要分析内容
防洪能力不足	涵洞堤顶高程不够； 围堤坍塌或冲毁； 土石接合部渗水、漏洞； 设备故障
渗流破坏	新老涵洞接缝处渗水引起渗径变短； 涵洞伸缩缝止水破坏
抢险失败	抢险救灾组织不到位； 防汛料物储备不充分； 险情抢护不及时； 出现超标洪水
未抢险	水位快速上升； 工程冲毁
人为扒口	

11.5.1.2 工程主要风险

由以上可知,韩董庄引黄闸的风险主要存在于正常运行期和汛期的各个环节,如正常运行期由于不均匀沉陷或承载力不足等造成的结构裂缝甚至断裂等,闸门、电气设备、启闭设备等存在的隐患,以及环境影响、人为破坏等因素,汛期防洪能力不足、渗透失稳、抢险救灾组织、险情抢护等存在的隐患等,这些都是工程风险的可能来源。

1. 主体结构隐患

对韩董庄引黄闸而言,主体结构隐患主要指混凝土结构本身、上下游连接段等在运行过程中所产生的影响工程安全运行的隐患。主要包括:不均匀沉陷、混凝土劣化、承载力不足等引起混凝土结构裂缝、倾斜甚至断裂,或是遭遇超标洪水时堤顶高程不满足防洪要求而造成工程冲毁或破坏,上下游连接段滑坡、坍塌等。

2. 渗流破坏隐患

由于该闸第3、4节新老涵洞接缝处产生不均匀沉降,相对最大沉降差已超过现行规范要求,且该闸各节伸缩缝止水普遍老化,如遇超限荷载作用、地震或遭遇超标洪水,可能会引起新老涵洞接缝或伸缩缝处渗水,进而引起渗透破坏。另外,由于土石接合部存在的隐患(接合部不密实或裂缝等)很难发现,如果遭遇持续高水位及地震等极易发生集中渗漏,危及工程安全。

3. 日常运行管理隐患

日常管理维护不当,例如闸门、金属结构、启闭系统及电气设备等养护不当,缺乏日常工程观测、检查不及时,或水文预报不及时、不准确等,这些都给工程的安全运行和安全度汛造成影响。此外,在工程维修养护或检修过程中,由于高空作业亦较易引发高处坠落(人员或物体坠落等事故)、物体打击(机械运转打伤事故)、触电或火灾等安全事故。

4. 汛期抢险隐患

汛期抢险隐患主要针对于工程遭遇超标洪水时,堤顶高程不够、围堤坍塌或冲毁、闸门启闭不及时或运转不灵活等设备故障、抢险不及时或抢险失败等而造成的工程破坏或冲毁。

5. 自然灾害隐患

自然灾害隐患主要考虑地震、持续较强降雨等自然灾害对工程安全运行的影响。工程场区地震动峰值加速度为0.20g,相应地震基本烈度为Ⅷ度。虽目前该地区未曾遭遇大地震的破坏,但由于地震本身是一种复杂多变的震动过程,将造成涵闸工程伸缩缝错动或破坏、混凝土结构失稳、机架桥框架结构损坏,甚至倒塌、上下游连接段滑坡或坍塌、启闭机房倒塌等,对整座涵闸的安全均有一定的影响。

此外,如遇持续较强降雨天气,围堤可能出现滑坡甚至坍塌险情,影响涵闸的正常运用;地震或持续较强降雨可能带来的电力供应中断也会影响闸门的正常开启。

6. 人为破坏隐患

人为破坏隐患主要指管理人员责任心不强、业务不熟悉、操作不熟练或出现失误等造成启闭困难或人为故意对涵闸伸缩缝或混凝土结构进行破坏等造成的抢险失败或工程破坏。

韩董庄引黄闸主要风险因素的构成,即风险的主要来源,如图11-8~图11-11所示。

11.5.2 风险的应对措施

通过对韩董庄引黄闸风险分析可知,该工程风险既有工程自身的因素,也有人为和自然灾害的影响,一旦发生,将会不同程度地造成工程破坏,影响度汛安全,甚至造成人身伤害或财产损失。为此,选择合理有效的处理风险的对策,采取切合实际的工程措施和非工程措施,则可使工程损失尽量减少或得以避免。《黄河下游韩董庄引黄闸工程安全鉴定报告》将针对这些风险因素,提出相应的降低风险的措施和建议,从一定程度上保证韩董庄引黄闸的安全运行。

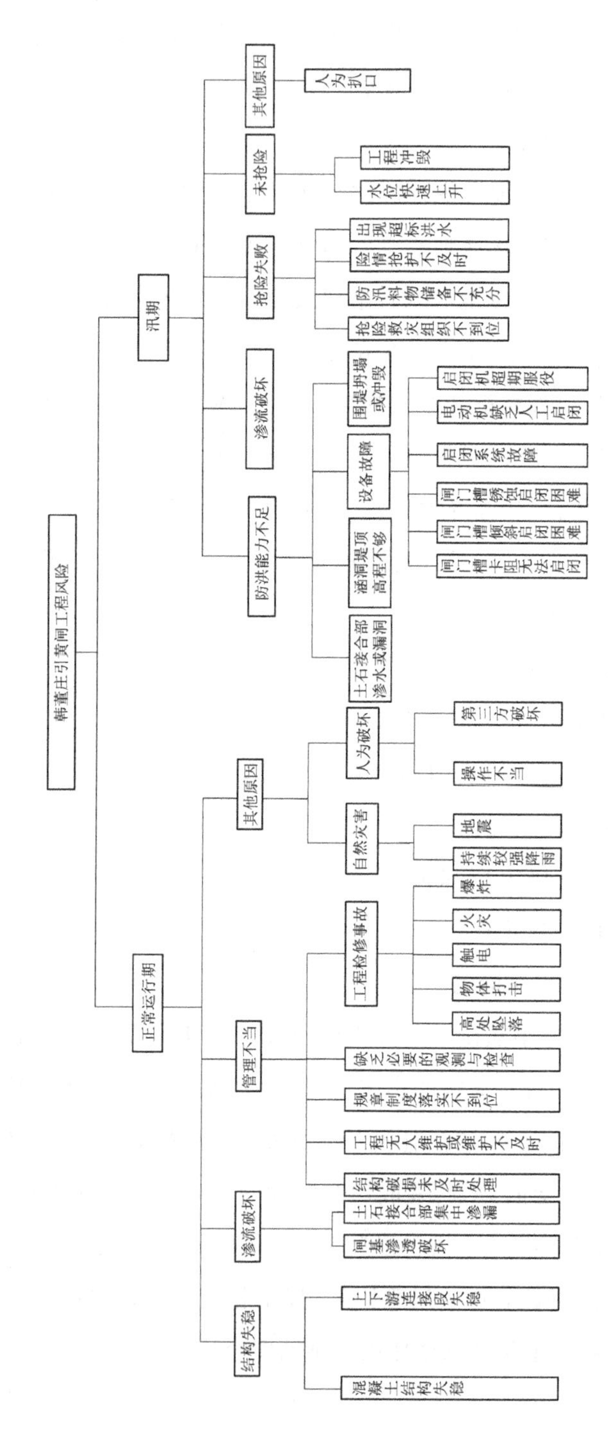

图 11-8 韩董庄引黄闸主要风险因素的构成

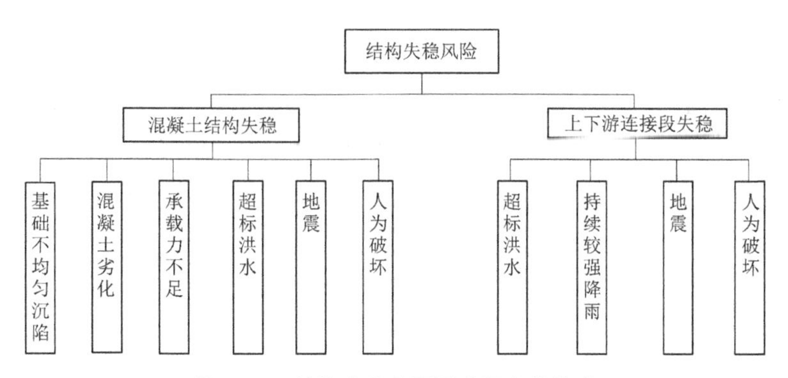

图 11-9　结构失稳主要风险因素的构成

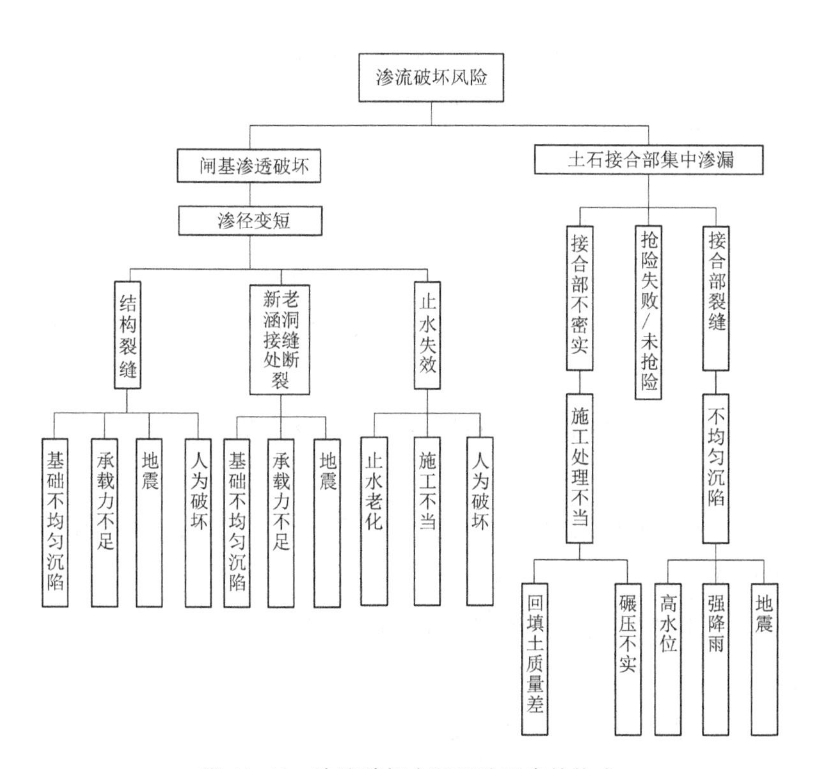

图 11-10　渗流破坏主要风险因素的构成

11.5.2.1　采取必要的工程措施

（1）建议对第 3、4 节新老涵洞接缝处进行内部灌浆、外部裂缝止水方式处理。

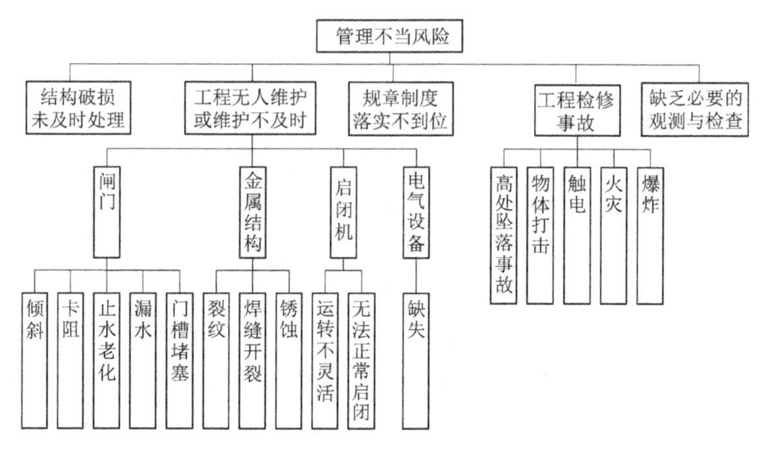

图 11-11　管理不当主要风险因素的构成

（2）建议更换涵洞各节伸缩缝止水。

（3）建议对侧墙、底板裂缝进行砂浆抹面或灌浆方式处理。

（4）建议闸上下游管理范围内各设一道围堤。

（5）建议对混凝土脱落、露筋处进行处理。

（6）建议在闸管院出口与院前堤顶道路交界处设置一凸面镜，保证出入闸管院人员的安全。

（7）建议在老涵洞堤顶道路显著位置设立禁止大车长期停靠警示牌。

（8）建议对闸门混凝土脱落、露筋部位进行处理，并更换闸门止水及附属结构。

（9）建议对底板、侧墙裂缝采用喷浆、灌浆或砂浆抹面等措施进行修补。

（10）建议对启闭机房裂缝进行处理。

（11）建议对进口右岸渐变段裂缝采用砂浆抹面或灌浆等措施。对出口右岸渐变段勾缝砂浆脱落的地方按原状进行修复处理。

（12）疏通测压管。

（13）建议对上游渠道漂浮物进行清理。

11.5.2.2　加强水闸日常运行安全管理

主要对工程管理范围内的运行观测、维修养护、工程设施及环境等方面进行日常的安全管理工作。

1. 加强工程的运行观测

工程运行过程中，定期对工程进行观察检查及保养工作，消除一切可能引起事故的隐患。具体如下。

（1）土石方工程。

① 检查土石接合部——上下游翼墙与附近土堤接合处有无裂缝、渗漏、蛰陷等损坏现象。

② 检查岸墙及上下游翼墙分缝是否错动，护坡有无坍滑、错动、开裂迹象，堤岸顶面有无塌陷、裂缝等。

（2）混凝土结构。

① 检查第3、4节新老涵洞接缝处不均匀沉降的发展情况，并适时记录上报。

② 检查伸缩缝止水有无老化，压橡皮钢板有无变形，固定螺丝有无脱落，金属埋件是否锈蚀，并注意及时更换。

③ 检查洞身顶板、底板及侧墙等构件有无混凝土脱落、露筋、裂缝等。

④ 检查闸门止水是否老化、变形，有无漏水情况，闸门是否偏斜、卡阻现象，门槽是否堵塞，压橡皮钢板、螺栓等闸门附属结构是否锈蚀，并注意及时更换。

⑤ 严格遵守闸门、启闭机操作规程，启闭前检查上下游河道有无漂浮物等行水障碍，观察上下游水位、流态，检查闸门启闭状态有无卡阻，冰冻期应先消除闸门周边冻结，当闸门启闭高度较大时，应分次启闭，且每次启闭高度不超过0.5 m，并需待下游水位平稳后再进行下次启闭。

⑥加强闸门运行观测，并尽量减少闸门的频繁启闭。

（3）启闭机及电气设备。

① 检查金属结构是否出现裂纹或焊缝开裂，表面油漆是否剥落、

生锈,并及时维修养护。

② 观察启闭机外壳及固定情况,启闭机运转是否灵活,有无不正常的声响和振动,传动机件和承重构件有无破坏磨损、变形。

③ 检查电源、线路是否正常,是否处于备用状态;配电线路有无老化、破皮等,保证用电安全。

(4) 观测设施。

检查沉降观测点是否完好,测压管是否淤堵。

(5) 其他。

① 加强人工巡查,如遇围堤土体滑坡或坍塌,及时处理。

② 对测流仪进行定期校测。

③ 检查管理范围内有无违章建筑和危害工程安全的活动;定期检查上下游渠道及涵洞内有无堵塞情况或垃圾堆放,并及时清理,保持通畅。

④ 检查远程观测系统运行是否正常。

⑤ 检查凸面镜及警示标志有无损坏。

(6) 日常检查人员在检查时应做到认真负责,对所检查情况应逐一排查问题,做好与上次检查结果的对比、分析和判断,发现问题应及时报告并做好记录工作。

2. 加强工程观测

涵闸的不均匀沉降将影响涵闸自身的安全运行。该闸第3、4节新老涵洞在接缝处已产生较大不均匀沉降,相对最大沉降差已超过现行规范允许值,因此更应加强该闸的沉降观测。观测垂直位移时同时观测上游运行水位及流量等。

3. 加强人员管理与培训

明确规定闸门的控制运行办法及相应的管理人员,并对闸管人员定期进行操作业务培训,启闭闸门时必须按照操作规程进行作业。

4. 其他

(1) 注意观测上游水位及河势的变化。

(2) 该闸堤顶高程不满足防洪要求,机架桥及启闭机房不满足现行规范抗震要求,建议有关部门尽快按照相关规定对该闸采取相应的处理措施,以降低超标洪水或突发地震情况下的工程安全风险。

11.5.2.3　汛期安全度汛应对措施

防汛是一项长期艰巨的工作,应采取综合治理的方针,合理安排抢险措施,达到减免洪水灾害和提高防洪标准的目的。在汛期应注意掌握水情的变化、闸址处建筑物状况,做好调度和加强建筑物安全的防范工作及抢险救灾的组织工作。

1.各流量级洪水位

韩董庄引黄闸各流量级洪水下闸前水位见表 11-3。

表 11-3　韩董庄引黄闸各流量级洪水下闸前水位

堤顶高程/m	校核水位/m	防洪水位/m	最高运用水位/m	洪水流量级/(m^3/s)							
				4 000	5 000	6 000	8 000	10 000	15 000	20 000	22 000
99.04	97.65	96.65	92.40	91.85	92.37	92.95	93.30	93.57	94.01	94.36	94.47

设计防洪水位、堤顶高程、闸底板高程、闸顶高程、临河滩面、背河地面高程与典型位置高程分析见表 11-4。

表 11-4　韩董庄引黄闸各流量级洪水水位

花园口流量 Q/(m^3/s)		4 000	6 000	8 000	10 000	15 000	22 000
相应水位 H_1/m		91.85	92.95	93.30	93.57	94.01	94.47
高程	典型位置高程 H/m	$H-H_1$	$H-H_2$	$H-H_3$	$H-H_4$	$H-H_5$	$H-H_6$
设计防洪水位/m	96.65	4.8	3.7	3.35	3.08	2.64	2.18
堤顶高程/m	99.04	7.19	6.09	5.74	5.47	5.03	4.57
闸底板高程/m	86.30	-5.55	-6.65	-7	-7.27	-7.71	-8.17
闸顶高程/m	92.70	0.85	-0.25	-0.6	-0.87	-1.31	-1.77
临河滩面高程/m	89.70	-2.15	-3.25	-3.6	-3.87	-4.31	-4.77
背河地面高程/m	86.40	-5.45	-6.55	-6.9	-7.17	-7.61	-8.07

由表 11-3 可知,当花园口站流量 5 000 m^3/s 时,洪水水位已接近最高运用水位 92.40 m,此时注意控制下游水位,以减少对下游海漫的冲刷。

2. 各流量级洪水防守方案

a. 花园口站各流量级洪水防守方案

韩董庄引黄闸防守方案以花园口站流量为分级依据,分为 4 000 m^3/s 以下、4 000~6 000 m^3/s、6 000~8 000 m^3/s、8 000~10 000 m^3/s、10 000~15 000 m^3/s、15 000 m^3/s 以上 6 个流量级。

(1) 花园口站流量 4 000 m^3/s 以下洪水险情预估。

当花园口站流量 4 000 m^3/s 以下时,受控导工程导溜影响,洪水沿现行河道流路下泄,大河距涵闸约 6.50 km,对该涵闸无影响。

(2) 花园口站流量 4 000~6 000 m^3/s 洪水险情预估。

花园口站流量达 4 000~6 000 m^3/s 时,闸前水位 91.85~92.95 m,洪水因受堤南干渠遏制,此级流量该闸不会发生险情。该闸虽不临河,但大河水位已接近最高运用水位(92.40 m),应在洪水到来前 4 h 关闭闸门。

(3) 花园口站流量 6 000~8 000 m^3/s 洪水险情预估。

花园口站流量达 6 000~8 000 m^3/s 时,闸前水位 92.95~93.30 m,该闸不临河,洪水受堤南干渠遏制,此级流量该闸不会发生险情。但闸前水位已高于最高运用水位(92.40 m),应在洪水到来前 4 h 关闭闸门。

(4) 花园口站流量 8 000~10 000 m^3/s 洪水险情预估。

当花园口站流量达 8 000~10 000 m^3/s 时,洪水可能冲破堤南干渠渠堤,高滩全部漫水,闸前水位 93.30~93.57 m,已超过最高运用水位(92.40 m),应在洪水到来前 6 h 关闭闸门,并在闸前安装防洪闸板。此级洪水下,该闸可能发生闸门漏水险情。

(5) 花园口站流量 10 000~15 000 m^3/s 洪水险情预估。

花园口站流量达 10 000~15 000 m^3/s 时,高滩全部漫水,涵闸受堤河影响边溜。闸前水位 93.57~94.01 m,在此高水位洪水的作用下,可能发生涵闸土石接合部渗清水、管涌出清水等险情。

(6) 花园口站流量 15 000 m^3/s 以上洪水险情预估。

花园口站流量达 15 000 m^3/s 以上洪水时,高滩全部漫水,涵闸受堤河影响靠大边溜。闸前水位 94.01 m,涵闸在此高水位作用下,土石接合部可能发生漏洞、管涌等险情。

b.退水期间险情预估

退水期间,受高水位洪水浸泡,防渗护坡容易发生脱坡险情。由于滩区村庄稠密,加之植被影响,主溜区仍在现行河道,滩区多为漫滩水,仅堤脚附近受堤河影响,溜势较急。

根据以上可知,当花园口站流量达 8 000~10 000 m^3/s 时,高滩全部漫水,闸前水位已超过最高运用水位(92.40 m),该闸可能发生闸门漏水险情,且根据防洪规定,黄河流量超过 8 000 m^3/s 时,所有涵闸一律放下闸门,险闸同时需要围堵。因此,为确保涵闸安全,当黄河流量达 8 000 m^3/s 时,应在洪水到来前 6 h 关闭闸门,对该闸实施封堵。

具体封堵实施由祝楼乡负责:组织 2 台装载机、2 台挖掘机、2 台推土机、5 辆自卸汽车,取土区为闸后围堤备土,将所备土方准确快速地进行围堵合龙,应在 6 h 内围堵完毕。

3.保障措施

(1) 汛前汛后加强对新老涵洞接缝处不均匀沉降的观测,发现异常及时汇报。

(2) 加强对河势、闸前水位及流量的监测,及时记录、及时汇报。

(3) 备足石料、铅丝网片、编织袋、木桩、铁锨、土工合成物料、防渗围堵材料等防汛料物,并备好围堵土方,保障闸门下降不及时或险情发生时实施调用。

(4) 依据“就近快速、利于抢险”的原则制订抢险现场路线。社会备料运输及队员上堤路线为:胡堂庄→大堤→韩董庄引黄闸。

(5) 认真落实各项防汛责任制,落实各项安全度汛措施,明确防守责任人,建立岗位责任制,做到人员、料物落实。

(6) 做好队伍组织与培训。专门组织一支充足、精干的防护队伍,负责防守与抢护工作,并定期对抢险队伍进行抢险技术培训,切实掌握抢险技能,做到"召之即来,来之能战,战之能胜"。

(7) 做好工程检查,及时处理隐患。汛前要对工程各部位进行全面检查,发现问题及早处理,确保启闭灵活,安全应用。汛期要加强观测,明确专人防守。

(8) 强化责任督查。对工程值守、队伍组织、料物储备,度汛措施等工作开展督查,确保责任到位。

(9) 制定合理的供电保障、通信保障、交通运输保障、后勤保障等措施,以便及时有效地开展防汛抢险工作。

从结构失稳、渗透破坏、管理不当、防洪能力等方面综合分析探讨了韩董庄引黄闸正常运行期和汛期工程破坏或工程事故的原因,提出了影响工程安全的主要风险因素,进而从运行观测等工程日常安全管理、防洪措施、险情抢护及保障措施等方面探讨了风险的应对措施,为该闸的安全运行和安全度汛提供了重要依据,为该闸安全控制运用方案的编制奠定基础。

11.6 安全控制运用方案

本安全控制运用方案在符合韩董庄引黄闸降低标准使用和为该闸安全运行提供保证的基础上进行编制。

11.6.1 控制运用原则

(1) 局部服从全局,兴利服从防洪,统筹兼顾。

(2) 与上下游和左右岸等有关工程密切配合运用,综合考虑上下游、左右岸的要求,综合合理利用水资源。

(3) 服从黄河防洪、防凌、抗旱和水量调度。

11.6.2 控制运用依据

为保证韩董庄引黄闸引水安全,根据《黄河水闸技术管理办法》

(黄建管[2013]485 号)的相关要求,并结合该闸工程现状和符合降低标准使用等相关要求确定以下指标为控制运用的依据:

(1) 上下游最高水位。

(2) 老涵洞堤顶高程。

11.6.3 控制运用方案

11.6.3.1 水闸的控制运用

1. 正常运行期控制运用。

(1) 闸上游最高水位需控制在 92.40 m 以下,下游水位控制在 87.92 m 以下,若高于该运用指标,应适当调节闸门开度,并实时运用远程监控系统实施引水控制。

(2) 老涵洞段堤顶高程维持现状(98.27 m),不宜加高,且应限制大型车辆长时间停靠。

(3) 在保证下游灌区灌溉需求及合理利用水资源的基础上,按需引放水。

(4) 严格执行上级水调指令,做到见票放水,到期关闸。

(5) 放水期间,按规定及时测流上报,做到迅速准确;严禁偷水、漏水或私自加大放水流量;严禁闭闸捕鱼;严禁私自启闭闸门。

(6) 枯水期,尽量不要把闸关死,防止渠道淤积。

(7) 引水时应密切关注水质变化情况,当水质不能满足用水单位要求或可能形成污染时,应及时报告,并按上级部门指令减少引水流量直至停止引水。

2. 汛期控制运用

(1) 当花园口站流量为 6 000 m^3/s 时,闸前水位 91.95 m,已接近最高运用水位 92.40 m,对下游消能防冲设施有一定的影响,关闭闸门,停止引水。

(2) 汛前水闸管理单位应做好以下工作:

① 开展汛前工程检查观测,做好设备保养工作。

② 制定汛期工作制度,明确责任分工,落实各项防汛责任制。

③ 检查机电设备,补充备品备件、防汛抢险器材和物资。

④ 检查通信、照明、备用电源等是否完好。

⑤ 清除管理范围内上游河道、下游渠道的障碍物,保证水流畅通。

(3) 汛期水闸管理单位应做好以下工作:

① 严格防汛值班,落实水闸防汛抢险责任制。

② 确保水闸通信畅通,密切注意水情,特别是洪水预报工作,严格执行上级主管部门的指令。

③ 严格请示、报告制度,贯彻执行上级主管部门的指令与要求。

④ 严格请假制度,管理单位负责人未经上级主管部门批准不得擅离工作岗位。

⑤ 加强水闸工程的检查观测,掌握工程状况,发现问题及时处理。

⑥ 对影响运行安全的重大险情,应及时组织抢修,并向上级主管部门汇报。

具体要求详见《平原新区韩董庄引黄闸工程防守预案》。

(4) 汛后水闸管理单位应做好以下工作:

① 开展汛后工程检查观测,做好设备保养工作。

② 检查机电备品备件、防汛抢险器材和物资消耗情况,编制物资补充计划。

③ 根据汛后检查发现的问题,编制下一年度水闸养护修理计划。

④ 按批准的水毁修复项目,如期完成工程整修。

⑤ 及时进行防汛工作总结,研究制订下一年度工作计划。

11.6.3.2 闸门的控制运用

(1) 闸门启闭前应做好下列准备工作:

① 检查闸门启、闭状态,有无卡阻。

② 检查启闭设备和机电设备是否符合安全运行要求。

③ 观察上下游水位和流态,核对流量与闸门开度。

④ 检查启闭机械,闸门的位置、电源、动力设备等安全可靠性。

⑤ 正式操作前必须对启闭机进行瞬间试运行,以检查运行方向是否正确和运转是否正常,发生异常必须及时处理。

⑥ 观察河道内是否有较大的漂浮物,下游渠道是否有人活动及严重淤积。

(2) 闸门及启闭机操作应遵守下列规定:

① 启闭机操作时应由专职人员进行操作,固定岗位,明确责任。

② 根据闸前水位和放水量,由测流设施校核检查。

③ 开启闸门要均匀、稳定、先慢后快,当闸门达到全开时,关掉驱动机器,改用手摇。

④ 开闸后,要注意上下游水流形态,发现闸门振动,折冲水流、回流、旋涡等,应调整闸门的开启高度。

⑤ 闸门启闭过程中,如发现异常现象,应立即停止启闭,待检查处理完毕后再启闭。

⑥ 启闭机运行中,如需反向运行,必须先按正在运行的指示按钮,待运行停止后再进行反向操作;启闭机严禁超载运行。

⑦ 关闭闸门时,当闸门达到全关时,关掉驱动机器,改用手摇;严禁强行顶压。

(3) 闸门启闭结束后应填写相关启闭记录:启闭依据、操作人员、启闭孔数、闸门开度、启闭顺序及历时、启闭设备运行状况,上下游水位、流量,异常事故处理情况等。

11.6.3.3　远程监控系统运用

(1) 引水期间,水闸远程监控系统水位、流量自动监测设备在正常工作时间必须开机运行。

(2) 抗旱应急响应期间或当所在河段出现小流量突发事件期间,水闸远程监控系统必须 24 h 开机运行。

(3) 遇预报有雷雨天气、电压不稳或其他可能危及系统安全的异常情况时,应及时采取关机断电、断开线路连接等安全防护措施,并将处理情况及时上报上级水调部门。情况正常后,应及时重新开机运行。

(4)系统出现故障时,经逐级请示上级水调部门同意后,维修期间可暂时停止运行或停止部分功能设备运行。

(5)远程监控系统定期联调检查时间,不论引水与否,应开机运行。

11.6.4 日常检查与观测

11.6.4.1 检查工作

1.经常检查

a.土石方工程

(1)检查岸墙及上下游翼墙分缝是否错动,护坡有无坍滑、错动迹象,岸坡有无坍滑、错动、开裂现象。

(2)上下游翼墙与附近土堤接合处有无裂缝、蛰陷等损坏现象。

(3)堤岸顶面有无塌陷、裂缝,背水坡及堤脚有无破坏。

(4)混凝土铺盖完整性;排水孔有无淤堵,排水量、浑浊度有无变化。

(5)围堤土体是否滑坡、坍塌。

b.混凝土结构

(1)闸室及洞身各构件混凝土有无脱落、露筋及裂缝等情况。

(2)闸室及洞身伸缩缝止水有无拉裂、老化等情况。

(3)闸门有无表面涂层剥落、门体变形、锈蚀、焊缝开裂,螺栓、铆钉松动;支承行走机构是否完好,运转是否灵活;止水装置是否完好;闸门有无偏斜、卡阻现象;门叶上下游有无泥沙、杂物淤积。

(4)不均匀沉降情况。

(5)消能设施有无磨损冲蚀。

c.金属结构

压橡皮钢板、螺栓等闸门附属结构是否锈蚀。

d.启闭设备

启闭设备运转是否灵活、制动可靠,传动部件润滑状况、有无异常声响;机架有无损伤、焊缝开裂、螺栓松动;钢丝绳有无断丝、卡阻、磨损、锈蚀、接头不牢;零部件有无缺损、裂纹、压陷、磨损;螺杆有无弯曲变形;油路是否通畅、泄漏,油量、油质是否符合要求等。

e. 电气设备

电气设备运行是否正常;外表是否整洁,有无涂层脱落、锈蚀;安装是否稳固可靠;电线、电缆绝缘有无破损,接头是否牢固;开关、按钮动作是否准确可靠;指示仪表是否指示正确;接地是否可靠,绝缘电阻值是否满足规定要求;安全保护装置是否可靠;防雷设施是否安全可靠。

f. 观测设施

沉降观测点有无损坏,测压管是否淤堵。

g. 其他

(1) 检查管理范围内有无违章建筑和危害工程安全的活动;检查闸前、闸后及涵洞内是否有影响安全度汛的障碍物,环境是否整洁,并及时清理,保持通畅。

(2) 凸面镜及警示标志是否完好。

(3)河床及岸坡冲刷和淤积变化,过闸水流流态。

h. 关于检查次数

经常检查由水闸管理单位负责。鉴于该闸为四类闸,目前属降低标准使用,应着重加强检查次数特别是对容易发生问题的部位,具体如下:

(1) 新老涵洞接缝处不均匀沉降的发展情况,建议一年两次。

(2) 涵闸值班人员每天进行一次日常检查,检查管理范围内有无违章建筑和危害工程安全的活动,岸墙及上下游翼墙、护坡、堤岸顶面等缺陷情况。

(3) 每月由涵闸管理(班)负责人组织对建筑物各部位、闸门、启闭机、机电设备、输电线路、沉降观测设施、观测仪器等进行一次全面检查。

2. 定期检查

定期检查包括汛前检查和汛后检查，主要对涵闸各部位及设施进行全面检查。

（1）汛前着重检查度汛应急项目完成情况，对工程各部位和设施进行详细检查，并对闸门、启闭机、备用电源等进行试运行，对检查中发现的问题及时进行处理。

（2）汛后着重检查水闸工程、闸门、启闭设备度汛运用状况及损坏情况等。

（3）汛前检查由韩董庄引黄闸管理单位组织技术人员开展，建议汛前4月和5月每月检查两次；汛后检查一般结合年度检查进行，由市级河务局、省级河务局组织技术人员开展，建议汛后11月和12月每月检查两次。

3. 专项检查

（1）当涵闸遭受特大洪水、地震、持续较强降雨或其他自然灾害，发现较大不均匀沉降、土石接合部集中渗漏等较大隐患或缺陷时，水闸管理单位应及时报请上级主管部门，并组织开展特殊检查，对发现的问题及时进行分析，制订修复方案和计划。

（2）水闸远程监控系统应每月定期（4～6月，半月一次；其他时段，1个月一次）配合系统远程联调检查，对硬件设备和软件功能状况及运行维护质量、开机应用情况等进行检查分析，发现异常和问题，及时督促相关单位进行维护处理。

（3）引水高峰期每周至少开展一次水量调度网上督查，抗旱预警响应和小流量突发事件期间，应每天开展水量调度网上督查，及时发现和制止违规引水行为。

（4）在调整引水计划当日，要运用系统对水闸启闭操作和引水情况进行检查；在大河流量变化较大时，应检查闸门开度是否及时调整，严格督促按计划指标引水。

4. 检查记录和报告

做好涵闸检查记录工作,并及时对检查结果进行整理,编制检查报告。

11.6.4.2　观测工作

(1) 利用设置的石膏饼,及时按要求开展沉陷位移观测。

(2) 对闸前水位及流量等进行观测。

(3) 观测工作由专人负责(固定 3 名闸管人员),沉陷位移观测一年不少于两次;闸前水位及流量观测每天不少于两次。汛前,则由 3 人昼夜值班观测上游水位及流量。

(4) 观测资料应及时整编,并编写观测分析报告。

11.6.5　安全管理

11.6.5.1　管理范围内工程设施的保护

(1) 严禁在涵闸管理范围内进行爆破、取土、埋葬、建窑、倾倒垃圾等危害工程安全的活动。

(2) 对涵闸管理与保护范围内的生产活动进行安全监督。

(3) 妥善保护机电设备、通信设备、观测设施、测流仪等,防止人为破坏;非工作人员未经允许不得进入工作桥、启闭机房。

(4) 严禁在涵闸老涵洞堤顶上堆置超重料物。

(5) 闸管院前出入口及老涵洞堤顶位置显著位置应设立凸面镜及限制大型车辆长期停靠警示标志。

(6) 漏电保护设施应设立警示标志。

(7) 水闸上下游应设立安全警戒标志,禁止在水闸上下游水面游泳、钓鱼。

11.6.5.2　安全运行管理

(1) 定期组织安全检查,检查防火、防爆等措施落实情况,并对运行过程中发生的安全隐患及时消除。

(2) 严格操作规程,安全标记齐全,电气设备周围应有安全警戒线;办公室、启闭机房、控制室等重要场所应配备灭火器具。

(3) 定期对消防用品、安全用具进行检查、检验,保证其齐全、完好、有效;扶梯、栏杆、防洪闸板等安全可靠。

(4) 设备检修高空作业必须穿防滑靴(鞋)、系安全带;在存在物品坠落的场所工作,必须佩戴安全帽。

(5) 电气设备要定期检查维修,确保完好、可靠。

(6) 应区分自动监控系统工作岗位,对运行和管理人员分别规定其操作权限;无操作权限的人员禁止对自动监控系统进行操作。

11.6.5.3 其他安全管理

组织指挥体系及职责、预防和预警、应急响应、应急保障、信息发布和后期处置、培训及演练等内容详见《平原新区韩董庄引黄闸工程防守预案》。

11.6.6 安全度汛预案

韩董庄引黄闸防守预案以花园口站流量分级,当花园口站流量8 000 m^3/s 时,高滩全部漫水,闸前水位已超过最高运用水位(92.40 m),该闸可能发生闸门漏水险情。因此,为确保该闸度汛安全,应在该级洪水到来前6 h关闭闸门停止引水,并对该闸实施封堵。

其间,闸管人员及防汛队伍要加强巡查,注意河势、水情变化情况,严密防守,发现险情立即上报。具体险情抢护及保障措施详见《平原新区韩董庄引黄闸工程防守预案》,此处不再赘述。

11.6.7 建议

(1) 韩董庄引黄闸为四类闸,目前存在堤顶高程不满足防洪要求、新老涵洞沉降差不满足现行规范要求、老涵洞堤顶加高与两侧大堤齐平后结构承载力不满足现行规范要求、机架桥及启闭机房不满足现行规范抗震要求、启闭机及电动机属淘汰型号等问题,建议有关部门尽快对韩董庄引黄闸机架桥框架结构采取相应的加固措施,并按照相关规定上报该闸的除险加固规划设计,以降低超标洪水或突发地震情况下的工程安全风险。

(2) 严格按照该方案控制运用。

第12章　赵口引黄闸应急管控技术

赵口引黄闸始建于1970年,该闸运行至今,一直为郑州和开封两市灌区提供灌溉用水,造福了沿黄和灌区人民,为区域经济发展和灌区的粮食丰收做出了巨大贡献。但该闸存在引水功能丧失、闸墩倾斜、洞身沉降明显、底板裂缝等问题,被鉴定为四类闸。本章在该闸安全鉴定结论的基础上,结合工程现状,探讨工程在降低标准使用基础上的安全运行条件,根据危险源辨识及风险评价结果,明确了上游正常引水位、汛期闸前控制水位、上下游最大水头差等控制运用指标,从构(建)筑物、金属结构、设备设施、作业活动、安全管理、运行环境等方面综合分析辨识了影响赵口引黄闸安全运行的主要因素,明确了重大危险源和一般危险源,并采用风险矩阵法(LS法)和作业条件危险性评价法(LEC法)对一般危险源进行了定量评价,划分了危险源风险等级。提出了加强日常检查与观测、安全管理及突发事件应急处置的具体措施,为该闸减低标准运行安全和供水效益发挥提供了技术支撑。

12.1　总　则

12.1.1　编制背景

根据《水闸安全鉴定管理办法》(水建管〔2008〕214号)和《水闸安全评价导则》(SL 214—2015)的要求,水闸主管部门及管理单位对鉴定为三、四类的水闸,应采取除险加固、降低标准运用或报废等相应处理措施,在此之前必须制定保闸安全应急措施,并限制运用,确保工程安全。《水利部办公厅关于印发水利水电工程(水库、水闸)运行危险源辨识与风险评价导则(试行)的通知》(办监督函〔2019〕1486号)

也明确要求管理单位认真贯彻落实水闸运行危险源辨识及其风险等级评价,以防范运行生产安全事故的发生。因自身存在诸多病险问题的三、四类水闸在运行管理过程中存在较大的安全风险,故在对三、四类病险水闸采取相应处理措施之前,如何解决其正常功能发挥与安全之间的矛盾,如何确保工程安全运用,如何对其进行安全管理,如何有效控制风险等一系列问题应值得高度关注并亟待解决。

2018 年 12 月,河南黄河河务局郑州黄河河务局组织有关单位和专家对赵口引黄闸进行了安全鉴定,由于引水功能丧失,渗透稳定性、结构安全、抗震安全及工程质量均不满足现行规程规范要求,存在严重的安全隐患,该闸综合评定为四类闸。作为赵口引黄灌区的主要引水工程,该闸将随着赵口引黄灌区二期工程的实施而被拆除重建。但考虑到雁鸣湖、狼城岗两镇农业灌溉用水及经济发展需求,目前部分闸孔正常引水。因此,在现有条件下如何对赵口引黄闸进行安全控制运用,使其既保证供水需求,又可满足安全运行管理要求尤为必要。

为有效管控该闸在除险加固前供水期间的安全运行风险,受河南黄河河务局郑州黄河河务局的委托,黄河水利科学研究院承担了《黄河下游赵口引黄闸降低标准控制运用应急方案》的编制工作。

12.1.2 编制目的

为赵口引黄闸在拆除重建之前的工程安全提供临时技术解决方案。

12.1.3 编制依据

(1)《黄河水利委员会安全生产检查办法(试行)》(2013 年 12 月)。

(2)《水闸技术管理规程》(SL 75—2014)。

(3)《黄河水闸技术管理办法》(黄建管〔2013〕485 号)。

(4)《水闸安全评价导则》(SL 214—2015)。

(5)《堤防工程养护修理规程》(SL 595—2013)。

(6)《水利水电工程(水库、水闸)运行危险源辨识与风险评价导则》(办监督函〔2019〕1486号)。

(7)《水利水电工程施工危险源辨识与风险评价导则(试行)》(办监督函〔2018〕1693号)。

(8)《防洪标准》(GB 50201—2014)。

(9)其他相关法律法规、规程、规范。

12.1.4　适用范围

《黄河下游赵口引黄闸降低标准控制运用应急方案》仅适用于本年度拆除重建前、降低标准运用的赵口引黄闸运行管理。若次年仍未拆除重建,则应结合当年水雨情及运行管理情况进行必要的修订。

12.2　工程管理现状及安全鉴定概况

12.2.1　工程规模及建筑物级别

赵口引黄闸为灌溉引水工程,设计引水流量210 m^3/s,加大引水流量240 m^3/s,设计灌溉面积240万亩,实际灌溉面积366万亩。根据《水利水电工程等级划分及洪水标准》(SL 252—2017),确定该闸工程等别为Ⅰ等,工程规模为大(1)型。

根据《防洪标准》(GB 50201—2014)、《水闸设计规范》(SL 265—2016)等有关规定,位于防洪(挡潮)堤上的水闸,其级别不得低于防洪(挡潮)堤的级别。临黄堤为1级堤防,因此该闸为1级水工建筑物,相应计算参数取值均应满足1级水工建筑物的要求。

12.2.2　建设及设计情况

赵口引黄闸位于中牟县境内,黄河南岸大堤公里桩号42+675处,始建于1970年,并于1981年进行了改建,于2002年进行了除险加固。该闸运行至今,一直为郑州和开封两市灌区提供灌溉用水,造福了沿黄和灌区人民,为区域经济发展和灌区的粮食丰收做出了巨大贡献。

12.2.2.1　1970年初建

赵口引黄闸位于中牟县境内,黄河南岸大堤公里桩号42+675处,始建于1970年,主要建筑物为1级,为16孔箱式钢筋混凝土涵洞式水闸,共分三联,边联各5孔,中联6孔;闸室段长12.00 m,涵洞段分2节,总长26.00 m。涵洞孔口尺寸为:每孔宽3.00 m,高2.50 m。设钢木平板闸门、15 t手摇电动两用螺杆启闭机。该闸闸基土主要为重壤土并有粉质砂壤土夹层。设计引水流量210.00 m³/s,加大引水流量240.00 m³/s,设计灌溉面积240.00万亩,实际灌溉面积366.00万亩,由开封地区水利局设计、施工,赵口引黄闸管理处管理运用。

12.2.2.2 1981年改建

由于黄河河床逐年淤积,水位相应升高,涵闸渗径不足,闸上堤身单薄,涵洞结构强度偏低,1981年10月按照黄委黄工字〔81〕61号文对该闸进行改建。该闸主要改建内容为:旧洞加固补强,按原涵洞断面自旧洞出口向下游接长三节洞身,老涵洞顶板跨中均加一撑墙(该撑墙下部为混凝土结构,上部为砖混结构,见图12-1);闸门更换为钢筋混凝土平板闸门,启闭机更换为30 t手摇电动两用螺杆启闭机;重建工作桥、交通便桥和启闭机房。改建工程由河南黄河河务局规划设计室设计,河南黄河河务局施工总队施工。设计流量210.00 m³/s。

图12-1 老涵洞中撑墙现状

东一孔经狼城岗干渠为雁鸣湖、狼城岗两镇供水，中十二孔经总干渠为郑州、开封、周口、许昌、商丘 5 市的 15 个县（区）供水，西三孔为三刘寨灌区供水，后因三刘寨闸启用而封堵。

12.2.2.3　2012 年除险加固

1. 基本情况

2009 年对该闸进行了安全鉴定，鉴定为三类闸。鉴定结果为：渗径长度不足；消力池和消力坎上有大量裂缝且冒水严重；地震工况下，机架桥排架立柱强度不满足要求；第 10、12、13 孔底板存在未贯通裂缝；闸门金属埋件锈蚀，止水橡皮老化龟裂、破损；启闭闸门时，闸门振动严重，且有卡阻现象；启闭设备已超过标准使用年限，部分零部件属淘汰产品，机箱有断裂现象；电气控制系统和设备陈旧老化等问题。为保证该闸的运行安全，对其进行除险加固。

除险加固工程由河南黄河勘测设计研究院设计，于 2012 年 6 月实施，由郑州黄河工程有限公司施工。本次除险加固未改变原工程的平面布置，仅对部分工程进行了改造，主要内容为：拆除重建上游铺盖；拆除重建机架桥、启闭机房，更换便桥盖板；修补裂缝、更换止水；更换闸门；更换维修闸门槽金属埋件；更换启闭设备和电气控制系统；重新恢复渗压观测系统。批准的设计变更内容为：新增闸墩盖板和明渠盖板、闸室高水位防渗平台护坡、迎水坝垛改建加固、管理房基础处理等内容，同时对止水处理方式、钢闸门及埋件结构、铺盖段底板、防冲槽护底、启闭机室排架柱植筋等工程设计方案进行了变更。

2. 设计情况

加固后该闸仍为 16 孔钢筋混凝土涵洞式水闸，孔口净宽 3.0 m，净高 2.5 m，设计引水流量 210.0 m^3/s，加大引水流量 240.0 m^3/s。设计引水位 85.60 m（黄海高程，下同，相应大河流量为 600 m^3/s），相应下游水位 84.35 m；最高运用水位 88.90 m（相应大河流量 10 000 m^3/s），相应下游水位 84.35 m；设计防洪水位 91.30 m，关闸防洪时下游水位 82.30 m；校核防洪水位 92.30 m；地震设计烈度为Ⅶ度。工程特性如表 12-1 所示。

表 12-1　赵口引黄闸工程特性

<table>
<tr><td colspan="3">技术数据</td><td colspan="2">1970 年 4 月
（始建时间）</td><td colspan="2">1981 年 10 月
（改建时间）</td><td colspan="2">2012 年 6 月
（除险加固时间）</td></tr>
<tr><td rowspan="4">闸身规模</td><td colspan="2">孔数</td><td colspan="2">16</td><td colspan="2">16</td><td colspan="2">16</td></tr>
<tr><td colspan="2">每孔高/m</td><td colspan="2">2.50</td><td colspan="2">2.50</td><td colspan="2">2.50</td></tr>
<tr><td colspan="2">每孔宽/m</td><td colspan="2">3.00</td><td colspan="2">3.00</td><td colspan="2">3.00</td></tr>
<tr><td colspan="2">闸身长度/m</td><td colspan="2">38.00</td><td colspan="2">68.56</td><td colspan="2">68.56</td></tr>
<tr><td rowspan="4">闸门结构</td><td colspan="2">结构形式</td><td colspan="2">混凝土箱式</td><td colspan="2">混凝土箱式</td><td colspan="2">混凝土箱式</td></tr>
<tr><td rowspan="3">尺寸/m</td><td>高</td><td colspan="2">2.50</td><td colspan="2">2.50</td><td colspan="2">2.50</td></tr>
<tr><td>宽</td><td colspan="2">3.00</td><td colspan="2">3.00</td><td colspan="2">3.00</td></tr>
<tr><td>厚</td><td colspan="2">0.215</td><td colspan="2">0.215</td><td colspan="2">0.215</td></tr>
<tr><td rowspan="2">启闭机型</td><td colspan="2">启闭形式</td><td colspan="2">螺杆式</td><td colspan="2">螺杆式</td><td colspan="2">螺杆式</td></tr>
<tr><td colspan="2">启闭能力/t</td><td colspan="2">30</td><td colspan="2">30</td><td colspan="2">30</td></tr>
<tr><td rowspan="5">各部位高程</td><td colspan="2">闸底/m</td><td colspan="2">81.50</td><td colspan="2">81.50</td><td colspan="2">81.50</td></tr>
<tr><td colspan="2">闸顶/m</td><td colspan="2">89.00</td><td colspan="2">89.00</td><td colspan="2">89.00</td></tr>
<tr><td colspan="2">堤顶/m</td><td colspan="2">92.80</td><td colspan="2">93.10</td><td colspan="2">93.10</td></tr>
<tr><td colspan="2">胸墙底/m</td><td colspan="2">84.60</td><td colspan="2">84.62</td><td colspan="2">84.62</td></tr>
<tr><td colspan="2">胸墙顶/m</td><td colspan="2">90.80</td><td colspan="2">90.80</td><td colspan="2">90.80</td></tr>
<tr><td rowspan="2">设计流量</td><td colspan="2">正常流量/(m^3/s)</td><td colspan="2">210.00</td><td colspan="2">210.00</td><td colspan="2">210.00</td></tr>
<tr><td colspan="2">加大流量/(m^3/s)</td><td colspan="2">240.00</td><td colspan="2">240.00</td><td colspan="2">240.00</td></tr>
<tr><td rowspan="5">设计水位</td><td colspan="2">闸前水位/m</td><td colspan="2">85.60</td><td colspan="2">85.60</td><td colspan="2">85.60</td></tr>
<tr><td colspan="2">闸后水位/m</td><td colspan="2">84.35</td><td colspan="2">84.35</td><td colspan="2">84.35</td></tr>
<tr><td colspan="2">防洪水位/m</td><td colspan="2">91.30</td><td colspan="2">91.30</td><td colspan="2">91.30</td></tr>
<tr><td colspan="2">校核水位/m</td><td colspan="2">92.30</td><td colspan="2">92.30</td><td colspan="2">92.30</td></tr>
<tr><td colspan="2">最高运用水位/m</td><td colspan="2">88.90</td><td colspan="2">88.90</td><td colspan="2">88.90</td></tr>
<tr><td rowspan="2">灌溉面积</td><td colspan="2">设计面积/万亩</td><td colspan="2">230.00</td><td colspan="2">230.00</td><td colspan="2">240.00</td></tr>
<tr><td colspan="2">实际面积/万亩</td><td colspan="2">102.00</td><td colspan="2">102.00</td><td colspan="2">366.00</td></tr>
<tr><td colspan="3">工程造价/万元</td><td colspan="2">234.00</td><td colspan="2">329.27</td><td colspan="2">1 186.17</td></tr>
<tr><td colspan="3">开工时间（年-月）</td><td colspan="2">1970-04</td><td colspan="2">1981-01</td><td colspan="2">2012-05</td></tr>
<tr><td colspan="3">竣工时间（年-月）</td><td colspan="2">1970-01</td><td colspan="2">1983-12</td><td colspan="2">2012-12</td></tr>
<tr><td>设计单位</td><td colspan="2">开封地区水利局设计院</td><td>现名称</td><td>开封市勘测设计院</td><td>设计单位</td><td>河南黄河河务局规划设计院</td><td>现名称</td><td>河南黄河勘测设计设计院</td></tr>
<tr><td>施工单位</td><td colspan="2">开封市水利局</td><td>现名称</td><td>开封市水利局</td><td>施工单位</td><td>郑州黄河工程有限公司</td><td>现名称</td><td>郑州黄河工程有限公司</td></tr>
<tr><td>建设单位</td><td colspan="2">开封修防段</td><td>现名称</td><td>开封市河务局</td><td>建设单位</td><td>河南黄河河务局工程建设中心</td><td>现名称</td><td>河南黄河河务局工程建设中心</td></tr>
</table>

3. 工程布置

(1)上游连接段。

铺盖为钢筋混凝土结构,顺水流方向长 20.00 m,垂直水流方向宽 59.32~52.59 m,厚 0.50 m,两侧设齿墙,深度为 0.50 m。顺水流方向设 4 道永久缝,垂直水流方向设 1 道永久缝。铺盖底设 10.00 cm 厚 C15 素混凝土垫层。

铺盖前部设置铅丝笼防冲槽进行防护。防冲槽抛石深度为 2.00 m,顺水流向长度为 5.00 m,两侧翼墙采用浆砌石护坡,坡比 1∶1.5,厚 0.50 m;护坡底部设底座,与铺盖齿墙相连,厚 0.60 m,前趾长 0.50 m;护坡与原有黏土间设 0.10 m 厚粗砂垫层和防渗土工布。铺盖间及铺盖与翼墙和底板间的所有缝内均设止水。

(2)闸室段。

除险加固重建机架桥及启闭机房,闸室底板、闸墩均未作变动,闸底板高程 81.50 m,底板厚 1.20 m;墩顶高程 89.00 m,边墩厚 1.60 m,中墩厚 0.75 m。机架桥顶高程 93.40 m,排架柱断面尺寸为 0.50 m×0.35 m(长×宽),排架横梁尺寸为 0.35 m×0.4 m(宽×高),上部横梁尺寸为 0.35 m×0.06 m(宽×高)。启闭机房面板厚度为 0.12 m。

(3)涵洞段。

涵洞共分 5 节,前 2 节老涵洞段每节长 13.00 m,后 3 节改建涵洞段每节长 10.19 m,底坡 $i=1/217$。涵洞段边联底板厚 0.65 m,顶板厚 0.60 m,边墙厚 0.50 m,中墙、缝墙均厚 0.35 m,撑墙厚 0.30 m;中联边墙厚 0.35 m,其余构件尺寸同边联。出口涵洞底板高程 82.21 m。

(4)下游消能防冲设施。

闸后消力池水平段长 20.80 m,底部高程 80.51 m(底部铺设厚 0.80 m 浆砌石和 0.20 m 砂石垫层);海漫前段长 24.00 m(底部铺设厚 0.50 m 浆砌石和 0.20 m 砂石垫层),后段长 8.00 m(底部铺设 0.40 m 干砌石和 0.20 m 石渣垫层),后接长 8.00 m、深 2.00 m 的抛石槽。

赵口引黄闸纵剖面及平面布置见图 12-2,上游及下游现状分别如图 12-3 和图 12-4 所示。

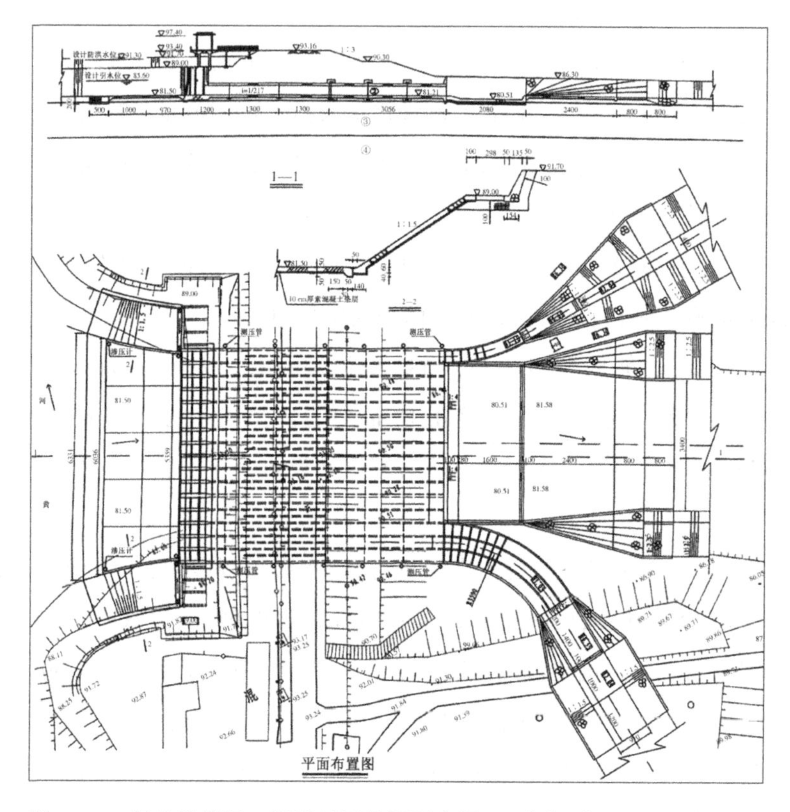

图 12-2　赵口引黄闸工程纵剖面及平面布置　（单位：高程，m；尺寸，cm）

图 12-3　赵口引黄闸工程上游(2018 年安全鉴定清淤前)

图 12-4 赵口引黄闸工程下游(2018 年安全鉴定清淤前)

12.2.3 管理现状

12.2.3.1 技术管理制度执行情况

《水闸技术管理办法》(SL 75—2014)、《黄河水闸技术管理办法(试行)》(黄建管〔2013〕485 号)要求,赵口引黄闸管理单位认真组织各项规章制度的落实;在上级制定的相关规章制度的基础上,结合涵闸实际,重新制定了防汛值班制度、安全保卫制度、职工教育与培训制度、安全应急制度、闸门运行操作规程、电工安全操作规程等。管理人员均能按技术管理要求进行相应操作。

12.2.3.2 控制运用情况

1. 主体工程

赵口引黄闸始建于 1970 年, 1981 年进行了初次加固改建,并于 2012 年实施了除险加固。目前,该闸存在诸如混凝土结构裂缝、闸门启闭困难、止水损坏等问题,主要如下。

a. 砌体结构

出口左侧浆砌石“八”字翼墙因不均匀沉降出现 1 条竖向裂缝。

b. 混凝土建筑物

(1)闸室段。

①多孔闸室侧墙及闸底板与洞身段第一节的伸缩缝处局部沥青杉板脱落,未脱落沥青杉板也已老化,部分钢板弯曲变形、固定螺丝脱落,金属埋件锈蚀严重;顶板与洞身段连接处沥青杉板均有不同的龟裂、老化。

②8#孔、9#孔、10#孔(闸孔自西向东按顺序进行编号为1#~16#孔)闸室段两侧墩墙中部各存在1条贯通裂缝,从上部“八”字角向下长度1.3~1.5 m;10#孔、12#孔、13#孔底板位于闸首段的底板各有1条垂直于水流方向的裂缝。

③11#孔闸室段右侧墙中部存在1条贯通裂缝,长度约1.5 m。

④闸墩存在倾斜现象。

(2)洞身段。

洞身伸缩缝表止水固定钢板及其螺栓锈蚀,接头处沥青杉板龟裂、老化;部分涵洞底板第3、4节间积水最深处为100 mm左右。

c.金属结构

(1)闸门。

连接螺栓表面锈蚀、滚轮锈死、门槽埋件局部锈蚀,12#孔止水失效、漏水;个别闸门锈蚀轻微;闸门启闭时有卡阻现象。

(2)启闭机。

启闭机运行时尤其是闭门时振动剧烈,且螺杆表面锈蚀。

d.机电设备

该闸电动机、电气设备等运行良好,未见异常;减速器无漏油现象;自动监控系统运行正常。

e.工程管理设施

管理房外观良好,未出现裂缝、漏雨现象;且管理区内地面整洁,绿化良好,无杂物堆放,室内照明设施布局合理,通信设施安全可用;未设置事故备用电源;出入闸区交通道路通畅。

f.工程安全监测设施

水尺、沉降观测点、测压管及流速仪等观测设施,均可正常使用。

2. 沉降观测情况

2012 年该闸除险加固时，为便于水闸与堤防接合部渗透压力观测，安装了工程安全监测系统，在该闸左右两边孔外墙侧自上游铺盖起始端至下游涵洞出口处，埋设了测压管，共 12 支振弦式渗压计，具体埋设位置如图 12-5 所示。从 2015～2018 年监测数据看，目前 2 号渗压计已失效。2018 年安全鉴定时对该闸不均匀沉降进行了量测发现：涵洞底板第 3、4 节间相对沉降量值为 5.6 cm，超出《水闸设计规范》（SL 265—2016）要求的相邻部位的最大沉降差不宜超过 5 cm 的规定，且此处积水最深处为 100 mm 左右。

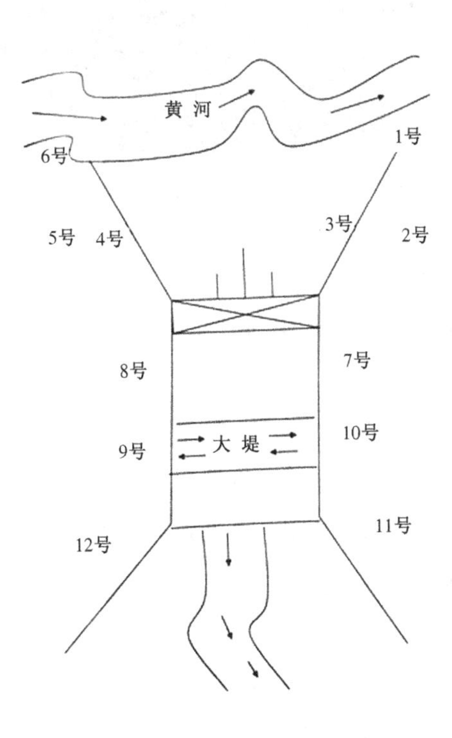

图 12-5　赵口测压管埋设示意图

12.2.3.3　淤积情况

根据工程日常检查和观察，闸前淤积严重（闸底板高程 81.50 m，淤积高程 83.0 m）（见图 12-6），最大淤积深度达 1.5 m，洞身内最大淤积深度可达0.8 m,已严重影响涵闸正常引水及工程效益的发挥。因第二次安全鉴定需要,管理单位于2018年12月1日对涵洞进行了清淤。

图12-6　闸前淤积情况

12.2.3.4　出险及抢护情况

该闸自2012年除险加固以来,运行正常,一直担负着引黄灌溉和防汛任务,至今未出现过险情。

12.2.4　安全鉴定情况

2018年12月,河南黄河河务局郑州黄河河务局组织有关单位和专家对赵口引黄闸进行了安全鉴定,安全鉴定结论如下。

12.2.4.1　防洪标准

1.洪水标准

该闸设计防洪水位91.30 m,不低于该闸址处防洪堤的防洪标准89.806 m,洪水标准满足要求。

2.堤顶高程

该闸设计防洪水位89.806 m,加上相应安全超高值,可知该闸堤顶高程应为92.806 m,现状堤顶高程93.157 m,满足黄河标准化堤防堤顶高度要求。

3. 引水能力

引水能力满足原设计要求，但由于河床下切，目前在设计大河流量情况下，现状引水能力 22.6 m^3/s，为设计流量 210 m^3/s 的 10.76%，基本丧失引水功能。

12.2.4.2　渗流安全

部分涵洞节间止水已拉裂或破损，有效渗径长 76.53 m，低于闸基应满足的防渗长度 81.0 m，渗径长度不满足现行规范要求；在设计洪水位及校核洪水位工况下，出口段渗流坡降计算值分别为 0.67、0.74，均超过现行规范要求的允许坡降限值（0.50~0.60），不满足现行规范要求。渗流安全综合评定为 C 级。

12.2.4.3　结构安全

闸室地基不均匀系数不满足现行规范要求；闸墩、胸墙、涵洞段最大裂缝宽度及结构极限承载力满足现行规范要求；消能防冲满足现行规范要求；结构耐久性、最小配筋率及部分底板裂缝宽度不满足现行规范要求。结构安全综合评定为 C 级。

12.2.4.4　抗震安全

该闸抗震设计烈度为Ⅶ度，1981 年改建时涵洞跨中设置的撑墙及抽测构件混凝土强度不满足现行规范抗震要求。抗震安全评定为 C 级。

12.2.4.5　金属结构

闸门连接螺栓表面锈蚀、滚轮锈蚀、门槽埋件局部锈蚀，面板轻微锈蚀，存在漏水现象，闭门卡阻，启闭机振动。金属结构安全评定为 B 级。

12.2.4.6　机电设备

电气设备符合现行规范要求。机电设备安全评定为 A 级。

12.2.4.7　工程质量

部分闸室段闸墩倾斜；洞身相对沉降 5.6 cm，超出现行规范规定的相邻部位最大沉降差不宜超过 5.0 cm 的要求；底板裂缝最大宽度

0.32 mm(距闸首端部 7 100 mm,最大缝深 279 mm),不满足现行规范 0.30 mm 限值要求;闸室侧墙存在贯通裂缝;各节伸缩缝止水老化等,工程质量综合评定为 C 级。

鉴于赵口引黄闸防洪标准、渗流安全、结构安全、抗震安全、工程质量均评定为 C 级,综合以上情况,该闸安全类别为四类闸。尽快对该闸进行拆除重建。管理部门在拆除重建前采取降低标准控制运用措施,加强工程观测,以确保工程运行安全。

12.3 引水现状

黄河是多泥沙河流,引水必引沙是引黄灌区的显著特点。而有效拦沙及沉沙措施的缺乏,致使泥沙直接进入渠道或涵闸,造成渠道及洞身淤积严重,进而影响涵闸工程引水能力。由于河床下切,致使该闸目前引水较为困难,根据《黄河下游引黄涵闸改建工程可行性研究设计水位论证专题报告》,赵口引黄闸闸前水位 85.60 m,不考虑闸前引渠和水闸洞身淤积时,现状引水能力 22.6 m^3/s(为 4# ~ 16#孔的引水能力,1#孔、2#孔、3#孔常年封堵),为设计流量的 10.76%。因此,在大河设计流量情况下,引水困难。此外,根据近年正常运行期间闸前流量观测结果(见图 12-7)来看,闸前最高运用水位 84.99 m(2019 年实测),最大引水流量 26.08 m^3/s(4#孔 ~ 16#孔的引水流量),远达不到设计引水指标,无法满足下游灌区需求。

12.4 安全现状及降低标准运用分析

赵口引黄闸为四类险闸,安全系数偏低,被列为重大隐患,已成为黄河堤防重点险段。根据《水闸安全评价导则》(SL 214—2015),水闸安全鉴定中的四类闸需降低标准运用或报废重建。随着引黄灌区二期工程的施工建设,该闸将被拆除重建。但考虑到下游用水需求,目前仅东边孔仍正常引水。因此,该闸在拆除重建前的安全运用,对黄河堤防工程安全具有重要作用。

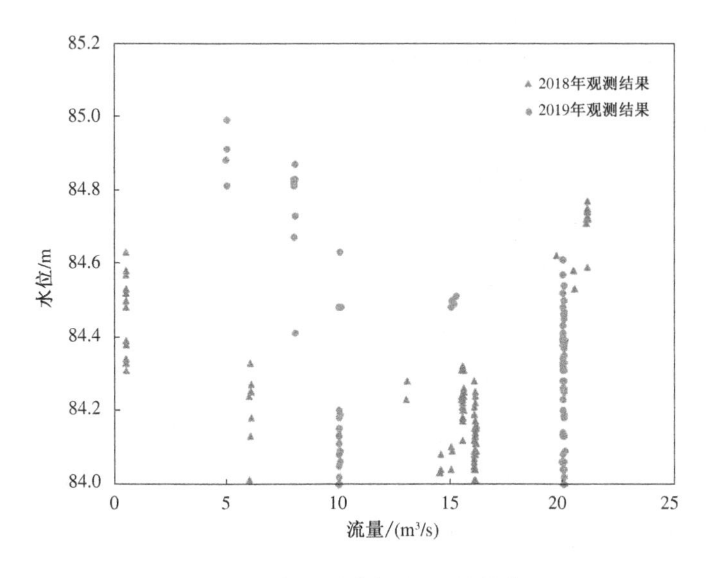

图 12-7　赵口引黄闸水位-流量关系

12.4.1　安全现状分析

主要根据安全鉴定结果不满足现行规程规范要求项分析影响赵口引黄闸正常引水及安全运行的主要因素,表现在以下几方面。

(1) 引水能力不满足现行规范要求。

目前在设计大河流量情况下,现状引水能力 22.6 m^3/s,为设计流量 210 m^3/s 的 10.76%;近年最大实测引水流量 26.08 m^3/s,引水困难,其引水能力不足主要是河床下切,相同大河流量情况下,闸前水位降低引起的。作为赵口引黄灌区二期工程的主要引水工程,如不尽快采取工程措施解决引水问题,将严重制约灌区农业发展、生态补源需求及区域经济协调发展。

(2) 存在渗透破坏的可能。

①闸基渗透破坏。

闸室与铺盖及涵洞的衔接、涵洞分节预留沉陷缝处,均通过安装止水设施构成一个连续的、封闭的、完整的防渗止水系统,既适应地基的一定变形沉陷量，又可防止渗漏。伸缩缝止水破坏，则可能导致涵闸在高水位时有效渗径得不到保证，进而导致渗径缩短，渗流比降增大，当超过允许渗流比降时，便会产生渗流破坏。

1970 年初建工程闸首与第一节洞、洞与洞间横向缝间止水布置为：底板与垫梁间平铺有两层宽 1.5 m 的沥青麻布，麻布下设有热沥青与垫梁相接；在纵向分割缝处用麻布分割，分割处交接长度 1.0 m 左右，两端麻布伸及边墙宽 0.3～0.5 m；边墙外用宽 1.0 m 的沥青麻布平铺 0.3～0.5 m，以热沥青与底板下麻布相连，然后沿边墙分割缝垂直向上。洞内用橡皮、铁压板，外涂马蹄酯，止水环止水。

1981 年改建时，在涵洞内设橡皮止水（宽 29.0 cm），将塑料止水带（651 型）埋入顶底板及侧墙混凝土形成环状封闭，洞外周围包裹三层四油沥青油毡，其外再设防渗黏土环（厚度不小于 100 cm）。纵缝里在底板中埋入塑料止水带一道，并于新洞首端垂直向上沿隔墙伸至洞顶，缝底垫梁以上铺沥青油毡，缝顶贴盖沥青油毡，缝顶及垫梁以下填防渗黏土（厚度不小于 100 cm）。

2009 年安全鉴定时发现，该闸止水存在局部沥青杉板脱落，未脱落沥青杉板也已老化，部分钢板弯曲变形、固定螺丝脱落、金属埋件锈蚀严重等问题，2012 年除险加固时仅对表面止水进行了处理。

2018 年安全鉴定时发现，洞身伸缩缝表面止水固定钢板及其螺栓锈蚀，涵洞底板第 3、4 节间积水最深处为 100 mm 左右（见图 12-8），相对沉降量最大，为 5.6 cm，超过现行规范允许值，分析判断涵洞节间止水已拉裂或破损。经安全复核，可知闸基防渗长度缩短至 76.53 m；在设计洪水及校核洪水高水位情况下，下游涵洞出口渗流坡降不满足现行规范要求。此外，其余节间伸缩缝处均存在沥青杉板脱落或老化（见图 12-9）、部分钢板弯曲变形、固定螺丝脱落、金属埋件锈蚀严重等病险问题。因此，在大河高水位情况下，该闸存在较大渗透破坏的可能，危及涵闸及堤防安全，影响黄河防洪安全。

图 12-8　洞内积水深度变化明显

图 12-9　涵洞节间伸缩缝止水沥青杉板脱落或老化

②土石接合部集中渗漏。

涵闸堤防土石接合部是堤防的薄弱环节，是影响涵闸及堤防安全的重要部位，特别是回填土不密实、不均匀沉降、地基不良等常会引起土石接合部产生裂缝或其他缺陷而发生渗透破坏。但由于土石接合部的隐蔽性、检测难、监测难等问题，接合部缺陷易漏查、漏报。该闸虽历经两次改建，但改建工程均集中在闸室上部机架桥、启闭机房、闸门等结构，闸室及洞身除止水外未做加固处理。该闸土石接合部渗压从 2015 年开始监测，但无连续渗压信息及传感器率定信息，无法准确判定涵闸与堤防接合部渗流的安全状态。此外，该闸自始建以来已运行 50 多年，不均匀沉降易导致涵闸侧墙与堤防土石接合部可能存在裂缝、脱空等缺陷，若遭遇高水位运行，则易诱发土石接合部渗透破坏。

此外，该闸边墩与翼墙及边联与中联之间伸缩缝止水老化（见图 12-10），此种情况下，侧向绕渗稳定也存在一定的安全隐患。

图 12-10　边墩与翼墙及边联与中联之间伸缩缝止水老化

（3）结构安全问题。

①基底压力分布不均匀系数。

由《河南黄河中牟赵口引黄闸除险加固工程初步设计报告》可知，该闸中联闸室在设计防洪水位工况下基底应力最大值与最小值比值（不均匀系数）为 2.47，大于现行规范要求限值。但 2012 年涵闸改建时未采取相应的处理措施。2018 年安全鉴定复核计算结果仍发现在防洪水位工况下，边联闸室地基不均匀系数不满足现行规范要求。因此,在上游高水位情况下,闸底应力分布较易不均匀而发生更大的沉降差,存在较大不均匀沉降的可能。

由工程现状可知,目前该闸部分闸室两侧侧墙已存在多条垂直水流向贯通裂缝(见图12-11),涵洞出口高于洞内底板,已存在由闸基不均匀沉降诱发的工程破坏。因此,不均匀沉降问题更应该引起足够的重视,应警惕在汛期高水位情况下,诱发闸室结构发生倾斜的可能。

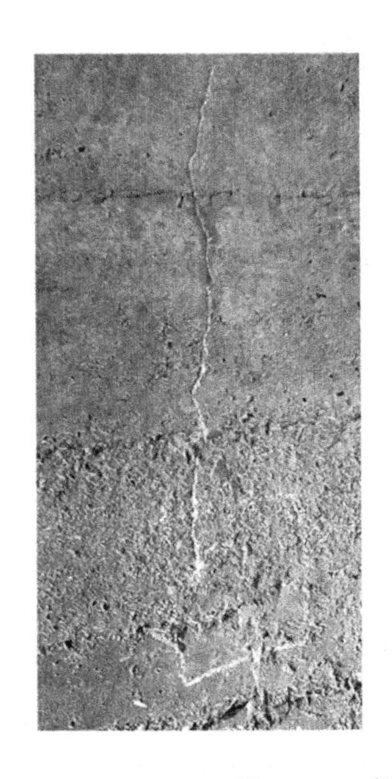

图12-11　闸室侧墙典型裂缝

②闸室底板裂缝。

该闸底板存在数条垂直水流向的裂缝(见图12-12),最大宽度为0.32 mm,大于现行规范要求限值,芯样中的裂缝无明显收缩,且较该闸2009年安全鉴定时裂缝宽度有所发展(当时测量同一位置最大缝宽为0.25 mm,见表12-2)。初步分析认为,裂缝变化的原因主要有以下几方面:一是工程加固过程中重型机械等施工荷载的影响;二是附近农村经济的发展致使闸上车流量增大,交通荷载增加;三是闸基不均匀沉降。这些因素加剧了闸墩裂缝的进一步开展。由于裂缝存在且继续发展，影响闸室底板结构承载力，进而威胁底板乃至闸室结构的安全。

图 12-12　闸室底板裂缝情况

表 12-2　底板裂缝发展情况对比

10#孔底板检测成果				12#孔闸底板检测成果				13#孔底板检测成果			
宽度/mm		深度/mm		宽度/mm		深度/mm		宽度/mm		深度/mm	
2009 年	本次	2009 年	本次	2009 年	本次	2009 年	本次	2009 年	本次	2009 年	本次
0.30	0.32	270	279	0.10	0.13	160	170	0.25	0.31	240	252

③混凝土抗压强度。

老涵洞段中墙抽测混凝土抗压强度最小值为 20.7 MPa，胸墙抽测混凝土抗压强度最小值为 22.8 MPa，不满足《水工混凝土结构设计规范》(SL 191—2008) 3.3.4 条“处于二类环境类别的混凝土最低强度等级为 C25”的要求。因此，露天环境下，碳化速度较快，混凝土强度降低又会加速碳化和引起钢筋锈蚀，进而缩短结构安全使用寿命。

(4) 涵洞抗震构造不满足现行规范要求。

该工程场区地震动峰值加速度为 0.10g，对应地震基本烈度为Ⅶ度。根据《黄河下游赵口闸工程安全评价报告》，该闸 1981 年改建时，老涵洞顶板跨中均加一撑墙，该撑墙下部为混凝土结构，上部为砖混结构，不满足现行规范抗震要求；且各构件抽测混凝土部分强度低于 24.0 MPa，混凝土强度等级不满足《水工混凝土结构设计规范》(SL 191—2008) 中第 12.1.5 条规定的“设计烈度为 7、8 度时，混凝土强度等级不应低于 C25”的要求。因此，在突发地震情况下，存在结构破坏或坍塌的可能。

（5）不均匀沉降问题。

①相对沉降差。

如上所述，涵洞底板第 3、4 节间相对沉降量值为 5.6 cm，超出《水闸设计规范》（SL 265—2016）的规定（天然土质地基上水闸相邻部位的最大沉降差不宜超过 5 cm）。涵洞底板中部明显低于上游及下游两侧；涵洞出口平台明显高于洞内底板。

②闸基沉降。

根据黄河水文勘察测绘局 2018 年的测量结果，该闸累计沉降未见异常。但由于 1981 年改建及 2012 年除险加固资料，该闸加固时并未对地基进行处理，高水位作用下闸室地基不均匀系数不满足现行规范要求，对闸室不均匀沉陷和结构受力均造成不利影响，且目前部分闸室已存在多条垂直水流向裂缝。由于不均匀沉降的影响，闸墩已出现倾斜现象，进而造成闸门启闭卡阻（闸门于 2012 年进行了更换，并通过了验收，但运行不久又出现了卡阻现象），且有继续发展的趋势。

（6）金属结构及机电设备。

目前，该闸混凝土闸门连接螺栓表面锈蚀、滚轮锈死、门槽埋件局部锈蚀（见图 12-13），12#孔止水失效、闸门漏水（见图 12-14）；抽测闸门面板轻微锈蚀；闸门启闭时有卡阻现象，局部闸门底缘倾斜值及门槽倾斜度超出现行规范要求；启闭机螺杆锈蚀，闭门时振动，存在一定的安全隐患。如汛期遭遇闸门启闭不及时或启闭不灵活，则影响工程抢险。

图 12-13　闸门连接螺栓表面锈蚀情况

图 12-14　闸门漏水情况

（7）闸前淤积严重。

由前述可知，闸前及洞身内淤积严重，大量泥沙的存在不仅造成引水困难，也影响闸门正常启闭及结构安全，影响涵闸引水效益的正常发挥及其安全运行。

12.4.2 安全复核

该闸设计防洪水位 91.30 m，由 2018 年安全鉴定可知，该闸址处防洪堤的防洪标准为 89.806 m，防洪标准满足要求。根据防洪规定，黄河流量超过 8 000 m^3/s 时，所有涵闸一律放下闸门，险闸同时需要围堵。当大河流量为 8 000 m^3/s 时，相应闸前水位为 87.53 m（《赵口闸度汛预案》）。目前，该闸存在渗透破坏及由闸室基底应力不均匀系数不满足要求引发的不均匀沉降问题。因此，本节主要推求能满足渗流稳定及闸室稳定的安全运行水位。

12.4.2.1 渗透稳定性

1. 计算工况

由前述可知，当大河流量为 8 000 m^3/s 时，相应闸前水位为 87.53 m，考虑最不利工况，下游按无水考虑（高程 82.21 m），此工况作为封堵后闸前高水位；另外，根据现行规范渗透稳定性要求，在满足现行规范允许渗流坡降要求的基础上试算该闸上下游最大水头差，此工况即为最高洪水位。

2. 防渗轮廓线长度

目前，涵洞底板第 3、4 节间止水已拉裂或破损。根据竣工图纸，闸前混凝土铺盖 19.7 m，防冲槽 5.0 m，闸室及涵洞段总长 72.21 m（计入垂直防渗长度），考虑止水失效后防渗轮廓线实际总长为 76.53 m。

3. 渗透稳定性复核

a. 计算依据

该闸闸基持力层为沙壤土，闸基渗透压力计算方法采用《水闸设计规范》（SL 265—2016）中的改进阻力系数法。当闸前水位较高时，涵洞第 3、4 节止水破损处将形成一个出溢点。计算简图如图 12-15

所示。

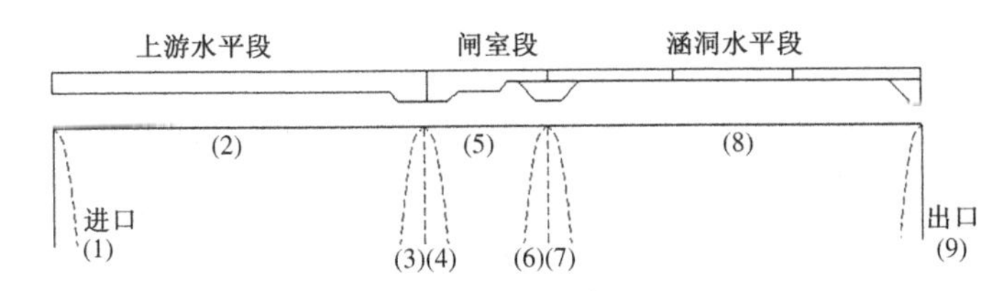

图 12-15　阻力系数法计算简图

b. 土基上水闸的地基有效深度计算

土基上水闸的地基有效深度按如下公式计算：

当$\frac{L_0}{S_0}>5$时

$$T_e=0.5L_0 \tag{12-1}$$

当$\frac{L_0}{S_0}\leqslant 5$时

$$T_e=\frac{5L_0}{1.6\frac{L_0}{S_0}+2} \tag{12-2}$$

式中：T_e为土基上水闸的地基有效深度，m；L_0为地下轮廓的水平投影长度，m；S_0为地下轮廓的垂直投影长度，m。

c. 分段阻力系数计算

（1）根据改进阻力系数法计算简图 12-15，可以将该闸简化为以下几种典型流段：①进口段和出口段；②水平段。

（2）每一种典型流段的阻力系数按照《水闸设计规范》（SL 265—2016）中的公式进行计算。

①进出口段阻力系数

$$\xi_0=1.5\left(\frac{S}{T}\right)^{3/2}+0.441 \tag{12-3}$$

式中：ξ_0为进出口段阻力系数；S为齿墙或板桩的入土深度，m；T为地基有效深度或实际深度，m。

②水平段的阻力系数

$$\xi_x=\frac{L_x-0.7(S_1+S_2)}{T} \tag{12-4}$$

式中：ξ_x 为水平段的阻力系数；L_x 为水平段的长度，m；S_1、S_2 为进出口段齿墙或板桩的入土深度，m。

d. 各分段水头损失的计算

各分段水头损失按下式计算：

$$h_1=\frac{\xi_1}{\sum\xi_1}\Delta H,\ h_2=\frac{\xi_2}{\sum\xi_2}\Delta H,\cdots,\ h_i=\frac{\xi_i}{\sum\xi_i}\Delta H \tag{12-5}$$

式中：$h_1,h_2,\cdots,h_n$ 为各分段的水头损失值；$\xi_1,\xi_2,\cdots,\xi_n$ 为各分段的阻力系数。

e. 进出口段水头损失值的修正

进出口段水头损失值和渗透压力分布图形可按下列方法进行局部修正：

$$h_0'=\beta' h_0 \tag{12-6}$$

$$\beta'=1.21-\frac{1}{\left(12\frac{T'^2}{T}+2\right)\left(\frac{S'}{T}+0.059\right)} \tag{12-7}$$

式中：h_0'为进出口段修正后水头损失值，m；h_0 为进出口段水头损失值，m；β'为阻力修正系数，当计算的 $\beta'\geq1.0$ 时，取 $\beta'=1.0$；S'为底板埋深与板桩入土深度之和，m；T'为板桩另一侧地基透水层深度，m。

修正后水头损失的减小值 Δh 按下式计算：

$$\Delta h=(1-\beta')h_0 \tag{12-8}$$

f. 渗透压力分布图形的绘制

以直线连接各分段计算点的水头值，即可绘出渗透压力的分布图形。

g. 抗渗稳定复核计算

水平段及出口段渗流坡降值按下式计算：

水平段

$$J_x = h_x'/L_x \tag{12-9}$$

出口段

$$J_0 = h_0'/S' \tag{12-10}$$

式中：J_x、J_0 分别为水平段和出口段的渗流坡降值；h_x'、h_0'分别为各水平段和出口段的水头损失值，m。

4. 计算结果

针对赵口引黄闸工程现状，对不同水位下的渗透稳定进行试算。具体结果见表 12-3、图 12-16、图 12-17 和表 12-4。

表 12-3　各分段水头损失值及修正后水头损失值

流段		封堵后闸前高水位		最高洪水位	
		水头损失值/m	修正后水头损失值/m	水头损失值/m	修正后水头损失值/m
进口段		1.039	0.526	1.563	0.792
水平段	(2)	0.971	1.484	1.460	2.231
	(5)	0.490	0.490	0.737	0.737
	(8)	1.600	2.403	2.406	3.614
内部垂直段	(3)	0.078 9	0.078 9	0.119	0.119
	(4)	0.034 1	0.034 1	0.051 3	0.051 3
	(6)、(7)	0.023 3	0.023 3	0.035 0	0.035 0
出口段		1.060	0.257	1.594	0.386

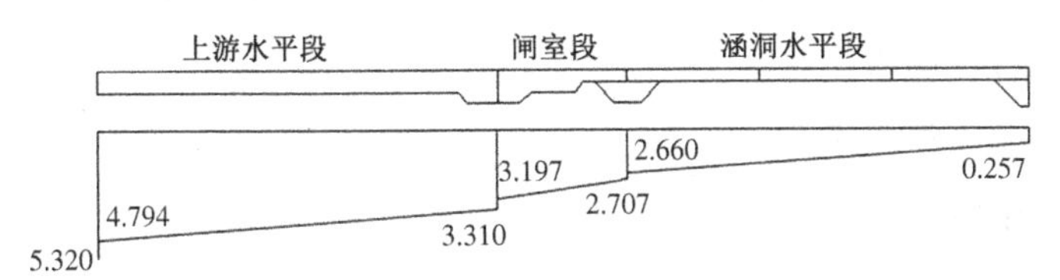

图 12-16　封堵后闸前高水位下渗透压力分布图　（单位：m）

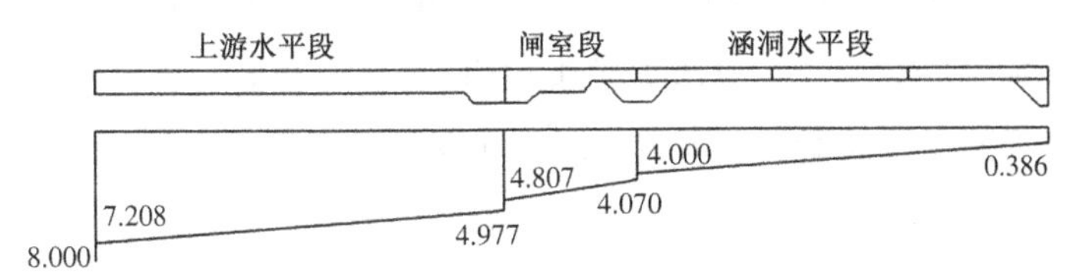

图 12-17　最高洪水位下渗透压力分布图　（单位：m）

表 12-4 渗流坡降计算结果汇总

分段		计算工况	ΔH/m	h'_x/m	L/m	$J=h'_x/L$	[J]	规范要求
水平段	(2)	封堵后闸前高水位	5.32	1.484	24.7	0.060	0.25~0.35	$J\leq[J]$
		最高洪水位	8.0	2.231	24.7	0.090		
	(5)	封堵后闸前高水位	5.32	0.490	12	0.041		
		最高洪水位	8.0	0.737	12	0.061		
	(8)	封堵后闸前高水位	5.32	1.600	36.19	0.044		
		最高洪水位	8.0	3.614	36.19	0.100		
分段		计算工况	ΔH/m	h'_0/m	S'/m	$J=h'_0/S'$	[J]	规范要求
出口		封堵后闸前高水位	5.32	0.252	0.65	0.388	0.50~0.60	$J\leq[J]$
		最高洪水位	8.0	0.386	0.65	0.594		

经计算，若保证该闸渗透稳定，上下游水头差不超过 8.0 m 即可（按最不利情况下游无水考虑，闸上水位为 90.21 m）；大河流量 8 000 m^3/s 闸前封堵时的上下游水头差 5.32 m（相应上游水位 87.53 m），此时涵闸不会发生渗透破坏险情。2020 年小浪底下泄流量 5 500 m^3/s 情况下，该闸闸前最高水位 86.46 m，上下游水头差 4.25 m，均在安全运行范围内。

12.4.2.2 结构安全

1. 闸室稳定性

a. 计算工况

本阶段复核工况为满足渗透稳定要求的封堵后闸前高水位和最高洪水位，见表 12-5。为便于对比分析，本次复核仍取最不安全的左边联进行闸室结构稳定复核，与 2018 年安全鉴定时选取的一致。

b. 计算参数

根据《黄河下游赵口引黄闸安全评价报告》，该闸闸室稳定计算相关参数如表 12-6 所示。

表 12-5　闸室稳定计算工况

计算工况	上游水位/m	下游水位/m	最大水位差/m
封堵后闸前高水位	87.53	82.21	5.32
最高洪水位	90.21	82.21	8.0

表 12-6　闸室稳定计算相关系数

混凝土的容重	25.0 kN/m^3	浆砌砖的容重	19.0 kN/m^3
浑水的容重	11.0 kN/m^3	砌块石的容重	23.0 kN/m^3
回填土的自然容重	18.0 kN/m^3	土的饱和容重	21.0 kN/m^3
地基容许承载力	120 kPa	基岩与混凝土间的摩擦系数	0.35

c.计算要求及公式

(1)计算要求。

根据《水闸设计规范》(SL 265—2016),闸室稳定应满足下列要求:

① 在各种计算工况下,闸室平均基底应力$(P_{max}+P_{min})/2$不大于地基允许承载力$[R]$,最大基底应力P_{max}不大于地基允许承载力$[R]$的1.2倍。

② 在各种计算工况下,闸室基底应力的最大值与最小值之比P_{max}/P_{min}不大于规定的容许值。

③ 沿闸室基底面的抗滑稳定安全系数小于规定的容许值。

(2)计算公式。

基底应力、应力不均匀系数及抗滑稳定安全系数均根据《水闸设计规范》(SL 265—2016)计算。

① 基底应力。

当结构布置和受力均对称时,闸室基底应力按以下公式计算:

$$P_{\frac{max}{min}}=\frac{\sum G}{A}\pm\frac{\sum M}{W} \tag{12-11}$$

式中:P_{max}、P_{min}分别为闸室基底应力的最大值和最小值,kPa;$\sum G$为作用在闸室上的全部竖向荷载,kN;$\sum M$为作用在闸室上的竖向荷载和水平荷载对基础底面垂直水流方向形心轴的力矩,kN·m;A为闸室基底面的面积,m^2;W为闸室基底面对于该底面垂直水流方向的形心轴的截面矩，m^3。

② 应力不均匀系数。

应力不均匀系数计算如下：

$$\eta = \frac{P_{max}}{P_{min}} \tag{12-12}$$

根据规范，在基本组合时，$[\eta]=2.0$，在特殊组合时，$[\eta]=2.5$。

③ 抗滑稳定安全系数。

抗滑稳定安全系数计算如下：

$$K_c = \frac{f\sum G}{\sum H} \tag{12-13}$$

式中：K_c 为沿闸室基底面的抗滑稳定安全系数；f 为闸室基底面与地基之间的摩擦系数；$\sum H$ 为作用在闸室上的全部水平荷载，kN。

d. 荷载计算

闸室受力简图见图 12-18。

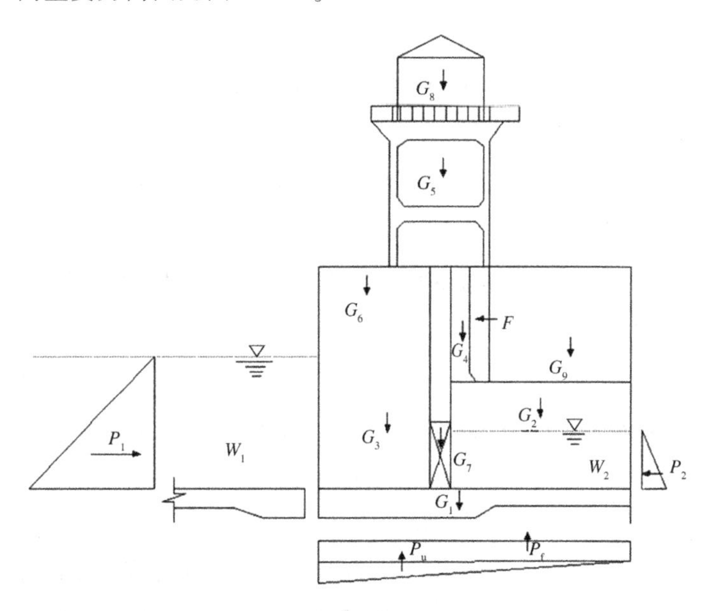

图 12-18 闸室作用荷载示意图

其中符号含义如下：G_1 为底板自重；G_2 为顶板自重；G_3 为边墩自重；G_4 为胸墙自重；G_5 为机架桥自重；G_6 为盖板自重；G_7 为闸门自重；

G_8 为启闭机房自重；G_9 为土重；F 为侧向土压力；$W_i(i=1,2)$ 为水重；P_f 为浮托力；P_u 为渗透压力；$P_i(i=1,2)$ 为水平水压力。

对整个闸底板形心取矩，各工况下的荷载值如表 12-7、表 12-8 所示。

表 12-7　封堵后闸前高水位荷载计算汇总

荷载项目	竖直力/kN	水平力/kN	力臂/m	力矩/(kN·m)	
				竖直力	水平力
底板自重	5 175.00	—	0	0	—
顶板	1 437.48	—	3.75	5 383.36	—
边墩	4 102.80	—	-0.80	-3 282.24	—
胸墙	564.95	—	0.69	386.99	—
机架桥	357.16	—	0.38	135.72	—
盖板	186.45	—	-3.39	-631.13	—
闸门	270.00	—	0.38	102.60	—
启闭机房重	704.92	—	0.38	267.87	—
启闭机重	200.00	—	0.38	—	—
土重	7 230.34	—	1.30	9 399.45	—
侧向土压力	—	-2 055.51	4.90	—	-10 072.00
闸前水重	5 658.28	—	-2.31	-13 070.63	—
闸后水重	3 978.67	—	3.88	15 417.36	—
上游水压力	—	3 629.73	2.86	—	10 381.02
下游水压力	—	-44.00	0.86	—	-37.69
扬压力	-6 946.82	—	-0.08	555.75	—
合计	22 919.24	1 574.22	—	14 936.42	—

表 12-8　最高洪水位荷载计算汇总

荷载项目	竖直力/kN	水平力/kN	力臂/m	力矩/(kN·m)	
				竖直力	水平力
底板自重	5 175.00	—	0	0	—
顶板	1 437.48	—	3.75	5 383.36	—
边墩	4 102.80	—	-0.80	-3 282.24	—
胸墙	564.95	—	0.69	386.99	—
机架桥	357.16	—	0.38	135.72	—

续表 12-8

荷载项目	竖直力/kN	水平力/kN	力臂/m	力矩/(kN·m)	
				竖直力	水平力
盖板	186.45	—	-3.39	-631.13	—
闸门	270.00	—	0.38	102.60	—
启闭机房重	704.92	—	0.38	267.87	—
启闭机重	200.00	—	0.38	—	—
土重	7 483.88	—	1.30	9 729.04	—
侧向土压力	—	-2 055.51	4.90	—	-10 072.00
闸前水重	7 037.66	—	-2.31	-16 257.00	—
闸后水重	3 978.67	—	3.88	15 417.36	—
上游水压力	—	5 615.16	2.86	—	16 059.35
下游水压力	—	-44.00	0.86	—	-37.69
扬压力	-10 624.90	—	-0.08	849.99	—
合计	20 874.08	3 559.65	—	18 052.22	—

e.计算成果

各种工况下闸基应力与稳定计算成果如表 12-9、表 12-10 所示。

表 12-9　闸室基底应力计算结果

荷载组合	计算工况	指标	计算结果/kPa	规范要求
基本组合	封堵后闸前高水位	P_{max}	139.67	$<120\times1.2$
		$(P_{max}+P_{min})/2$	105.32	<120
		P_{max}/P_{min}	1.968	<2.00
	最高洪水位	P_{max}	136.56	$<120\times1.2$
		$(P_{max}+P_{min})/2$	101.53	<120
		P_{max}/P_{min}	2.054	<2.00

表 12-10　抗滑稳定系数计算成果

荷载组合	计算工况	抗滑稳定安全系数计算值	规范要求
基本组合	封堵后闸前高水位	5.10	1.35
	最高洪水位	2.18	1.35

f. 闸室稳定复核结论

由本次复核结果可知,封堵后闸前高水位87.53 m工况下,闸室最大基底应力、平均基底应力、应力不均匀系数及抗滑稳定安全系数均满足现行规范要求;在最高洪水位90.21 m工况下,闸室最大基底应力、平均基底应力及抗滑稳定安全系数均满足现行规范要求,应力不均匀系数较设计洪水位91.30 m时略偏小(查《黄河下游赵口引黄闸安全评价报告》,此工况下应力不均匀系数计算结果为2.09),但仍略大于规范允许值。

2. 各构件结构安全

由2018年安全鉴定结果可知,各构件结构安全方面隐患主要表现在以下几方面:底板垂直水流向实测裂缝宽度大于现行规范要求限值;混凝土结构耐久性不满足现行规范要求;闸墩、底板、老涵洞各构件及改建涵洞边墙纵向受力钢筋的配筋率不满足现行规范构造要求。在正常引水位(85.60 m)、设计洪水位(91.30 m)及校核洪水位(92.30 m)工况下,闸墩、底板、涵洞及胸墙各构件的最大裂缝宽度(其中底板为顺水流向裂缝宽度计算值)及结构极限承载能力均满足现行规范要求。《黄河下游赵口引黄闸安全评价报告》所推算的闸前水位87.53 m和90.21 m均低于设计洪水位,故在推算水位下,各构件结构是偏于安全的。

12.4.2.3 安全复核结论

综上可知,在大河流量8 000 m^3/s、闸前水位87.53 m时(上下游水头差为5.32 m),该闸渗透稳定性及闸室稳定性均满足现行规范要求;满足渗透稳定的闸前最高水位90.21 m时(上下游水头差为8.0 m),但该水位下,闸室基底应力不均匀系数略大于规范允许值2.0(荷载基本组合-设计洪水位工况下),有诱发较大不均匀沉降的可能;在闸前水位87.53 m和90.21 m时,闸墩、底板、涵洞及胸墙各构件结构是偏于安全的,但仍需注意底板垂直水流向裂缝的发展。另外,该闸闸址处防洪堤的现状堤顶高程93.157 m,满足闸前最高水位的超高要求。

12.4.3 降低标准运用分析

根据《水闸安全评价导则》(SL 214—2015),水闸安全鉴定中的四类闸降低标准运用或报废重建。考虑目前赵口引黄闸作为四类闸可降低标准运用,现主要从正常运行期降低该闸引水流量运用及汛期降低防洪水位方面分析。

12.4.3.1 降低引水流量运用

由于河床下切,致使该闸目前引水较为困难,根据《黄河下游引黄涵闸改建工程可行性研究设计水位论证专题报告》,现状引水能力22.6 m^3/s,为设计流量的10.76%。根据近年闸前流量观测结果来看,全年最大引水流量26.08 m^3/s,远小于原设计流量210 m^3/s,无法满足下游灌区需求。且目前部分孔正常引水,引水流量更低,属降低设计指标——引水流量运用。

12.4.3.2 降低正常运行水位运用

近年来闸前实测最高运用水位84.99 m(2019年),低于设计引水位85.60 m,属降低正常运行水位运用。

12.4.3.3 降低防洪水位运用

该闸设计防洪水位91.30 m,由2018年安全鉴定可知,该闸址处防洪堤的防洪标准为89.806 m,防洪标准满足要求。根据防洪规定,黄河流量超过8 000 m^3/s时,所有涵闸一律放下闸门,险闸同时需要围堵(该闸汛期封堵位置如图12-19所示,为降低高水位渗透破坏风险,建议闸前封堵位置位于铺盖前部)。综合考虑安全运行、汛期大河水位及碾压施工要求,参照防汛预案,建议围堰高度8.0 m左右,顶宽3.0 m左右;闸后围堵位置位于消力池后面5 m(围堰高度6.5 m左右,顶宽3.0 m左右);具体封堵由当地防汛指挥部组织实施,详细封堵及工程实施方案建议在制定赵口引黄闸工程度汛预案时予以完善)。该大河流量8 000 m^3/s下,相应闸前水位87.53 m,由前述计算可知,该水位满足渗透稳定及闸室稳定要求。

2020年,为配合赵口灌区二期施工,目前该闸采取了临时封堵措

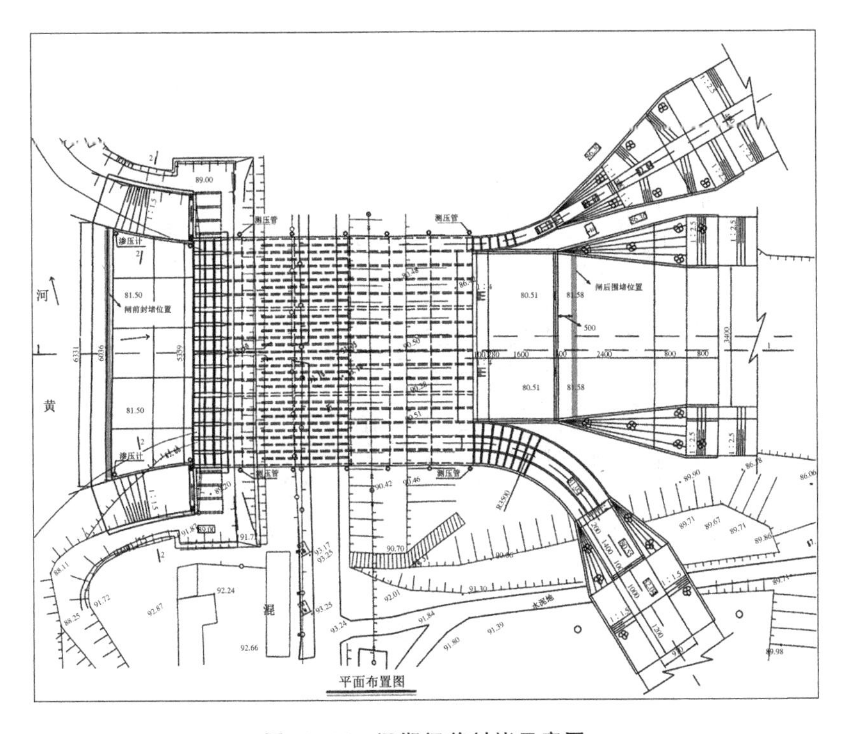

图 12-19　汛期闸前封堵示意图

施(如图 12-20 所示,闸门前 2 m 位置用沙袋封堵,封堵高度 4.0 m 左右,同时 4#~15#闸孔闸门关闭,16#孔未封堵正常使用,1#~3#孔常年封堵)。在当年汛期小浪底下泄流量 5 500 m^3/s 情况下,闸前最高水位 86.46 m,满足该闸渗透稳定及闸室稳定要求。

综上,闸前汛期封堵水位 87.53 m 及最高洪水位 90.21 m 均低于原设计防洪水位 91.30 m,属降低防洪水位运用。

12.5　赵口引黄闸风险分析及管控措施

根据《水利部办公厅关于印发水利水电工程(水库、水闸)运行危险源辨识与风险评价导则(试行)的通知》(办监督函〔2019〕1486 号)的相关要求,为科学辨识与评价赵口引黄闸运行危险源及其风险等级,本节对赵口引黄闸的潜在危险源进行辨识,并进行风险评价,进而

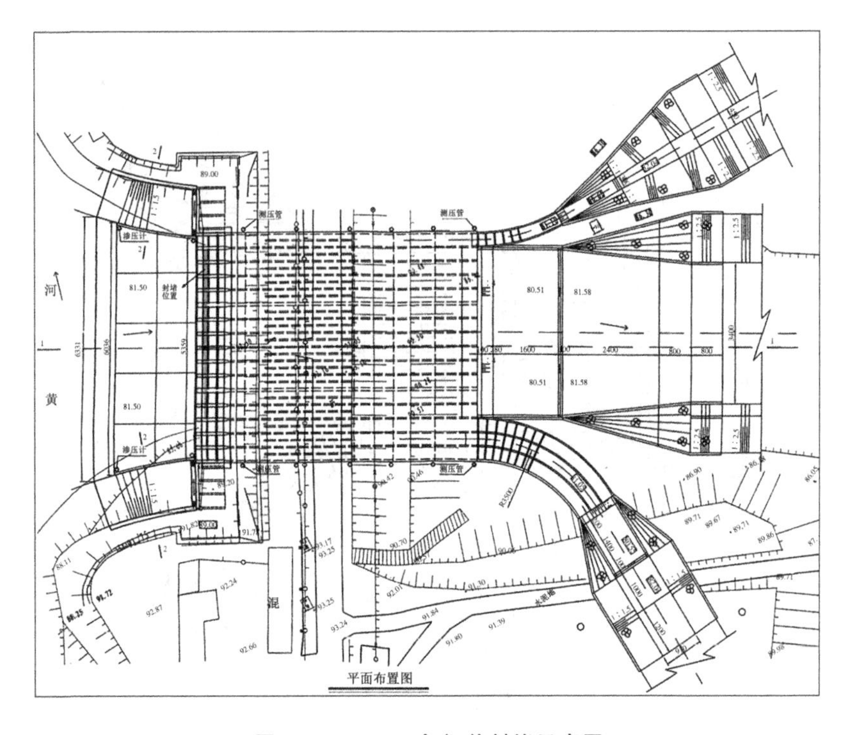

图 12-20　2020 年闸前封堵示意图

提出相应的安全管控措施。

12.5.1　危险源辨识

12.5.1.1　危险源类别

根据《水利水电工程(水库、水闸)运行危险源辨识与风险评价导则》,危险源分为 6 个类别,分别为构(建)筑物类、金属结构类、设备设施类、作业活动类、管理类和环境类,根据赵口引黄闸的工程特点,各类的辨识与评价对象如下:

(1)构(建)筑物类:闸室段及涵洞段、上下游连接段、闸基。

(2)金属结构类:闸门及启闭设备等。

(3)设备设施类:电气设备及管理设施等。

(4)作业活动类:作业活动等。

(5)管理类:管理体系、运行管理等。

(6)环境类:自然环境、工作环境等。

12.5.1.2 危险源辨识方法

危险源辨识方法主要有直接判定法、安全检查表法、预先危险性分析法、因果分析法等。根据《水利水电工程(水库、水闸)运行危险源辨识与风险评价导则》要求,危险源辨识应优先采用直接判定法。

12.5.1.3 危险源辨识及事故诱因

根据《水利水电工程(水库、水闸)运行危险源辨识与风险评价导则》,危险源辨识分两个级别:重大危险源和一般危险源。

1.重大危险源

通过前文相关资料的分析,考虑黄河度汛要求,赵口引黄闸目前存在汛期高水位下闸基异常渗流,闸门滚轮锈死,启闭时有卡阻现象,局部闸门底缘倾斜值及门槽倾斜度超出现行规范要求,启闭机闭门振动,监测不到位,地震情况下结构失稳等问题。根据《水利水电工程(水库、水闸)运行危险源辨识与风险评价导则》附件3,以上问题均为重大危险源,其影响工程安全运行主要因素及事故诱因主要表现在以下几方面。

a.渗流破坏隐患

由于涵洞底板第3、4节间止水破坏,渗径变短,且其余节间伸缩缝处局部沥青杉板脱落或老化、部分钢板弯曲变形、固定螺丝脱落、金属埋件锈蚀严重等病险问题,在遭遇上游较高水位时,将造成该闸渗透破坏。该闸伸缩缝止水破坏的主要原因有:①设计不合理或施工工艺达不到要求;②超载或受力分布不均;③地基承载力不一,使地基产生较大不均匀沉降,造成止水设施破坏;④缺乏必要的维修养护及人为破坏等;⑤地震造成的损坏。

该闸工程始建至今已运行50多年,土石接合部可能存在缺陷而又难以发现,如遭遇持续高水位、较强降雨及地震等极易发生集中渗漏,危及工程和堤防安全。根据土石接合部特点,可能存在裂缝、不密实及脱空等缺陷。

（1）裂缝。

裂缝是较为常见的病害类型，土石接合部的裂缝主要隐藏在其内部，要开挖检查才可发现。裂缝的走向有平行闸轴线的纵缝，有垂直闸轴线的横缝，还有不规则的斜向裂缝等，其中危害最大的是贯穿闸体的裂缝，直接威胁工程的结构安全及稳定性。就该闸而言，其裂缝产生的主要原因如下：

① 横向裂缝。主要由不均匀沉降造成。

② 纵向裂缝。由不均匀沉降和由荷载变化引起的结构承载力不足造成。

（2）不密实。

土石接合部间土体碾压不密实较为普遍，地基回填土或两侧填土与建筑物接合部不密实往往是由于施工时回填土质量不佳，回填土密实度达不到要求。因回填土多采用机械化施工，大型机械上土、碾压，使填土与涵闸接触面很难压实，特别是一些拐角和狭窄处。

（3）脱空。

裂缝及不密实等缺陷的最终发展结果表现为接触面的脱空问题。根据该闸的具体情况而言，发生脱空现象的主要原因是地基不均匀，该闸在较高水位作用下，易造成基础土体下沉，从而形成土石接合部脱空。

b. 汛期抢险隐患

按照黄河防汛要求，如遇大洪水，下游涵闸大多封堵（封堵具体位置见 12.4.3 节和图 12-19，下同），如在封堵过程中，遭遇闸门无法启闭、启闭不及时或运转不灵活等设备故障而影响行洪安全，造成工程破坏或冲毁。其出现安全事故的原因主要表现为运行管理不当：闸门和启闭机运行使用不当，保养与维修工作不到位，造成闸门启闭时卡阻、止水失效或断裂、启闭机闭门时振动等。此外，地震或持续较强降雨可能带来的电力供应中断也会影响金属结构的正常运行。

c. 日常运行管理隐患

工程日常观测不到位，缺少必要的水平位移或倾斜、裂缝和结构缝及环境量等监测项目，不能及时有效地对位移进行观测，从而无法判断其不均匀沉降情况，影响涵闸安全运行，这些都给工程的安全运行和安全度汛造成影响。沉降观测设施失效的主要原因有管理不善、人为破坏、施工不当等。

d. 自然灾害隐患

主要考虑地震或遭遇超标洪水对工程安全运行的影响。该工程场区地震动峰值加速度为 0.10g，相应地震基本烈度为Ⅶ度。由于该闸 1981 年改建时涵洞跨中设置的撑墙及部分构件抽测混凝土强度不满足现行规范抗震要求，遭遇地震时将造成涵闸工程混凝土结构失稳或设备损坏等。此外，遭遇超标洪水时将影响工程渗透稳定及整体结构安全。

该工程运行重大危险源清单如表 12-11 所示。

表 12-11　赵口引黄闸工程运行重大危险源清单

序号	类别	项目	重大危险源	事故诱因	可能导致的后果
1	构（建）筑物类	闸室及涵洞段闸基	底板渗漏渗流	裂缝、接缝破损、止水失效、土石接合部缺陷等； 防渗设施不完善、土石接合部缺陷等	沉降、失稳
2	金属结构类	闸门启闭机械	工作闸门启闭机	闸门锈蚀、变形等； 启闭机无法正常运行等	闸门无法启闭或启闭不到位，严重影响行洪安全，导致工程破坏或冲毁
3	管理类	运行管理	隐患治理 观测与监测 安全检查	隐患治理未及时到位； 未按规定开展； 检查不到位	影响工程安全运行和安全度汛
4	环境类	自然环境	自然灾害	地震、超标洪水等	工程及设备严重损（破）坏

2. 一般危险源

由前所述，赵口引黄闸目前存在的一般危险源及事故诱因如下。

a. 构(建)筑物类

(1) 闸室及涵洞段。

1)裂缝。

涵闸主体大部分为混凝土结构,混凝土结构隐患主要指混凝土结构本身在运行过程中所产生的影响工程安全运行的隐患,主要包括:由于不均匀沉陷、混凝土劣化、承载力不足等引起混凝土结构裂缝、倾斜甚至断裂等。就该闸而言,闸室段两侧侧墙中部及右侧墙均存在1条自上而下的贯通裂缝。裂缝对水工混凝土建筑物的危害程度不一,严重的裂缝不仅危害建筑物的整体性和稳定性,若结构断裂,则会影响涵闸渗透稳定性,严重威胁涵闸安全运行。就目前情况来讲,造成该闸混凝土缺陷的主要原因有以下几方面:

① 根据该闸地勘及设计等相关资料可知,在1981年涵闸改建时,为提高地基承载力,新接涵洞基础采用换土处理,闸室及前两节旧涵洞基础为重粉质沙壤土。但由2012年改建设计和2018年安全鉴定时均发现基底应力不均匀系数不满足现行规范要求,因此分析认为,该闸侧墙竖向裂缝为由基础不均匀沉降引起的结构裂缝。且由于不均匀沉降的影响,闸墩向闸下游倾斜,造成闸室上部结构受力不均,闸门启闭卡阻,进而又加剧了不均匀沉降与结构裂缝的相互作用。由2018年安全鉴定检测结果判定,洞节相对沉降量已超出现行规范允许值。

② 地下水位降低的影响。由于河床下切,造成地下水位降低,同时,堤身内的浸润线也逐渐降落,土体孔隙水压力逐渐消散,而闸基土体的不均匀又导致孔隙水压力的消散水平不一致,加之该闸单联底板较宽(最小宽度18.15 m),又加重了涵闸基础的不均匀沉降。

③ 堤顶动载变化影响。由于过往车辆必经该闸堤顶道路,致使洞顶荷载增加,对涵洞段各构件结构承载力造成了一定的影响。

2)防渗止水设施。

各段接头处沥青杉板龟裂、老化,闸墩与翼墙及边联与中联之间伸缩缝止水老化,防渗止水设施不完善,进而易诱发结构异常渗流风险。造成止水设施损坏的原因详见上节,此处不再赘述。

(2)上下游连接段。

1)防冲槽。

该闸铺盖前部设置铅丝笼防冲槽进行防护,可能存在因水流冲毁而凹陷或因泥沙淤积造成结构损坏或功能丧失,致使上游河床及河岸遭受水流冲刷。

2)铺盖。

上游浆砌石铺盖段因覆盖泥沙未完全清理干净,未能查明闸前混凝土铺盖段缺陷。但随着水闸运行时间及环境的变化,铺盖较易出现的缺陷主要表现为因水流冲刷、接缝破损、止水失效等造成的结构损坏。铺盖作为涵闸防渗体系的组成部分,也兼有防冲作用,若出现较大缺陷,严重时影响涵闸的渗透稳定性,危及涵闸安全运行。

3)翼墙。

翼墙的主要破坏形式表现为裂缝、蛰陷等,造成缺陷的原因多为水流冲刷、不均匀沉降及管理不善等。该闸出口左侧翼墙浆砌石有1条自顶部向下至消力池的斜向裂缝,翼墙的缺陷除影响其自身稳定性外,也使得闸前产生不良水流流态,进而造成不利冲刷。

4)上下游河床表面。

由于下游河道淤积致使闸前淤积严重,闸底板大都淤埋在泥沙中,涵闸洞身内淤积量较多。泥沙淤积严重,对涵闸引水能力及闸门启闭均造成一定的影响,且会增加洞身底板的承载力,对工程安全亦有一定的威胁。

5)消能防冲设施。

消能防冲设施易因排水设施失效、水流冲刷致使结构破坏而丧失作用。另外,运行管理不善也是造成冲刷破坏的重要原因。各种消能工形式都有其一定范围的水力条件,很难有一种消能措施能适应各级水位流量和任意的闸门开启方式。长期以来,许多涵闸管理制度不够完善,缺少足够的工程技术人员,启闭未严格按合理的调度方式进行,对闸门的操作未做到均匀、分档、间歇性地进行,从而产生集中水流、折冲水流、回流、旋涡等不良流态,造成了下游消能防冲设施的破坏。同时,维修养护不及时,往往也会造成冲刷破坏的恶性循环。

b. 金属结构类

该闸闸门及启闭机存在闸门启闭时卡阻、止水失效或断裂、启闭机闭门时振动等重大危险源。此外,还存在闸门面板轻微锈蚀、门槽埋件局部锈蚀、启闭机螺杆锈蚀等一般风险源,影响正常启闭。金属结构设备出现问题,将直接影响到涵闸的安全运行及工程效益的正常发挥,严重时可能造成不可估量的损失。其出现安全事故的原因主要表现为运行管理不当,闸门和启闭机运行管理不善,保养与维修工作不到位等。

c. 设备设施类

设备设施类风险源主要包含电气设备、特种设备及管理设施,其中,管理设施包括水文测报站网及自动测报系统,观测设施,变形、渗流、应力应变、温度、地震等安全监测系统,通信及预警设施,闸门远程控制系统,网络设施,防汛抢险照明设施,防汛上坝道路,与外界联系交通道路,消防设施,防雷保护系统等项目。该闸电气设备未见异常,未有相关特种设备。但部分渗压计失效,则不能及时有效地对渗压进行观测,从而无法判断渗透稳定情况,影响涵闸安全运行。造成沉降观测设施失效的主要原因有设备设施严重损(破)坏、管理不善等。

d. 作业活动类

作业活动类风险源主要指机械作业,起重、搬运作业,高空作业,电焊作业,带电作业,有限空间作业,水上观测与检查作业,水下观测与检查作业,车辆行驶,船舶行驶等,存在因违章指挥、违章操作、违反劳动纪律、未正确使用防护用品、无证上岗等造成的机械伤害、物体打击、高处坠落、淹溺及车辆伤害等安全事故。该闸应警惕在工程维修养护或检修过程中由于高空作业而引发高处坠落(人员或物体坠落等事故)、物体打击(机械运转打伤事故)、触电或火灾的安全事故,堤顶车辆行驶易造成的车辆伤害事故,以及水上观测与检查作业时发生的淹溺事故。

e. 管理类

管理类包括管理体系及运行管理。其中,管理体系危险源包括机构组成与人员配备、安全管理规章制度与操作规程制定、防汛抢险料物准备、维修养护物资准备、人员基本支出和工程维修养护经费落实管理、作业人员教育培训安全管理等,主要因机构不健全、料物准备不足、经费未落实及人员培训不到位等影响工程运行管理和防汛抢险;运行管理风险源包括管理和保护范围划定,调度规程编制与报批,汛期调度运用计划编制与报批,应急预案编制、报批、演练,监测资料整编分析,维修养护计划制订,操作票、工作票管理及使用,警示、禁止标识设置等,因范围不明确、未编制或报批、未落实或警示标识设置不足而影响工程运行安全和人员安全,不能及时发现工程隐患。该闸工程管护范围明确,技术人员满足管理要求且定岗定编,运行管理及维修养护经费落实到位,各项规章、制度齐全且有效落实,控制运用合理。

f. 环境类

环境类主要包括自然环境和工作环境两大项目。其中,自然环境危险源为船只、漂浮物因碰撞而影响工程安全运行,雷电、暴雨雪、大风、冰雹、极端温度等恶劣气候因防护措施不到位或极端天气前后的安全检查不到位而影响工程安全运行;水面漂浮物、垃圾在门槽附近堆积而影响闸门启闭等。工作环境危险源包括斜坡、步梯、通道、作业场地,临边、临水部位等。该闸存在因漂浮物碰撞而影响工程安全运行,以及杂物、垃圾在门槽附近堆积影响闸门启闭的自然环境风险;存在斜坡、步梯、通道、作业场地风险,易因结冰或湿滑造成高处坠落、扭伤、摔伤风险。

赵口引黄闸工程运行一般危险源清单如表 12-12 所示。

表 12-12　赵口引黄闸工程运行一般危险源清单

序号	类别	项目	一般危险源	事故诱因	可能导致的后果
1	构(建)筑物类	闸室及涵洞段	结构表面	不均匀沉降、地下水位变化、堤顶动载变化	结构倾斜、裂缝
			底板、闸墩渗流	防渗设施不完善	位移、沉降
		上下游连接段	防冲槽	水流冲刷、泥沙淤积	凹陷、结构损坏
			铺盖、消能防冲设施表面	水流冲刷	设施破坏
			铺盖、消能防冲设施渗漏	接缝破损、止水失效	位移、结构破坏
			铺盖、消能防冲设施排水	排水设施失效	变形
			翼墙结构表面	水流冲刷、不均匀沉降、管理不善	结构破坏、裂缝
			上下游河床表面	泥沙淤积	堵塞河道
2	金属结构类	闸门	工作闸门门体及埋件	锈蚀	影响闸门启闭
			螺杆式启闭机部件	锈蚀	影响启闭
3	设备设施类	管理设施	观测设施	设施损坏	影响工程调度运行
4	作业活动类	作业活动	高空作业	违章指挥、违章操作、违反劳动纪律、未正确使用防护用品、无证上岗等	高处坠落、物体打击
			水上观测与检查作业		淹溺
			车辆行驶		车辆伤害
5	环境类	自然环境	漂浮物	碰撞	影响工程安全运行
			杂物、垃圾	在门槽附近堆积	影响闸门启闭
		工作环境	斜坡、步梯、通道、作业场地	结冰或湿滑	高处坠落、扭伤、摔伤

12.5.2　风险评价

危险源风险评价是对危险源在一定触发因素作用下导致事故发生的可能性及危害程度进行调查、分析、论证等，以判断危险源风险程度，确定风险等级的过程。根据《水利水电工程(水库、水闸)运行危险源辨识与风险评价导则》的要求，对于重大危险源，其风险等级应直接评定为重大风险；对于一般危险源，其风险等级应结合实际选取适当的评价方法确定。因此，本节仅对赵口引黄闸一般危险源的风险等级进行评价。

12.5.2.1 风险评价方法

根据《水利水电工程(水库、水闸)运行危险源辨识与风险评价导则》4.2~4.5条的要求,结合赵口引黄闸工程一般危险源情况,构(建)筑物类、金属结构类、设备设施类风险评价采用风险矩阵法(LS法),作业活动类及环境类采用作业条件危险性评价法(LEC法),具体计算如下。

1.风险矩阵法

风险矩阵法(LS法)的数学表达式为:

$$R=LS \tag{12-14}$$

式中:R为风险值;L为事故发生的可能性,取值见表12-13;S为事故造成危害的严重程度,取值见表12-14。

表12-13 L值取值标准

工况	一般情况下不会发生	极少情况下才发生	某些情况下发生	较多情况下发生	常常会发生
L值	3	6	18	36	60

表12-14 S值取值标准

工程规模	小(2)型	小(1)型	中型	大(2)型	大(1)型
水闸工程S值	3	7	15	40	100

其中,L值应由管理单位三个管理层级(分管负责人、部门负责人、运行管理人员)、多个相关部门(运管、安全或有关部门)人员按照以下过程和标准共同确定:首先由每位评价人员根据实际情况和表12-13选取事故发生的可能性数值;其次分别计算出三个管理层级中,每一层级内所有人员所取L_c值的算术平均数L_{j1}($j1$代表分管负责人层级)、L_{j2}($j2$代表部门负责人层级)、L_{j3}($j3$代表管理人员层级);最后按下式计算得到L的最终值:

$$L=0.3L_{j1}+0.5L_{j2}+0.2L_{j3} \tag{12-15}$$

本阶段分别抽取了3名分管负责人、2名部门负责人及8名管理人员进行统计，得到各层级的算术平均值，最终计算得到 L 值，如表12-15所示。

表12-15　各层级的算术平均值及 L 值

序号	类别	项目	一般危险源	事故诱因	可能导致的后果	L_{j1}	L_{j2}	L_{j3}	L
1	构(建)筑物类	闸室及涵洞段	结构表面	不均匀沉降、地下水位变化、堤顶动载变化	结构倾斜、裂缝	5.25	12	8.25	9.225
			底板、闸墩渗流	防渗设施不完善	位移、沉降	5.25	12	8.25	9.225
		上下游连接段	防冲槽	水流冲刷、泥沙淤积	凹陷、结构损坏	4.5	6	6.375	5.625
			铺盖、消能防冲设施表面	水流冲刷	设施破坏	4.5	6	6.375	5.625
			铺盖、消能防冲设施渗漏	接缝破损、止水失效	位移、结构破坏	5.25	6	6.375	5.85
			铺盖、消能防冲设施排水	排水设施失效	变形	5.25	6	6.375	5.85
			翼墙结构表面	水流冲刷、不均匀沉降、管理不善	结构破坏、裂缝	8.25	6	7.875	7.05
			上下游河床表面	泥沙淤积	堵塞河道	36	36	36	36
2	金属结构类	闸门	工作闸门门体及埋件	锈蚀	影响闸门启闭	11.25	4.5	7.875	7.2
		启闭机械	螺杆式启闭机部件	锈蚀	影响启闭	11.25	4.5	6.375	6.9
3	设备设施类	管理设施	观测设施	设施损坏	影响工程调度运行	5.25	4.5	4.5	4.725
4	作业活动类	作业活动	高空作业	违章指挥、违章操作、违反劳动纪律、未正确使用防护用品、无证上岗等	高处坠落、物体打击	1.5	2	2.375	1.925
			水上观测与检查作业		淹溺	1.5	2	1.75	1.8
			车辆行驶		车辆伤害	0.875	1	0.6875	0.9
5	环境类	自然环境	漂浮物	碰撞	影响工程安全运行	3	3	3.375	3.075
			杂物、垃圾	在门槽附近堆积	影响闸门启闭	3	3	3.75	3.15
		工作环境	斜坡、步梯、通道、作业场地	结冰或湿滑	高处坠落、扭伤、摔伤	0.75	1	0.75	0.875

2. 作业条件危险性评价法

作业条件危险性评价法(LEC 法)中危险性大小按下式计算:

$$D = LEC \tag{12-16}$$

式中:D 为危险性大小值;L 为发生事故或危险事件的可能性大小,取值见表 12-16;E 为人体暴露于危险环境的频率,取值见表 12-17;C 为危险严重程度,取值见表 12-18。

表 12-16　事故或危险性事件发生的可能性 L 值对照

L 值	事故发生的可能性	L 值	事故发生的可能性
10	完全可以预料	1	可能性小,完全意外
6	相当可能	0.5	很不可能,可以设想
3	可能,但不经常	0.2	极不可能

表 12-17　人体暴露于危险环境的频率因素 E 值对照

E 值	暴露于危险环境的频繁程度	E 值	暴露于危险环境的频繁程度
10	连续暴露	2	每月 1 次暴露
6	每天工作时间内暴露	1	每年几次暴露
3	每周 1 次,或偶然暴露	0.5	非常罕见暴露

表 12-18　危险严重度因素 C 值对照

C 值	危险严重度因素
100	造成 30 人以上(含 30 人)死亡,或者 100 人以上重伤(包括急性工业中毒,下同),或者 1 亿元以上直接经济损失
40	造成 10~29 人死亡,或者 50~99 人重伤,或者 5 000 万元以上 1 亿元以下直接经济损失
15	造成 3~9 人死亡,或者 10~49 人重伤,或者 1 000 万元以上 5 000 万元以下直接经济损失
7	造成 3 人以下死亡,或者 10 人以下重伤,或者 1 000 万元以下直接经济损失
3	无人员死亡、致残或重伤,或很小的财产损失
1	引人注目,不利于基本的安全卫生要求

12.5.2.2 危险源风险等级划分标准

1. 风险矩阵法(LS法)

选取或计算确定一般危险源的L、S值,由式(12-14)计算R值,再按表12-19确定风险等级。

表12-19 一般危险源风险等级划分标准表——风险矩阵法(LS法)

R值区间	风险程度	风险等级	颜色标示
$R>320$	极其危险	重大风险	红
$160<R\leq 320$	高度危险	较大风险	橙
$70<R\leq 160$	中度危险	一般风险	黄
$R\leq 70$	轻度危险	低风险	蓝

2. 作业条件危险性评价法(LEC法)

作业条件危险性评价法危险源风险等级划分以作业条件危险性大小D值作为标准,按表12-20的规定确定。

表12-20 作业条件危险性评价法危险性等级划分标准

D值区间	危险程度	风险等级
$D>320$	极其危险,不能继续作业	重大风险
$160<D\leq 320$	高度危险,需立即整改	较大风险
$70<D\leq 160$	一般危险(或显著危险),需要整改	一般风险
$D\leq 70$	稍有危险,需要注意(或可以接受)	低风险

12.5.2.3 危险源风险等级计算结果

各类危险源风险等级计算结果如表12-21所示,其中构(建)筑物类、金属结构类及设备设施类危险源均为重大风险,作业活动类及环境类为低风险。

12.5.3 安全管控措施

通过对赵口引黄闸危险源辨识及风险评价,由评价结果可知,该工程存在闸基异常渗流,闸门滚轮锈死、启闭卡阻、结构裂缝、闸门门体及埋件锈蚀等重大风险,造成重大风险的原因既有工程自身的因素,也有人为因素和自然灾害的影响,一旦发生,将会不同程度地造成

表 12-21　赵口引黄闸工程一般危险源风险等级计算结果

序号	类别	项目	一般危险源	事故诱因	可能导致的后果	风险评价方法	L 值	E 值	S 值或 C 值	R 值或 D 值	风险等级
1	构(建)筑物类	闸室及涵洞段	结构表面	不均匀沉降、地下水位变化、堤顶动载变化	结构倾斜、裂缝	LS 法	9.225	—	100	922.5	重大风险
			底板、闸墩渗流	防渗设施不完善	位移、沉降	LS 法	9.225	—	100	922.5	重大风险
		上下游连接段	防冲槽	水流冲刷、泥沙淤积	凹陷、结构损坏	LS 法	5.625	—	100	562.5	重大风险
			铺盖、消能防冲设施表面	水流冲刷	设施破坏	LS 法	5.625	—	100	562.5	重大风险
			铺盖、消能防冲设施渗漏	接缝破损、止水失效	位移、结构破坏	LS 法	5.85	—	100	585	重大风险
			铺盖、消能防冲设施排水	排水设施失效	变形	LS 法	5.85	—	100	585	重大风险
			翼墙结构表面	水流冲刷、不均匀沉降、管理不善	结构破坏、裂缝	LS 法	7.05	—	100	705	重大风险
			上下游河床表面	泥沙淤积	堵塞河道	LS 法	36	—	100	3 500	重大风险
2	金属结构类	闸门	工作闸门门体及埋件	锈蚀	影响闸门启闭	LS 法	7.2	—	100	720	重大风险
		启闭机械	螺杆式启闭机部件	锈蚀	影响闸门启闭	LS 法	6.9	—	100	690	重大风险

续表 12-21

序号	类别	项目	一般危险源	事故诱因	可能导致的后果	风险评价方法	L 值	E 值	S 值或 C 值	R 值或 D 值	风险等级
3	设备设施类	管理设施	观测设施	设施损坏	影响工程调度运行	LS 法	4.725	—	100	472.5	重大风险
4	作业活动类	作业活动	高空作业	违章指挥、违章操作、违反劳动纪律、未正确使用防护用品、无证上岗等	高处坠落、物体打击	LEC 法	1.925	1	3	5.775	低风险
			水上观测与检查作业		淹溺	LEC 法	1.8	2	3	10.8	低风险
			车辆行驶		车辆伤害	LEC 法	0.9	3	7	37.8	低风险
5	环境类	自然环境	漂浮物	碰撞	影响工程安全运行	LS 法	3.075	—	100	307.5	较大风险
			杂物、垃圾	在门槽附近堆积	影响闸门启闭	LS 法	3.15	—	100	315	较大风险
		工作环境	斜坡、步梯、通道、作业场地	结冰或湿滑	高处坠落、扭伤、摔伤	LEC 法	0.875	1	3	2.625	低风险

工程破坏,影响工程运行安全及度汛安全,甚至造成人身伤害或财产损失。为此,选择合理有效的风险管控措施,则可使工程损失尽量减少或得以避免。本节针对这些风险因素,提出降低风险的管控措施。

12.5.3.1 采取必要的工程措施

该闸降低标准运用后仍存在渗透稳定及闸室稳定等安全问题,因此结合安全鉴定主要问题、工程存在的主要缺陷及风险源等级,提出以下工程措施建议。

1. 主要措施

a. 抗渗稳定

(1)对底板裂缝进行处理。

(2)更换涵洞各节伸缩缝止水及其压板,并对涵洞底板第 3、4 节间进行灌浆处理。

(3)增设自动测缝仪,加强对闸室底板裂缝的观测。

b. 结构稳定

(1)对闸室侧墙、翼墙裂缝采用灌浆或砂浆抹面等措施进行修补。

(2)为避免涵洞顶部超重荷载对其结构承载力的影响,限行重型车,并限制大型车辆停靠时间。

c. 安全监测

(1)在墩顶增设沉降观测点,以监测闸室不均匀沉降情况。

(2)恢复失效渗压计。

2. 一般措施

(1)更换闸门,并对闸门门槽进行处理。

(2)对闭门时振动的启闭机进行定期校验。

3. 其他

(1) 请相关有资质的单位定期对闸墩倾斜度进行量测。

(2) 闸前、闸后管理范围内各增设一道围堤,使其满足汛期防洪安全要求,具体围堤工程指标应在制定赵口引黄闸工程度汛预案时予以明确。

12.5.3.2 水闸日常运行安全管理措施

除采取一定的工程措施外，还应加强水闸工程的日常运行安全管理，做好水闸土石方工程、混凝土工程、金属结构、机电设备及安全设施等的日常检查与观测工作，主要从工程管理范围内的运行观测、维修养护、工程设施及环境等方面进行。

1.加强工程的日常检查

工程运行过程中，建议每天对工程进行日常观察与检查工作，消除一切可能引起事故的隐患。具体如下。

a.土石方工程

(1)检查土石接合部——上下游翼墙与附近土堤接合处有无裂缝、渗漏、蛰陷等损坏现象。

(2)检查岸墙及上下游翼墙分缝是否错动，护坡有无坍滑、错动、开裂迹象，堤岸顶面有无塌陷、裂缝等。

b.混凝土结构

(1)适时监测底板及闸室裂缝的发展情况，并适时记录上报。

(2)检查伸缩缝止水老化程度，压橡皮钢板变形、固定螺丝脱落及金属埋件锈蚀等情况，并注意及时更换。

(3)检查洞身顶板、底板及侧墙等构件有无混凝土脱落、露筋、裂缝等。

c.金属结构

(1)检查闸门止水是否老化、变形，有无漏水情况，闸门是否偏斜、卡阻，门槽是否堵塞，压橡皮钢板、螺栓等闸门附属结构是否锈蚀，并注意及时更换。

(2)严格遵守闸门、启闭机操作规程，启闭前检查上下游河道有无漂浮物等行水障碍，观察上下游水位、流态，检查闸门启闭状态有无卡阻，冰冻期应先消除闸门周边冻结，当闸门启闭高度较大时，应分次启闭，且每次启闭高度不超过0.5 m，并需待下游水位平稳后再进行下次启闭。

(3)加强闸门运行观测，并尽量减少闸门的频繁启闭。

(4)在闸门启闭过程中安排专人操作,一人负责启闭机操作,一人负责观测,如遇问题及时通知操作人员停止启闭。

(5)检查零部件是否出现裂纹或焊缝开裂,表面油漆是否剥落、生锈,并及时维修养护。

(6)观察启闭机外壳及固定情况,启闭机运转是否灵活,有无异常声响,传动机件和承重构件有无破坏、磨损、变形。

d. 机电设备

(1)检查电动机有无发热、异常声响,减速器有无漏油,上下限位装置、高度指示器是否准确。

(2)检查机电设备及防雷设施的设备及线路是否正常,是否处于备用状态;配电线路有无老化、破皮等;绝缘电阻值是否合乎规定。

(3)检查安全保护装置动作是否准确可靠,指示仪表是否指示正确、接地可靠。

(4)检查自动监控系统运行是否正常。

e. 安全设施

(1)检查上游侧混凝土护栏、下游侧混凝土护栏和机架桥护栏有无缺失及损坏。

(2)检查防雷设施是否安全可靠,备用电源是否完好可靠。

(3)检查安全防护设施标志是否完好。

(4)检查沉降观测点是否完好,测压管是否淤堵。

f. 其他

(1)严格按照降低标准运用后的最高水位运用,并注意检查底板裂缝发展及运行情况。

(2)定期对自动测缝仪进行校测,并检查其运行状态有无异常。

(3)检查管理范围内有无违章建筑和危害工程安全的活动;定期检查闸前及涵洞内有无堵塞情况或垃圾堆放,并及时清理,保持通畅。

g. 资料整理

日常检查人员在检查时应做到认真负责,对所检查情况应逐一排查问题,做好与上次检查结果的对比、分析和判断,发现问题应及时报告并做好记录工作。

2. 加强工程观测

(1)加密上游运行水位、流量、渗压的观测次数。

(2)涵闸的不均匀沉降将影响涵闸自身的安全运行。由于该闸涵洞底板第3、4节间相对沉降量超过规范允许值,且在防洪高水位运行情况下,仍存在发生较大不均匀沉降的可能。因此,更应加强该闸的沉降观测,尤其应加强闸墩顶沉降观测点的观测,并分析其变化规律,若出现异常情况,应及时采取相应处理措施。

3. 加强人员管理与培训

明确规定闸门的控制运行办法及相应的管理人员,并对闸管人员定期进行操作业务培训,启闭闸门时必须按照操作规程进行作业。

4. 其他

(1) 注意观测上游水位及河势的变化,严格控制上下游安全运行水位。

(2) 1981年改建时涵洞跨中设置的撑墙及抽测构件混凝土强度不满足现行规范抗震要求,且在高水位作用下,涵闸仍存在渗透破坏和闸室结构失稳的可能。因此,建议有关部门尽快按照相关规定上报该闸的处理措施并确保落实,在此之前采取相应措施,以缓解用水供需矛盾,降低超标洪水或突发地震情况下的工程安全风险。

12.5.3.3 汛期安全度汛应对措施

防汛是一项长期、艰巨的工作,应采取综合治理的方针,合理安排抢险措施,达到减免洪水灾害的目的。在汛期,应注意掌握水情的变化、闸址处建筑物运行状况,做好调度和加强建筑物安全的防范工作及抢险救灾的组织工作。

1. 各流量级洪水位

赵口引黄闸汛期防守以花园口站流量分级,各流量级洪水下闸前水位见表12-22(《赵口引黄闸工程度汛预案》)。

表 12-22　各流量级洪水下赵口引黄闸闸前水位

花园口流量 $Q/(m^3/s)$		4 000	6 000	8 000	10 000	15 000	22 000
相应水位 H_i/m		86.34	87.16	87.53	87.87	88.40	88.99
高程 H/m		$H-H_1$	$H-H_2$	$H-H_3$	$H-H_4$	$H-H_5$	$H-H_6$
设计防洪水位/m	91.30	4.96	4.14	3.77	3.43	2.90	2.31
堤顶高程/m	92.60	6.24	5.44	5.07	4.73	4.20	3.60
闸底板高程/m	81.50	-4.84	-5.66	-6.03	-6.37	-6.90	-7.49
闸顶高程/m	89.00	2.66	1.8	1.47	1.13	0.60	0.01
临河滩面高程/m	86.69	0.35	-0.47	-0.84	-1.18	-1.71	-2.30
背河地面高程/m	83.67	-2.67	-3.49	-3.86	-4.20	-4.73	-5.32

2. 各流量级洪水防守建议方案

a. 花园口站各流量级洪水防守方案

赵口引黄闸防守预案以花园口站流量为分级依据,分为 4 000 m^3/s 以下、4 000~6 000 m^3/s、6 000~8 000 m^3/s、8 000~10 000 m^3/s、10 000~15 000 m^3/s、150 000~22 000 m^3/s、22 000 m^3/s 以上等流量级别。

(1) 花园口站流量 4 000 m^3/s 以下洪水险情预估。

在花园口站流量 4 000 m^3/s 以下洪水闸前无偎水,闸前水位 86.34 m,出险机会不多,属于防汛一般戒备状态。注意闸前水位观测,涵闸防守队上人防守,加强防汛值班和巡堤查险,发现险情及时报告。

(2) 花园口站流量 4 000~6 000 m^3/s 以下洪水险情预估。

在花园口站流量 4 000~6 000 m^3/s 洪水时,闸前水位 86.34~87.16 m。赵口引黄闸将靠边溜,此时应加强观测,注意水情及河势变化。此时,该闸无渗透破坏及结构破坏可能。

(3) 花园口站流量 6 000~10 000 m^3/s 洪水险情预估。

在该流量级洪水下,相应水位 87.16~87.87 m。赵口引黄闸及上下裹头均靠边溜,在洪水到来前应关闭闸门。随着河势的变化下挫,大溜将顶冲涵闸,闸前偎水深度达 5.66~6.37 m。此时,该闸无渗透破坏及结构破坏可能,但应密切关注背水侧坡面、坡脚,同时注意水情、河势变化及闸室不均匀沉降情况。

(4) 花园口站流量 10 000~15 000 m^3/s 洪水险情预估。

在该流量级洪水下，涵闸已封堵(具体封堵方案见 12.4.3 节建议，下同)，闸前围堰前水位 87.87~88.40 m。闸前围堰有可能会出现滑坡、渗水等险情。此时，该闸无渗透破坏及结构破坏可能，但应加强工程巡查，对闸室止水、沉降缝及混凝土裂缝进行详细检查，检查有无渗水、冒沙现象，并做好水情、工情及河势观察及闸室不均匀沉降情况监测。增加防守力量，日夜巡查险情，一旦出险立即抢护。

(5) 花园口站流量 15 000~22 000 m^3/s 洪水险情预估。

在该流量级洪水下，此时已达到防御标准，涵闸已封堵，闸前围堰前水位 88.40~88.99 m，水深达 6.90~7.49 m。但水位接近满足渗透稳定的安全水位，土石接合部可能出现渗水、漏洞，易诱发闸基渗透破坏及闸室结构失稳破坏，闸前翼墙及围堤也易发生渗水、滑坡等险情，经请示后需对闸后围堰围堵(具体围堵方案见 12.4.3 节建议)。应坚持不间断查险，加强涵闸防守力量，力争抢早、抢小，保证工程安全。当涵闸可能出现结构失稳重大险情时，调动一切力量，采取一切措施，确保涵闸工程安全。

(6) 花园口站流量 22 000 m^3/s 以上洪水险情预估。

花园口站发生 22 000 m^3/s 以上超标准洪水时，闸前大河水位 88.99 m 以上，闸前围堰前水深达 7.49 m 以上，接近或超过该闸安全运行水位差，涵闸易发生渗透破坏及结构失稳破坏，闸前翼墙及围堤易随时发生渗水、滑坡等险情。应密切加强水情、工情、河势观测，加强巡堤查险，发现险情及时抢护，尽最大努力保证堤防、涵闸安全。

b. 退水期间险情预估

退水期间，河势将有较大的变化，随着水位的回落，主流将靠该闸行洪。当水位回落较快时，受高水位洪水浸泡，防渗护坡易发生脱坡险情，翼墙易发生坍塌险情。因此，退水期间，仍须提高警惕，加强闸前水位、涵闸工程以及河势观测，做好防汛值班工作，确保涵闸防洪安全。

根据以上可知,当花园口站流量达 15 000~22 000 m^3/s 时,该闸可能出现渗水和漏洞险情,以及冒水、冒沙等基础渗漏现象,且根据防洪规定,黄河流量超过 8 000 m^3/s 时,所有涵闸一律放下闸门,险闸同时需要围堵。鉴于该闸存在闸基渗透破坏及结构失稳破坏可能,因此为确保涵闸安全,应在黄河流量达 8 000 m^3/s 时(相应闸前水位 87.53 m),及时封堵,闸管人员及防汛队伍要加强巡查,密切观测上下游水位的变化,如上下游水位差已超过 8.0 m 时,封堵背河围堤口门,抬高渗流水位,降低水头差,利用平衡静水压力抵抗渗水漏出,增加堤身稳定性。具体封堵由当地防汛指挥部组织实施,封堵及工程实施方案建议在制订《赵口引黄闸工程度汛预案》时予以完善。其间,密切注意河势、水情变化情况,严密防守,发现险情立即上报并采取相应的险情抢护措施。

3. 保障措施

(1) 汛前汛后加强底板裂缝及闸室不均匀沉降的观测,发现异常及时汇报。

(2) 加强对河势、闸前水位及流量的监测,及时记录及时汇报。

(3) 备足石料、铅丝网片、编织袋、木桩、铁锨、土工合成物料、防渗围堵材料等防汛料物,并备好围堵土方,保障闸门下降不及时或险情发生时实施调用,并严格按《赵口引黄闸工程度汛预案》实施。

12.6　降低标准控制运用应急方案

本方案在符合赵口引黄闸降低标准使用和为该闸安全运行提供临时技术解决方案的基础上进行编制。鉴于赵口引黄闸西 1#~3#闸孔常年封堵,因此本方案考虑 4#~16#闸孔运用情况。

12.6.1　控制运用原则

(1) 局部服从全局,兴利服从防洪,统筹兼顾。

(2) 与上下游和左右岸等有关工程密切配合运用,综合考虑上下游、左右岸的要求,综合合理利用水资源。

(3) 服从黄河防洪、防凌、抗旱和水量调度。

12.6.2 控制运用依据

根据《黄河水闸技术管理办法》(黄建管〔2013〕485号)的相关要求,并结合该闸工程安全运用现状和符合降低标准使用等相关要求,根据安全复核结果,确定以下指标为控制运用的依据:

(1) 大河流量8 000 m^3/s以下。

(2) 最高洪水位90.21 m及上下游最大水头差8.0 m。

(3) 闸室底板及侧墙运用情况,若裂缝发展迅速,则应停止引水。

(4) 闸基不均匀沉降发展情况,若闸基累计最大沉降量接近15 cm或相邻部位的最大沉降差发展较快,则应停止引水。

12.6.3 控制运用方案

12.6.3.1 水闸的控制运用

1.正常运行期控制运用

(1) 在保证下游用水需求及合理利用水资源基础上引水,并实时运用远程监控系统实施引水控制,上游正常引水位不宜超过设计引水位85.60 m。

(2) 严禁超控制水位值运行。

(3) 涵洞段堤顶应限制大型车辆长时间停靠。

(4) 严格执行上级水调指令,做到见票放水,到期关闸。

(5) 放水期间,按规定及时测流上报,做到迅速准确;严禁偷水、漏水或私自加大放水流量;严禁闭闸捕鱼;严禁私自启闭闸门。

(6) 枯水期,尽量不要把闸关死,防止渠道淤积。

(7) 引水时应密切关注水质变化情况,当水质不能满足用水单位要求或可能形成污染时,应及时报告,并按上级部门指令减少引水流量直至停止引水。

2.汛期控制运用

在大河流量达4 000 m^3/s以上时,对赵口引黄闸进行汛期控制运用。

（1）安全度汛预案。

根据以上可知，当花园口站流量达 15 000～22 000 m^3/s 时，该闸土石接合部可能出现渗水、漏洞，易诱发闸基渗透破坏及闸室结构失稳破坏，且根据防洪规定，花园口站流量超过 8 000 m^3/s 时，所有涵闸一律放下闸门，险闸同时需要围堵。鉴于该闸存在渗透破坏及结构失稳风险，因此为确保涵闸安全，当花园口站流量在 8 000 m^3/s 以下时，加强闸前水位观测，重点注意闸室底板及侧墙裂缝、涵洞节间止水、土石接合部等部位的出险情况，并加强工程检查频次，加强防守，做好防汛物资的准备工作；在接到 8 000 m^3/s 洪峰流量预报时立即关闭闸门，及时封堵（具体封堵形式、位置见 12.4.3.3 节）。具体封堵及工程实施方案建议在制订《赵口引黄闸工程度汛预案》时予以考虑。

汛期，闸管人员及防汛队伍要加强巡查，注意河势、水情变化情况，严密防守，发现险情立即上报，并按《赵口引黄闸工程度汛预案》实施。

（2）汛前水闸管理单位应做好以下工作：

① 开展汛前工程检查观测，重点对闸门、闸室底板及闸墩裂缝、止水、围堤的完好情况进行检查，并做好启闭机、电动机等设备保养工作。

② 制定汛期工作制度，明确责任分工，落实各项防汛责任制。

③ 补充备品备件、防汛抢险器材和物资。

④ 检查通信、照明、备用电源等是否完好。

⑤ 清除管理范围内上游河道、下游渠道的障碍物，保证水流畅通。

⑥ 做好堤顶道路车辆限行工作。

（3）汛期水闸管理单位应做好以下工作：

① 密切注意闸前水位及河势变化，闸前水位严禁超过 90.21 m，接近该水位时应立即采用封堵背河围堤口门的办法进行抢护。

② 严格防汛值班，落实水闸防汛抢险责任制。

③ 加强水闸工程的检查观测，尤其是洞间止水有无渗水、土石接合部有无渗漏、结构裂缝及不均匀沉降发展等情况；对影响运行安全的重大险情，应及时组织抢修，并向上级主管部门汇报。

④ 确保水闸通信畅通，密切注意水情，特别是洪水预报工作，严格执行上级主管部门的指令。

⑤ 严格请示、报告制度，贯彻执行上级主管部门的指令与要求。

⑥ 严格请假制度，管理单位负责人未经上级主管部门批准不得擅离工作岗位。

(4) 汛后水闸管理单位应做好以下工作：

① 开展汛后工程检查观测，重点对该闸结构裂缝、涵洞节间止水及土石接合部进行检查，并做好设备保养工作。

② 检查机电备品备件、防汛抢险器材和物资消耗情况，编制物资补充计划。

③ 根据汛后检查发现的问题，编制下一年度水闸养护修理计划。

④ 按批准的水毁修复项目，如期完成工程整修。

⑤ 及时进行防汛工作总结，提出运行中的问题总结报告，研究制订下一年度工作计划。

12.6.3.2 闸门及启闭机的控制运用

(1) 闸门启闭前应做好下列准备工作：

①检查闸门启、闭状态，有无卡阻，门体有无损坏歪斜。

②检查启闭设备和机电设备是否符合安全运行要求。

③观察上下游水位和流态。

④检查启闭机械、闸门的位置、电源、动力设备等安全可靠性。

⑤正式操作前必须对启闭机进行瞬间试运行，以检查运行方向是否正确和运转是否正常，发生异常必须及时处理。

⑥观察河道内是否有较大的漂浮物，下游渠道是否有人活动及严重淤积。

（2）闸门及启闭机操作应遵守下列规定：

①启闭机操作时应由专职人员进行操作，固定岗位，明确责任。

②根据闸前水位和放水量，缓慢打开闸门，并由测流设施实时校核检查闸门开启高度对应的过闸流量。

③启闭时按步骤进行操作，若运行期间增开闸孔引水，启闭高度以各孔均匀为原则，左右对称、同步开启、分级提升。

④开启闸门要均匀、稳定、先慢后快，当闸门达到全开时，关掉驱动机器，改用手摇。

⑤开闸后，要注意上下游水流形态，发现闸门振动，折冲水流、回流、旋涡等，应调整闸门的开启高度。

⑥闸门启闭过程中，如发现异常现象，应立即停止启闭，待检查处理完毕后再启闭。

⑦启闭机运行中，如需反向运行，必须先按正在运行的指示按钮，待运行停止后再进行反向操作；启闭机严禁超载运行。

⑧关闭闸门时，当闸门达到全关时，关掉驱动机器，严禁强行顶压。

（3）启闭机控制运用应遵守下列规定：

①在较低水位运行时，应加强启闭机的日常维修养护工作。

②为保证度汛安全，建议汛前关闭闸门。

（4）闸门启闭结束后应填写相关启闭记录：启闭依据、操作人员、启闭孔数、闸门开度、启闭顺序及历时、启闭设备运行状况，上下游水位、流量，异常事故处理情况等。

12.6.3.3 远程监控系统运用

（1）引水期间，水闸远程监控系统水位、流量自动监测设备在正常工作时间必须开机运行，并由专业人员操作。

（2）抗旱应急响应期间或当所在河段出现小流量突发事件期间，水闸远程监控系统必须24 h开机运行。

（3）遇预报有雷雨天气、电压不稳或其他可能危及系统安全的异常情况时,应及时采取关机断电、断开线路连接等安全防护措施,并将处理情况及时上报上级水调部门。情况正常后,应及时重新开机运行。

(4)系统出现故障时,经逐级请示上级水调部门同意后,维修期间可暂时停止运行或停止部分功能设备运行。

(5)远程监控系统定期联调检查时间,不论引水与否,应开机运行。

12.6.3.4　做好水闸基础信息数据库填报工作

(1)积极完成水闸基础信息数据库系统填报培训及填报工作,做好系统信息填报和审核人员队伍建设工作,明确信息填报联络员、信息审核负责人,并确保水闸信息全面、真实、准确。

(2)切实做好本阶段信息填报后的水闸信息更新维护工作,对工程信息发生变化的,要及时进行更新完善。

12.6.3.5　配合做好专项检查工作

(1)管理单位应配合做好水闸专项检查工作,并及时填写完成"水闸管理情况调查表"的填报,落实并整改专项检查中发现的问题。

(2)应加强水闸管理人员培训,重点熟悉管理体制、责任制落实、制度执行、管护主体、管护人员等情况。

(3)管理人员应熟悉水闸安全鉴定与除险加固情况,以及工程实体是否存在隐患、外部需求是否发生改变、配套工程设施是否完善等功能效益发挥情况。

12.6.4　日常检查与观测

12.6.4.1　检查工作

1. 经常检查

a. 土石方工程

(1)检查岸墙及上下游翼墙分缝是否错动,护坡有无坍滑、错动迹象,岸坡有无坍滑、错动、开裂现象。

(2)上下游翼墙与附近土堤接合处有无裂缝、蛰陷等损坏现象。

(3) 堤岸顶面有无塌陷、裂缝,背水坡及堤脚有无破坏。

(4) 混凝土铺盖完整性;排水孔有无淤堵,排水量、浑浊度有无变化。

(5) 围堤土体是否滑坡、坍塌。

b. 混凝土结构

(1) 底板、侧墙裂缝的发展情况。

(2) 顶板、侧墙、机架桥及人行便桥等混凝土构件有无脱落、露筋及裂缝等情况。

c. 金属结构

(1) 闸门有无表面涂层剥落、门体变形;压橡皮钢板、螺栓等闸门附属结构是否锈蚀;支承行走机构是否完好,运转是否灵活;止水装置是否完好;闸门有无偏斜、卡阻及振动现象;门叶上下游有无泥沙、杂物淤积。

(2) 启闭设备运转是否灵活、制动可靠,传动部件润滑状况、有无异常声响;机架有无损伤、焊缝开裂、螺栓松动;钢丝绳有无断丝、卡阻、磨损、锈蚀、接头不牢;零部件有无缺损、裂纹、压陷、磨损;油路是否通畅、泄漏,油量、油质是否符合要求等。

d. 机电设备

电气设备运行是否正常;外表是否整洁,有无涂层脱落、锈蚀;安装是否稳固可靠;电线、电缆绝缘有无破损,接头是否牢固;开关、按钮动作是否准确可靠;指示仪表是否指示正确;接地是否可靠,绝缘电阻值是否满足规定要求;安全保护装置是否可靠;上下限位装置是否准确可靠;自动化监控设备运行是否正常等。

e. 安全设施

(1) 闸室、洞身、闸墩与翼墙、边联与中联间伸缩缝止水有无破损、老化等情况。

(2) 启闭机房操作平台、检修爬梯及人行便桥等的安全防护栏是否完好。

（3）防雨、防潮及避雷等机电设备安全防护措施是否安全可靠。

（4）沉降观测点有无损坏，测压管是否淤堵。

f. 其他

（1）检查管理范围内有无违章建筑和危害工程安全的活动；检查闸前、闸后及涵洞内是否有影响安全度汛的障碍物，环境是否整洁，并及时清理，保持通畅。

（2）警示标志是否完好。

（3）河道淤积及过闸水流流态变化情况。

g. 检查频次

经常检查由水闸管理单位负责。鉴于该闸为四类闸，目前属降低标准使用，应着重加强检查次数特别是对容易发生问题的部位，具体如下：

（1）涵闸值班人员每天进行一次日常检查，检查管理范围内有无违章建筑和危害工程安全的活动，并随时检查岸墙及上下游翼墙、护坡、堤岸顶面等缺陷情况。

（2）每月由涵闸管理（班）负责人组织对建筑物各部位、闸门、启闭机、机电设备、输电线路、沉降观测设施、观测仪器等进行一次全面检查。

2. 定期检查

定期检查包括汛前检查和汛后检查，主要对涵闸各部位及设施进行全面检查。

（1）汛前着重检查度汛应急项目完成情况，对工程各部位和设施进行详细检查，并对闸门、启闭机、备用电源等进行试运行，对检查中发现的问题及时进行处理。

（2）汛后着重检查水闸工程、闸门、启闭设备度汛运用状况及损坏情况等。

（3）汛前检查由赵口引黄闸管理单位组织技术人员开展，建议汛前4月和5月每月检查两次；汛后检查一般结合年度检查进行，由市级河务局、省级河务局组织技术人员开展，建议汛后 11 月和 12 月每月检查两次。

3. 专项检查

（1）当涵闸遭受特大洪水、地震、持续较强降雨或其他自然灾害时，发现较大不均匀沉降、土石接合部集中渗漏等较大隐患或缺陷时，水闸管理单位应及时报请上级主管部门，并组织开展特殊检查，对发现的问题及时进行分析，制订修复方案和计划。

（2）水闸远程监控系统应每月定期（4～6 月，半月一次；其他时段，1 个月一次）配合系统远程联调检查，对硬件设备和软件功能状况及运行维护质量、开机应用情况等进行检查分析，发现异常和问题，及时督促相关单位进行维护处理。

（3）引水高峰期每周至少开展一次水量调度网上督查，抗旱预警响应和小流量突发事件期间，应每天开展水量调度网上督查，及时发现和制止违规引水行为。

（4）在调整引水计划当日，要运用系统对水闸启闭操作和引水情况进行检查；在大河流量变化较大时，应检查闸门开度是否及时调整，严格督促按计划指标引水。

4. 检查记录工作和报告

做好涵闸检查记录工作，并及时对检查结果进行整理，编制检查报告。

12.6.4.2　观测工作

（1）对闸前水位、流量及渗压等进行观测。

（2）利用设置的自动测缝仪，实时观测闸室底板及侧墙裂缝的发展情况，如裂缝发展迅速，则应停止引水，报上级主管部门并及时采取相应处理措施。

（3）观测工作由专人负责（固定 3 名闸管人员），鉴于该闸存在闸室结构失稳破坏可能，沉陷位移观测一年应不少于 4 次，若闸基累计最大沉降量接近 15 cm 或相邻部位的最大沉降差发展较快，则应停止引水，并及时采取相应处理措施；按前述要求实时观测各构件裂缝的发展情况，裂缝观测建议每季度检查一次，并根据检查结果，若发现裂缝发展速度较快，则应适当及时加密检查次数；闸前水位、流量及渗压观测每天不少于 2 次。汛前，则由 3 人昼夜值班观测上游水位及流量。

（4）观测资料应及时整编、上报，尤其应注意底板、侧墙裂缝及墩顶不均匀沉降的发展情况，若发现异常，应及时采取相应处理措施，并编写观测分析报告。

12.6.5 安全管理

12.6.5.1 应急机制

组织指挥体系及职责、预防和预警、应急响应、应急保障、信息发布和后期处置、培训及演练等内容详见《中牟供水处安全生产事故应急预案》。

12.6.5.2 管理范围内工程设施的保护

（1）严禁在涵闸管理范围内进行爆破、取土、埋葬、建窑、倾倒垃圾等危害工程安全的活动。

（2）对涵闸管理与保护范围内的生产活动进行安全监督。

（3）妥善保护机电设备、通信设备、安全设施等，防止人为破坏；非工作人员未经允许不得进入工作桥、启闭机房。

（4）严禁在涵闸堤身上堆置超重物料。

（5）闸前、闸后围堤应设立安全警示标志。

（6）漏电保护设施应设立警示标志。

（7）水闸上下游应设立安全警戒标志，禁止在水闸上下游水面游泳、钓鱼。

12.6.5.3 安全运行管理

（1）定期组织安全检查，检查防火、防爆等措施落实情况，并对运行过程中发生的安全隐患，及时消除。

（2）严格操作规程，安全标记齐全，电气设备周围应有安全警戒线;办公室、启闭机房、控制室等重要场所应配备灭火器具。

(3) 定期对消防用品、安全用具进行检查、检验,保证其齐全、完好、有效;扶梯、栏杆、防洪闸板等安全可靠。

(4) 设备检修高空作业必须穿防滑靴(鞋)、系安全带;在存在物品坠落的场所工作,必须佩戴安全帽。

(5) 机电设备要定期检查维修,确保完好、可靠。

(6) 应区分自动监控系统工作岗位,对运行和管理人员分别规定其操作权限;无操作权限的人员禁止对自动监控系统进行操作。

12.6.6　应急处置

水闸运用过程中发生异常情况或突发事件时,参照以下处置方案:

(1) 迅速调整水闸运行方式或关闭水闸,确保工程安全。

(2) 立即启动《中牟供水处安全生产事故应急预案》,执行报告、处置及响应程序,开展应急处置工作。

(3) 做好突发事件现场图像、工程运行数据等资料的记录,加强现场管理,维护闸区内秩序。

(4) 遭遇人身安全等突发事件时,应积极开展现场救助,同时通知医护人员到现场救护;若有溺水失踪人员,及时开展救捞,并通知专业部门到现场救护。

(5) 组织专家对突发事件提出应急处置临时方案。

(6) 突发事件工作完成或现场危险状态消除后,由水闸主管单位组织撤收抢险救援队伍,开展善后处理工作,发布终结公告,终止应急状态。

(7) 由水闸主管单位组织相关单位或专家成立突发事件调查组,对突发事件的成因、性质、影响范围、受损程度、责任及教训进行调查、评估和核实,编制异常情况或突发事件处理报告,提出整改和防范措施。

12.6.7 建议

赵口引黄闸为四类闸，目前存在引水能力严重不足、渗透稳定及闸室结构失稳、闸墩倾斜、闸门漏水、启闭卡阻、老涵洞中隔墙抗震能力差等安全隐患，建议有关部门尽快按照相关规定对该闸拆除重建，缩短应急安全控制运用时间，以降低超标洪水、地基不均匀沉降或突发地震情况下的工程安全风险。

附 件

附件1 黄河水闸工程建设项目安全预评价依据

1.法律依据

（1）《中华人民共和国安全生产法》（2014年中华人民共和国主席令第13号）；

（2）《中华人民共和国水法》（中华人民共和国主席令第74号）；

（3）《中华人民共和国劳动法》（中华人民共和国主席令第28号）；

（4）《中华人民共和国职业病防治法》（中华人民共和国主席令第60号）。

2.行政法规

（1）《国务院关于进一步加强安全生产工作的决定》（国发〔2004〕2号）；

（2）《地质灾害防治条例》（国务院令第394号）；

（3）《特种设备安全监察条例》（国务院令第549号）。

3.省、部规章或规范性文件

（1）《水利水电建设项目安全风险评价管理办法（试行）》（水规计〔2012〕112号）；

（2）《水利部办公厅关于印发〈水利水电建设项目安全预评价指导意见〉和〈水利水电建设项目安全验收评价指导意见〉的通知》（办安监〔2013〕139号）；

(3)《关于进一步做好大型水利枢纽建设项目安全风险评价工作的通知》(办安监〔2014〕53号);

(4)《关于加强建设项目安全设施"三同时"工作的通知》(发改投资〔2003〕1346号);

(5)《水电水利建设项目(工程)安全卫生评价工作管理规定》(水电顾办〔2003〕0023号);

(6)《黄河下游涵闸虹吸工程设计标准的几项规定》(〔80〕5号)。

4. 技术标准

(1)《水利水电工程劳动安全与工业卫生设计规范》(GB 50706—2011);

(2)《安全预评价导则》(AQ 8002—2007);

(3)《中国地震动参数区划图》(GB 18306—2015);

(4)《施工现场临时用电安全技术规范》(JGJ 46—2005);

(5)《作业场所空气中粉尘测定方法》(GB 5748—1985);

(6)《建筑施工场地环境噪声排放标准》(GB 12523—2011);

(7)《水利水电工程高压配电装置设计规范》(SL 311—2004);

(8)《水利水电工程设计防火规范》(SDJ 278—1990);

(9)《水利水电工程地质勘察规范》(GB 50487—2008);

(10)《水闸设计规范》(SL 265—2016);

(11)《水工建筑物抗震设计规范》(SL 203—1997);

(12)《水电站厂房设计规范》(SL 266—2014);

(13)《水闸工程管理设计规范》(SL 170—1996)。

附件2　黄河水闸工程建设项目安全验收评价依据

1. 国家法律、法规、规定

(1)《中华人民共和国安全生产法》(2014年中华人民共和国主席令第13号);

(2)《中华人民共和国水法》(中华人民共和国主席令第74号);

(3)《中华人民共和国劳动法》(中华人民共和国主席令第28号);

(4)《中华人民共和国职业病防治法》(中华人民共和国主席令第60号)。

2. 省、部规章或规范性文件

(1)《水利水电建设项目安全风险评价管理办法(试行)》(水规计〔2012〕112号);

(2)《水利部办公厅关于印发〈水利水电建设项目安全预评价指导意见〉和〈水利水电建设项目安全验收评价指导意见〉的通知》(办安监〔2013〕139号);

(3)《关于进一步做好大型水利枢纽建设项目安全风险评价工作的通知》(办安监〔2014〕53号);

(4)《关于加强建设项目安全设施"三同时"工作的通知》(发改投资〔2003〕1346号);

(5)《水电水利建设项目(工程)安全卫生评价工作管理规定》(水电顾办〔2003〕0023号);

(6)《关于黄河水利委员会审查河道管理范围内建设项目权限的通知》(水利部 水政〔1993〕263号);

(7)《黄河流域河道管理范围内建设项目管理实施办法》(1993年11月29日,黄委会 黄水政〔1993〕35号);

(8)《河南省黄河河道管理办法》(豫政〔1992〕64号);

(9)《河南省黄河工程管理条例》(2008年3月1日起实施);

(10)《黄河水闸技术管理办法(试行)》(2013年10月);

(11)《黄河下游引黄闸、虹吸工程设计标准的几项规定》(80〔5〕号);

(12)《黄河下游涵闸设计和施工管理暂行办法》;

(13)《黄河下游标准化堤防工程规范设计与管理标准》(2009年9月试行);

(14)《黄委安全生产通知》(黄安检〔2013〕586号);

(15)《黄河工程管理考核标准》(黄建管〔2008〕7号)。

3.技术标准

(1)《水利水电工程劳动安全与工业卫生设计规范》(GB 50706—2011);

(2)《水闸设计规范》(SL 265—2016);

(3)《水闸工程管理设计规范》(SL 170—1996);

(4)《水工混凝土结构设计规范》(SL/T 191—2008);

(5)《灌溉与排水工程设计规范》(GB 50288—2018);

(6)《灌溉与排水渠系建筑物设计标准》(SL 482—2011);

(7)《泵站设计规范》(GB 50265—2010);

(8)《水工建筑物抗震设计规范》(SL 203—1997);

(9)《水利水电工程钢闸门设计规范》(SL 74—2019);

(10)《小型水力发电站设计规范》(GB 50071—2014);

(11)《引黄涵闸远程监控系统技术规程》(试行)(SZHH 01—2002)。

4.其他

安全预评价报告。

附件3 黄河水闸工程建设项目安全现状评价依据

1.国家法律、法规、规定

(1)《中华人民共和国安全生产法》(2014年中华人民共和国主席令第13号);

(2)《中华人民共和国水法》(中华人民共和国主席令第74号);

(3)《中华人民共和国劳动法》(中华人民共和国主席令第28

号）；

（4）《中华人民共和国职业病防治法》（中华人民共和国主席令第60号）。

2. 省、部规章或规范性文件

（1）《水利水电建设项目安全风险评价管理办法（试行）》（水规计〔2012〕112号）；

（2）《水利部关于开展水利安全风险分级管控的指导意见》（水监督〔2018〕323号）；

（3）《水利部办公厅关于印发水利水电工程（水库、水闸）运行危险源辨识与风险评价导则（试行）的通知》（办监督函〔2019〕1486号）；

（4）《关于进一步做好大型水利枢纽建设项目安全风险评价工作的通知》（办安监〔2014〕53号）；

（5）《水利部建安中心关于黄河水利委员会水闸运行管理督察整改意见的通知》（建安〔2013〕77号）；

（6）《关于进一步加强水利安全生产监督管理工作的意见》（水人教〔2006〕593号）；

（7）《水闸注册登记管理办法》（水建管〔2005〕263号）；

（8）《水闸安全鉴定管理办法》（水建管〔2008〕214号）；

（9）《河南省黄河河道管理办法》（豫政〔1992〕64号）；

（10）《河南省黄河工程管理条例》（2008年3月1日起实施）；

（11）《河南黄河水利工程维修养护实用手册》；

（12）黄河水利委员会关于印发《黄河水利委员会安全生产检查办法（试行）》的通知（黄安监〔2013〕586号）；

（13）《黄委安全生产通知》（黄安检〔2013〕586号）；

（14）《黄河水闸技术管理办法（试行）》（2013年10月）；

（15）《黄河工程管理考核标准》（黄建管〔2008〕7号）。

3. 技术标准

（1）《防汛物资储备定额编制规程》（SL 298—2004）；

（2）《建筑设计防火规范》（GB 50016—2014）；

（3）《引黄涵闸远程监控系统技术规程》（试行）（SZHH 01—2002）。

参考文献

[1] 廖敬彬. 浅谈水利水电项目的安全风险评价[J]. 中国科技博览,2011(33):99.

[2] 王彤. 水电水利行业安全风险评价[J]. 吉林农业,2011(9):96.

[3] 华伟中. 水利工程施工安全风险评价工作研究[J]. 治淮,2010(7):20-21.

[4] 范亚炯,穆水源. 浅议水电工程安全施工均衡管理的预评价方法[J]. 甘肃电力技术,2010(4):12-14.

[5] 宋崇能,于彦博,刘芳,等. 水利工程安全风险评价应用现状[J]. 治淮,2007(8):39-40.

[6] 史秀美. 浅谈安全风险评价及其作用及意义[J]. 科技创新导报,2011(8):72.

[7] 何鲜峰. 大坝运行风险及辅助分析系统研究[D]. 南京:河海大学,2008.

[8] 熊善文. 水利水电工程施工安全模糊综合评价研究[D]. 宜昌:三峡大学,2010.

[9] 张健, 隋杰明, 苑宏利,等. 工程施工现场安全风险评价方法的研究与应用[J]. 沈阳建筑大学学报(自然科学版), 2009, 25(2): 308-311.

[10] 卢岚, 杨静, 秦嵩. 建筑施工现场安全综合评价研究[J]. 土木工程学报, 2003, 36(9): 46-51.

[11] 苏振民. 建筑施工安全状态的识别[J]. 南京建筑工程学院学报, 2000(3): 15-18.

[12] 袁大祥,严四海. 论动态安全风险评价[J]. 中国安全科学学报,2003,13(5): 38-41.

[13] 任春艳, 张敏莉. 工程建设安全管理系统的模糊综合评价[J]. 扬州大学学报(自然科学版), 2005, 8(1): 60-63.

[14] 贾俊峰，梁青槐. WBS-RBS 与 AHP 方法在土建工程施工安全风险评估中的应用[J]. 中国安全科学学报，2005，15(7)：101-104.

[15] 周家红，许开立，陈志勇. 系统动态安全风险评价研究[J]. 东北大学学报(自然科学版)，2008，3(29)：416-419.

[16] 丁文贵. 我国安全风险评价现状分析及对策的思考[J]. 中国安全科学学报，2010，2(1)：56-60.

[17] 谢朦，倪国栋，于建平. 基于模糊层次分析法的代建单位风险评价研究[J]. 工程管理学报，2010，24(3)：262-266.

[18] 鹿中山，杨善林，杨树萍. 建筑施工现场安全风险评价的灰色关联法[J]. 合肥工业大学学报(自然科学版)，2008，31(2)：262-266.

[19] 狄建华. 模糊教学理论在建筑安全综合评价中的应用[J]. 华南理工大学学报，2002，30(7)：87-90.

[20] 孙志禹，周剑岚. 一种基于行为因素的高危作业安全风险评价方法的研究[J]. 水力发电学报，2011，30(3)：195-200.

[21] 余明晖，杨浩. 水利水电施工现场安全风险评价方法的研究[J]. 电脑知识与技术，2010，6(36)：10410-10412.

[22] 李建红. 浅谈安全风险评价对企业安全生产的作用[J]. 黑龙江科技信息，2011，25：164.

[23] 丁传波，关柯，李恩辕. 施工企业安全风险评价研究[J]. 建筑技术，2004，35(3)：214-215.

[24] 杨振宏，郭进平，张遵毅. 安全预评价系统中灰关联因素的辨识[J]. 西安建筑科技大学学报(自然科学版)，2003，35(1)：78-81.

[25] 杨振宏. 建设项目(工程)安生预评价专家系统[J]. 黄金，2002，9(23)：12-16

[26] 程卫民，曹庆贵，王毅. 安全综台评价中的若干问题及其改进方法[J]. 中国安全科学学报，1999，9(4)：75-78.

[27] Thanet Aksom, Hadikusumo B H W. Critical successfactorsinfluencing safetyprogram performance in the construction projects[J]. 2008: 709-727.

[28] Rowlinson S. Human factors in construction safety management issues: construction safety and healthmanagement[J]. New Jerseyprentice Hull, 2010.

[29] Haye B E. Measuringperceptions ofworkplace safety: development and validationoftheworkplace[J]. Journalof safety Research, 1998, 29(3): 145-161.

[30] Matthew R H, John A G. Construction Safety Risk Mitigation[J]. ConstructionEngineering and Management, 2012, 35(2): 1316-1323.

[31] Mohamed S. Empirical investigation of construction safety management activities and performance in Australis[J]. Safety Science, 1999, 33(1): 129-142.

[32] 邓先德. 施工现场重大危险源动态管理系统研究与应用[D]. 重庆: 重庆大学, 2009.

[33] 河南黄河勘测设计研究院. 黄河武陟白马泉引水工程初步设计报告[R]. 2013. 11.

[34] 黄河水利委员会黄河水利科学研究院. 黄河下游白马泉引黄闸安全鉴定报告[R]. 2009. 8.

[35] 黄河水利委员会黄河水利科学研究院. 黄河下游白马泉引黄闸安全控制运用方案[R]. 2014. 4.

[36] 黄河水利委员会黄河水利科学研究院. 黄河下游韩董庄引黄闸安全鉴定报告[R]. 2009. 8.

[37] 黄河水利委员会黄河水利科学研究院. 黄河下游韩董庄引黄闸安全控制运用方案[R]. 2014. 4.

[38] 黄河水利委员会黄河水利科学研究院. 黄河人民胜利渠河段河床演变及其对引水能力影响分析与对策[R]. 2014. 7.

[39] 黄河水利委员会黄河水利科学研究院. 黄河下游张菜园引黄闸安全鉴定报告[R]. 2014. 7.

[40] 黄河水利委员会黄河水利科学研究院. 黄河下游张菜园引黄闸降低标准控制运用方案[R]. 2016. 12.

[41] 黄河水利委员会黄河水利科学研究院. 黄河下游赵口引黄闸安全评价报告[R]. 2018. 12.

[42] 中华人民共和国水利部. 水利水电工程等级划分及洪水标准:SL 252—2017[S].

[43] 中华人民共和国水利部. 防洪标准:GB 50201—2014[S].

[44] 中华人民共和国水利部. 水闸设计规范:SL 265—2016[S].

[45] 中华人民共和国水利部. 水闸技术管理规程:SL 75—2014[S].

[46] 水利部黄河水利委员会. 黄河水闸技术管理办法:黄建管〔2013〕485号[S].

[47] 黄河勘测规划设计有限公司. 黄河下游引黄涵闸改建工程可行性研究设计水位论证专题报告[R]. 2017.4.

[48] 中华人民共和国水利部. 水闸安全评价导则:SL 214—2015[S].

[49] 河南黄河勘测设计研究院. 河南黄河中牟赵口引黄闸除险加固工程初步设计报告[R]. 2011.3.

[50] 中华人民共和国水利部. 水工混凝土结构设计规范:SL 191—2008[S].

[51] 中牟供水处. 赵口引黄闸工程度汛预案[R]. 2020.5.

[52] 中华人民共和国水利部监督司. 水利水电工程(水库、水闸)运行危险源辨识与风险评价导则:办监督函〔2019〕1486号[S].

[53] 中牟供水处,赵口引黄闸管理处. 中牟供水处安全生产事故应急预案[R]. 2019.5.

[54] 水利部水利建设与管理总站,黄河水利科学研究院. 水闸安全鉴定技术指南[M]. 郑州:黄河水利出版社,2009.

[55] 黄委关于印发黄河水闸工程检查观测工作指南(试行)的通知:黄运管〔2020〕228号[S]. 2020.9.

[56] 邵杰,孙承,周路宝. 大中型病险水闸的成因及除险加固措施分析[J]. 水利规划与设计,2019(2):112-115.

[57] 朴哲浩,宋力. 我国病险水闸成因及除险加固工程措施分析[J]. 水利建设与管理,2011,31(1):71-72.

[58] 中华人民共和国水利部. 水闸安全评价导则:SL 214—2015[S]. 北京:中国水利水电出版社,2015:1-2.

[59] 康迎宾,李志强,李斌. 基于FMECA的水闸安全评价适用性研究[J]. 人民黄河,2017,39(5):135-139.

[60] 李娜,汪自力,赵寿刚,等. 土石结合部接触冲刷渗透破坏特性试验研究[J]. 人民黄河,2019,41(12):122-126.

[61] 黄河水利委员会黄河水利科学研究院. 水闸工程安全评价及除险加固关键技术研发[R]. 2017:20-21.

[62] 黄河水利委员会水资源管理与调度局,黄河流域农村水利研究中心.黄河下游引黄涵闸引水能力调研报告[R].2015:38-59.

[63] 刘社教,綦捷,张宏图,等.多沙河流引水渠渠首闸引水能力改善方法初探[J].人民黄河,2019,41(9):168-172.

[64] 郑钊,毋甜.花园口引黄闸拆除重建闸底板高程论证[J].人民黄河,2015,37(12):142-145.

[65] 李娜,汪自力,乔瑞社,等.某引黄涵闸应急供水工程运行风险及对策[J].人民黄河,2015,37(10):145-148.

[66] 中华人民共和国水利部.水闸设计规范:SL 265—2016[S].北京:中国水利水电出版社,2016:50-51.

[67] 黄河勘测规划设计研究院有限公司.黄河下游防洪工程建设初步设计-5堤防工程[R].2015:225-237.